# 中外服装史

Arts and Design

高等教育自学考试（艺术设计专业）指定教材
清 华 大 学 美 术 学 院 主 编

黄能馥 李当岐 臧迎春 孙 琦 编著

湖 北 美 术 出 版 社

责任编辑／朱岳凌
封面设计／陈　楠

图书在版编目(CIP)数据

中外服装史／黄能馥　李当岐　编著
—武汉：湖北美术出版社，2002.1（2014.8重印）
(高等教育自学考试艺术设计专业指定教材)
ISBN　978-7-5394-1238-2
Ⅰ.中…
Ⅱ.①黄…②李…
Ⅲ.服装-发展史-世界-高等教育-自学
　考试-教材
Ⅳ.TS941.091
中国版本图书馆CIP数据核字(2001)第083689号

中外服装史　©黄能馥 李当岐 臧迎春 孙 琦 编著

出版发行：湖北美术出版社
地　　址：武汉市洪山区雄楚大街268号B座
电　　话：(027)87679520　87679521　87679523
传　　真：(027)87679523
邮政编码：430070
h t t p：www.hbapress.com.cn
E-mail：hbapress@vip.sina.com
印　　刷：湖北恒泰印务有限公司
开　　本：889mm×1194mm　1/16
印　　张：12
印　　数：21001-24000册
版　　次：2002年3月第1版
　　　　　2014年8月第8次印刷
定　　价：43.00元

# 前　言

于 1993 年开设的工艺美术专业高等教育自学考试，是适应社会需求，为艺术设计领域培养应用型专业人才的重要措施，也是多渠道发展高等艺术设计教育的一个重要组成部分。这种国家考试、社会助学、个人自学相结合的考试形式，受到社会的普遍欢迎，在一定程度上推动和促进了工艺美术设计事业的发展。

从我国的社会需要出发，北京市高等教育自学考试委员会对自学考试专业进行了调整，更加科学合理地确定了专业培养目标和规格要求，在对原有专业的知识结构进行适当充实和更新的基础上，更加突出地强调了专业素质的培养，加大了基础课、专业基础课与专业课程的比例，突出地强调了专业技能的测试，使之更加贴近社会需求，更加富有时代气息，体现了造就和选拔新型专业人才的规格与要求。

为适应这一形势的发展，清华大学美术学院组织一批专家教授编写了服装艺术设计、室内设计、视觉传达艺术设计三个专业的高等教育自学考试专业教材。全套教材共计 23 本，具有内容丰富、信息量大、专业技能强、知识涵盖面广的特点。在遵循高等艺术设计教育规律的同时，该套教材明确规定了从事艺术设计自学考试的学生必须掌握的专业知识与专业技能标准。按照高等教育自学考试专业基本规范的要求，该教材也明确规定了学生掌握艺术设计专业知识的深度和熟练程度，规定了每门课程应完成的作业量化标准与考核的综合评判标准。在编写过程中，教材也力求具有鲜明的科学性与时代特色，做到资料翔实，可读性强，突出专业特征和职业化的特点。希望这套教材能够帮助众多学生全面掌握和了解艺术设计的规律和方法，在业务水平上有所提高，作为自学考试专业教材，对于指导与完善助学辅导体制，调整与规范民办教学体系也会起到重要的作用。此外，本套教材还适合高、中等艺术院校艺术设计专业使用。

这套教材的出版，得到了北京市高等教育自学考试委员会办公室的审定和湖北美术出版社的支持，在此一并表示感谢。

清华大学副校长、清华大学美术学院院长　王明旨

# 目 录

# 第一章
# 先秦服装

## 第一节　中华服饰的起源

### 一、文化背景

人类的演化经历了南猿——直立人——智人——现代人等历史阶段。其中，在智人阶段，人们开始以兽皮裹身御寒，迈出了创造衣服的第一步。距今7000多年前，人类又发明了纺织和缝纫技术，开始根据功能和审美的要求制作服装。所以说，服装是人类发展到一定历史阶段的产物。

据考证，中国是世界上古人类发源地之一。在50万年前的北京猿人时期，人们已经开始懂得用兽皮来护身御寒；在距今1万多年前的北京山顶洞人时期，人们开始用骨针缝制兽皮衣服。各种骨管、兽牙、石珠等做成的串饰也相继出现。这一阶段被认为是中华原始服饰的发祥期。（图1-1-1）

新石器时代，中华祖先开始营造房屋，农耕畜牧，发明了纺麻、养蚕缫丝、纺织毛、麻、丝布、缝制衣服，从而由原始的裸态生活进步为穿衣的文明生活。我国新石器时代的主要衣料包括：麻布、葛布、丝绸、毛织品等。（图1-1-2）

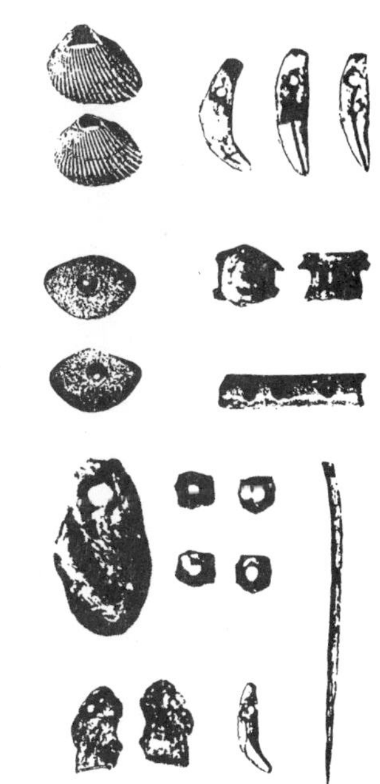
图1-1-1
山顶洞人的骨针和装饰品

图1-1-2
半坡陶器上的麻纺织物印痕

### 二、上古服饰文明

由于能真实反映当时人物整体服装的材料极少，所以原始社会的彩陶和雕刻人像等，就成为反映当时服装面貌的重要依据。

中国原始社会的服装大体在母系氏族的繁荣期形成配套，包括冠帽、衣裳、套裤、护腿、鞋靴、发式、首饰、纹彩等。

(1) 衣裳

青海出土的马家窑类型舞蹈盆所绘的舞人形象，所穿均为窄袖紧身、衣长及膝的襦衣，其包头布的一角垂于额头的右方，衣襟向左方飘起。也有人认为舞者身后挂有一条兽尾，是含有巫术内容的原始舞蹈。也有的彩陶形象身穿上衣下裳相连、长过于膝、腰间束带的衣裳。

(2) 头冠

头冠是古人表达身份地位或象征礼仪的装束。彩陶和雕塑人像中有尖顶高冠、圆帽、帽箍、羽冠、包头布和纹面的形象。（图1-1-3）

图1-1-3
良渚文化刻有羽冠神人的玉琮

(3) 发型

束发作髻是远古以来华夏服饰的特征，但不同的地区和族别之间又有不同的装扮。有的头顶中央束发髻，髻上横插发笄；有的是剪短的披发；有的后垂编发；有的编发围绕前额；有的头顶左右束髻，并在头中央向脑后悬挂一条长蛇形状的装饰物。（图1-1-4）

(4) 服饰纹样

在新石器时代伴随着纺织手工艺的出现，我国出现了织花衣料。其中有织成的回纹和条纹的，但大量的服饰纹样是用毛笔彩绘的。有三层斜线三角纹，有旋动的圆点弧纹，有旋涡纹、十字网纹、S 形蛇纹、条格纹、锯齿纹、锯齿圆弧纹等。在古代，原始氏族部落先民大都有纹身的习俗，当创造了配套的衣裳之后，画在肉体上的纹身纹样逐渐转移到衣裳上，从而出现了“画缋”和服饰纹样，到后来画缋纹样用丝线来刺绣，就出现了刺绣工艺。

图 1-1-4
新石器时代人形陶罐，
额前留整齐的披发，身穿花衣。

(5) 首饰

首饰的范围，包括发饰、耳饰、颈饰、臂饰、手饰等，我们为了叙述方便，将佩饰一并在此叙述。

中华祖先从 5 至 6 万年前旧石器时代中期就利用兽牙、贝壳、骨管、鸵鸟蛋壳、石珠等创制串饰，后来又用墨石、玛瑙、玉髓等制作装饰品。这些装饰品除实用外，还渗透着与原始巫术图腾活动相关的观念性含义。这一时期的饰物有：发饰、耳饰、颈饰、佩饰、臂饰等。

**发饰** 包括笄——固定发髻的工具；栉——下面有齿、上面有背，齿有疏密，疏者称梳，用以梳理头发，密者称篦，用以篦除发垢。(图 1-1-5)

**耳饰** 包括耳环——圆环型，多以骨、石、玉等材料制成。耳玦是有缺口的圆环，其材质多为象牙、绿松石和白玉等。有人说带耳玦时可将缺口夹住耳朵，也有人说需用细绳子系挂在耳眼上。

**颈饰** 多是以海贝、螺介、骨、牙、石、玉等制成的串饰及项链。有的陶珠圆形中空，内装小陶丸，外刺花纹织成串饰，动摇时能够发声。也有经过人工蚀花处理的石珠饰物。(图 1-1-6)

**佩饰** 佩饰是用绳子穿系其上的穿孔，挂于身上的装饰品，包括璧、瑗、环和璜等。一般边宽孔小的是璧，孔大于边的是瑗，边与孔径相当的是环。

**臂饰** 臂饰是指套在腕间或臂上的饰物，主要指瑗、臂环、镯一类饰物。

此外还有手饰、带钩、额箍和玉冠饰等。

## 练习题

概述新石器时期的首饰文化。

图 1-1-5
大汶口文化的象牙镂花十七齿牙梳

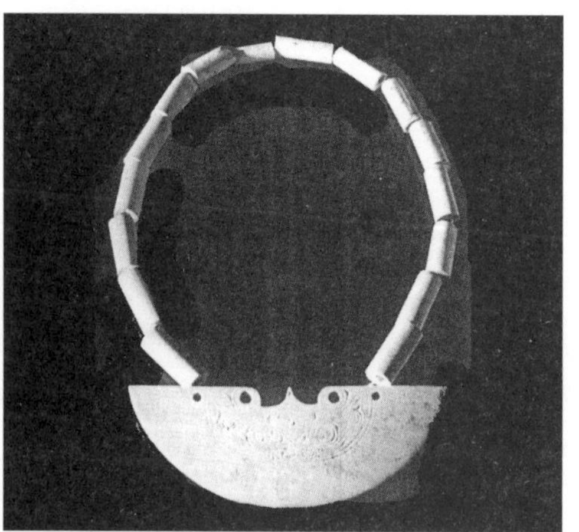

图 1-1-6　良渚文化的玉项链

## 第二节 中国奴隶社会的服饰艺术

### 一、 奴隶社会服饰文化的背景

随着农业、手工业的发展和阶级分化的出现，中国在公元前 21 世纪进入了奴隶社会，出现了我国历史上第一个王朝——夏王朝。

史传夏朝第一位国王是夏禹，他提倡节俭，崇尚黑色。但到夏朝的最后一个皇帝 —— 夏桀，就变得十分侈糜残暴了。公元前 16 世纪商汤领兵消灭了夏桀，建立了商王朝。由公元前 16 世纪的商初到公元前 8 世纪的西周末，是奴隶制社会的鼎盛阶段。

在奴隶社会有着森严的等级制度，它以“礼”的形式被固定下来，藉以稳定社会内部的各种秩序，维护奴隶制度的统治。服饰文化作为社会的物质和精神文化，是“礼”的重要内容，从而被赋予了强烈的阶级内容。

### 二 、服饰资料的阶级垄断

奴隶主阶级把服饰作为“礼”的内容，把装身功能提高到突出的地位，服饰的职能除蔽体之外，被当作“分贵贱，别等威”的工具，所以对服饰资料的生产、管理、分配、使用都极为重视。到西周，政府设有庞大的官工作坊，从事服饰生活资料的生产。周朝政府在各部门设有专门管理王室服饰生活资料的官吏，如:

玉府: 管理王室燕居之服 (常服) 和玉器。

掌皮: 管理裘皮、毛毡的加工。

典丝: 管理丝绸的生产。

内司服: 管理王后的六种礼服。

追师: 管理王后的首服 (头饰) 等。

大行人: 管理公、侯、伯、子、男在各种场合的服饰制度。

小行人: 管理接待国家宾客的礼节。

凡是比较高级的染织品、刺绣品及装饰用品，从原料、成品的征收、加工制作及分配使用，都受奴隶主阶级严格的控制。

### 三 、奴隶社会的章服制度

在奴隶制社会，由于奴隶主与奴隶之间的根本对立，奴隶主阶级不仅垄断了服饰资料，而且为了稳定奴隶主阶级内部的秩序，规定了等级制度和相应的章服制度。

奴隶社会把国王称作天子，以国王的冕服为中心，逐步发展形成章服制度。

(一) 礼服

据说夏禹平时生活节俭，但在祭祀时，则穿华美的礼服——黼冕，以表示对神的崇敬。《商书》中也有关于奴隶主贵族穿着冕服举行祭礼的记载。可见夏、商两代已有冕服。(图 1-2-1)

所谓冕服，即由冕冠和礼服组成的整套服装。夏代称冕冠为“收”，周代名为“爵弁”，夏代的冕冠是泛着红光的黑色，形状前小后大；商代的冕冠是发白的黑色，形状前大后小；周代的冕冠是泛红的黑色，形状前小后大。国王在举行各种祭祀活动时，要根据典礼的轻重，分别穿六种不同格式的冕服。总称六冕。六冕的内容如下：

大裘冕（王祀昊天上帝的礼服）：为冕与中单、大裘、玄衣、纁裳配套。纁即黄赤色，玄即青黑色，玄与纁象征天与地的色彩。上衣绘日、月、星辰、山、龙、华虫六章花纹，下裳绣藻、火、粉米、宗彝、黼、黻六章花纹，共十二章。

衮冕（王之吉服）：为冕与中单、玄衣、纁裳配套，上衣绘龙、山、华虫、火、宗彝五章花纹，下裳绣藻、粉米、黼、黻四章花纹，共九章。

鷩冕（王祭先公与飨射的礼服）：与中单、玄衣、纁裳配套，上衣绘华虫、

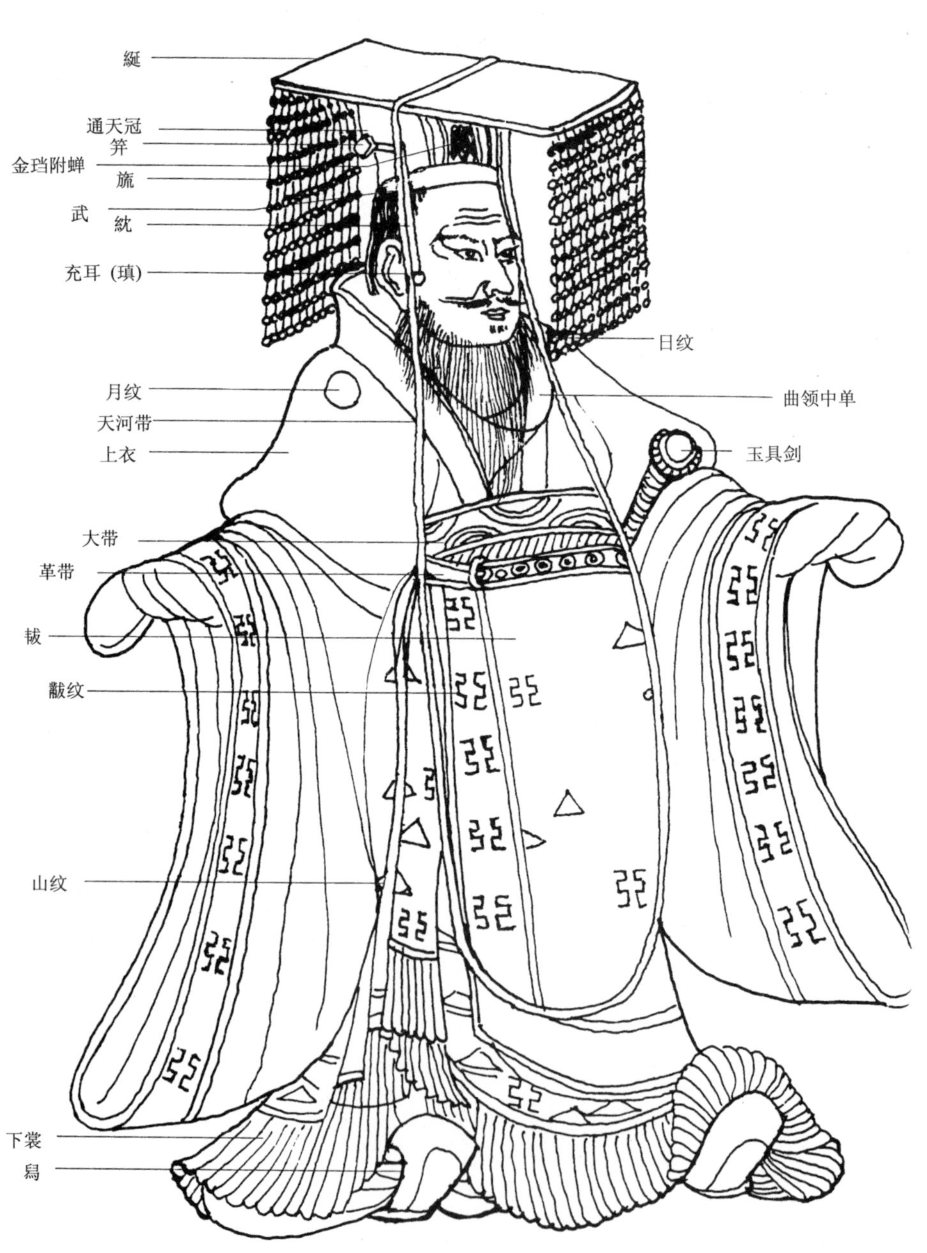


图 1-2-1
帝皇冕服各部分名称说明图

火、宗彝三章花纹，下裳绣藻、粉米、黼、黻四章花纹，共七章。

毳冕（王祀四望山川的礼服）：与中单、玄衣、纁裳配套，衣绘宗彝、藻、粉米三章花纹，裳绣黼、黻二章花纹，共五章。

希冕（王祭社稷先王的礼服）与中单、玄衣、纁裳配套，衣绣粉米一章花纹，裳绣黼、黻二章花纹。希是绣的意思，故上下均用绣。

玄冕（王祭群小即祀林泽坟衍四方百物的礼服）：与中单、玄衣、纁裳配套，衣不加章饰，裳绣黻一章花纹。

此外，六冕还与大带、革带、韨、佩绶、赤舄等相配，并因服用者身份地位高低，在花纹等方面加以区别。

据《礼记·玉藻》记载，天子的冕冠有玉藻十二旒，悬于延板前后，衣服上有卷龙纹装饰。大体上说，冕冠的基本款式是在一个圆筒式的帽卷上面，覆盖一块冕板（称为延或綖），冕板的尺寸一般宽八寸，长一尺六寸，冕板装在帽卷上，后面比前面应高出一寸，使其呈向前倾斜之势，也就是有前俯之状，象征国王应关怀百姓的含意，冕的名称即由此而来。冕板以木为体，上涂玄色象征天，下涂纁色象征地。冕板前圆后方，也是天地的象征。前后各悬十二旒，每旒贯十二块五彩玉，按朱、白、苍、黄、玄的顺次排列，每块玉相间距离各一寸，每旒长十二寸，用五彩丝绳为藻，以藻穿玉，以玉饰藻，故称“玉藻”，象征着五行生克及岁月运转，后来玉藻也有用白珠来做的。帽卷用木头做胎架，后来改用竹丝、玉草（夏）或皮革（冬）作成筒状胎架，外裱黑纱，里衬红绢，左右两侧各开一个孔纽，用来穿插玉笄，使冕冠能与发髻相插结。帽卷底部有帽圈，叫作“武”。从玉笄两端垂黈纩（黄色丝绵做成的球状装饰）于两耳旁边，也有称它为“充耳”的，总之是表示国王不能轻信谗言。从武上横贯左右而下的，是一条紘，即长长的天河带。冕冠的形制，世代相传承，历代皇帝不过是在承袭古制的前提下，加一些更改罢了。

冕冠的旒数按典礼轻重和服用者的身份而有区别，按典礼轻重来分，天子祀上帝的大裘冕和天子吉服的衮冕用十二旒；天子享先公服鷩冕用九旒，每旒贯玉九颗；天子祀四望山川服毳冕用七旒，每旒贯玉七颗；天子祭社稷五祖服希冕，用五旒，每旒贯玉五颗；天子祭群小服玄冕，用三旒，每旒贯玉三颗。按服用者的身份地位分，只有天子的衮冕用十二旒，每旒贯玉十二颗。公之服只能低于天子的衮冕用九旒，每旒贯玉九颗；侯伯只能服鷩冕，用七旒，每旒贯玉七颗；子男只能服毳冕，用五旒、每旒贯玉五颗；卿、大夫服玄冕，按官位高低玄冕又有六旒、四旒、二旒的区别，三公以下只用前旒，没有后旒。凡是地位高的人可以穿低于规定的礼服，而地位低的人不允许越位穿高于规定的礼服，否则要受到惩罚。

周代国王的礼服除以上六种冕服之外，还有四种弁服，即用于视朝时的皮弁、兵事的韦弁、田猎的冠弁和士助君祭的爵弁。皮弁形如复杯，系白鹿皮所做的尖顶瓜皮帽，以五采玉十二饰其缝中，白衣素裳。韦弁赤色，配赤衣赤裳，晋代韦弁如皮弁，为尖顶式。冠弁就是委貌冠，也称皮冠，配缁布衣素裳。爵弁为无旒，无前低之势的冕冠，较冕冠次一等，配玄衣纁裳，不加章采。

周代王后的礼服与国王的礼服相配衬，也分六种规格，即袆衣、揄狄、阙狄、鞠衣、展衣、褖衣、素纱。其中前三种为祭服，袆衣是玄色加彩绘的衣服，揄狄青色，阙狄赤色，鞠衣桑黄色，展衣白色，褖衣黑色。揄狄和阙狄是用彩绢刻成雉鸡之形，加以彩绘，缝于衣上作装饰，六种衣服都配素纱内衣。女性的礼服采用上衣与下裳不分的袍式，表示妇女贵情感专一。这六种礼服的头饰不同，分为“副、编、次、追、衡、笄”，其中以“副”为最华丽的头饰，“编”和“次”次之。所谓“副”是在头上加戴假发和全副华丽的首饰，“编”是在加戴假发的基础上加一些首饰，“次”是把原有的头发梳编打扮使之美化。“追”、“衡”、“笄”是指在头发上插上约发用的饰物，“追”为玉石饰物，“衡”为悬于两旁当耳之处的饰物，“笄”贯于发髻之中。男子固定冠帽的笄也叫衡笄。

(二) 一般服装

1. 玄端

自天子至士皆可穿，为国家的法服，天子平时燕居时穿的衣服。诸侯祭宗庙，大夫、士早上入庙，叩见父母也穿这种衣服，玄端衣袂和衣长都是 2.2 尺，五幅正裁，玄色，无纹饰，以其端正，故名为玄端。诸侯的玄端与玄冠 (委貌冠) 素裳相配，上士亦配素裳，中士配黄裳，下士配前玄后黄的杂裳。

2．深衣

一般用白布制作，深衣是上衣与下裳连成一起的长袍，但儒家学者为了继承上代传统观念，按规矩在裁剪时仍把上衣与下裳分开来裁，然后又缝接成长衣，以表示尊重祖宗的法度。下裳用六幅，每幅又交解为二，共裁成十二幅，以应每年有十二个月的含义。这十二幅有的是斜角对裁的，裁片一头宽、一头窄，窄的一头叫做“有杀”。在裳的右后衽上，用斜裁的裁片缝接，接出一个斜三角形，穿的时候围绕于后腰上，称为“续衽钩边”。据记载，深衣是君王、诸侯、文臣、武将、士大夫都能穿的，诸侯在参加夕祭时就不穿朝服而穿深衣。儒家理论认为，深衣的袖圆似规，领方似矩，背后垂直如绳，下襟平衡似权，符合规、矩、绳、权、衡五种原理，所以深衣是比朝服次一等的服装，庶人则用它当作“吉服”来穿。深衣盛行于春秋战国时期。(图 1-2-2)

3．袍

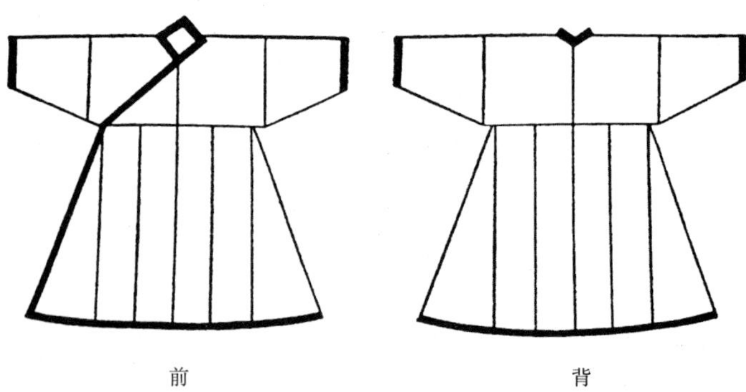


图 1-2-2　深衣的形制

袍也是上衣和下裳连成一体的长衣服，但有夹层，夹层里装有御寒的旧棉絮。在周代，袍是一种生活便装，不是礼服。军队的战士也穿袍。

4．襦

比袍短一些的绵衣叫做襦。如果是质料很粗陋的襦衣，则称为“褐”。褐是一般百姓穿的粗布短衣。

5．裘

我们的祖先最早用来御寒的衣服是兽皮，用兽皮作衣已有几十万年的历史。原始的兽皮未经硝化处理，皮质硬而且有臭味，商周时不仅早已掌握鞣制皮革的方法，而且懂得各种兽皮的性质。例如天子的大裘采用黑羔皮来做。贵族穿锦衣狐裘，狐裘中又以白狐裘为珍贵，其次为黄狐裘、青狐裘、虎裘、貉裘，再次为狼皮、狗皮、老羊皮等。狐裘除本身柔软温暖之外，还有“狐死守丘”的含义，说狐死后头朝洞穴一方，有不忘其本的象征意义。天子、诸侯的裘用全裘不加袖饰，下卿、大夫则以豹皮饰作袖端。此类服装毛朝外穿，天子、诸侯、卿大夫在裘外披罩衣（裼衣），天子白狐裘的裼衣用锦，诸侯、卿大夫上朝时要再穿朝服。士以下无裼衣。

(三) 舄履

商周时代男女穿的鞋子是一样的，周朝国王和王后的鞋子有赤舄、黑舄、素履、葛履种种形式。鞋分单底和双底的两种。国王的双底鞋——舄可分三等，赤舄为上，白舄、黑舄次之。王后的双底鞋以玄舄为上，青舄、赤舄次之。素履用白丝绸制作，葛履用葛布制作，是夏天穿的鞋子。

(四) 军戎服

商周时期的军队已用铜盔和革甲等防身的装备，来武装指挥官和执行攻坚战术的部队。目前考古发现的有商代铜盔、周代青铜盔和青铜胸甲。周代甲衣分为犀甲、兕甲、合甲三种，犀甲用犀革制造，将犀革分割成长方块横排，以带穿连分别串接成与胸、背、肩部宽度相适应的甲片单元，每一单元称为“一属”。然后将甲片单元二属接一属的排叠，以带穿连成甲衣，犀甲用七属即够甲衣的长度。兕 (野牛) 甲比犀甲坚固，切块较犀甲大，用六属即够甲衣的长度。合甲是两层兽皮的厚革，特别坚固，割切更困难，故切块又比兕甲更大，用五属即够甲衣的长度。犀甲寿百年，兕甲寿二百年，合甲寿三百年。盔帽最初以皮革缝制。青铜冶炼技术兴起以后，出现了铜盔和由铜片串接或铜环扣接的铜铠甲。用铜片串接的叫片甲，用铜环扣锁的叫锁甲。甲衣也可加漆，用黑漆或红漆以及其他颜色。在甲里再垫一层丝绵的称为练甲，穿甲的战士称甲士。甲衣外面还可再披裹各种颜色的外衣，称为衷甲。由各种鲜明的颜色的衣甲和旗帜，组成威严的军阵。色彩不但可以助振军威，激励斗志，而且也便于识别兵种及官兵的身份，有利于军事指挥。此外，商周时期的铜盔顶端往往留有插羽毛的孔管，因鶡鸟凶猛好斗，至死不怯，古时往往插鶡鸟的羽毛来象征勇猛。(图 1-2-3)

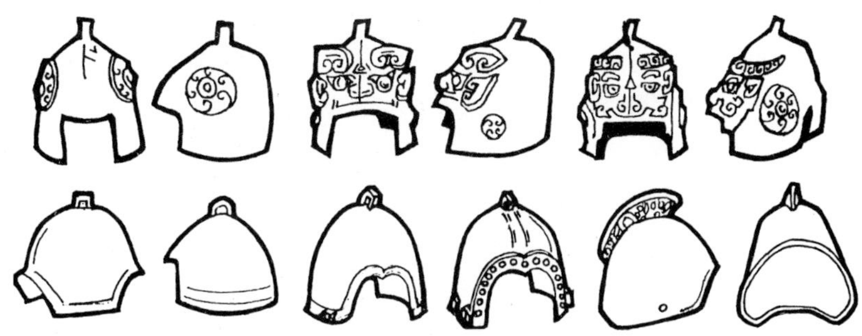

①赤峰出土　　②锦西出土　　③宁城出土

图 1-2-3　商代的三种头盔（上）、周代的三种头盔（下）

## 四、王权的标志——“十二章”服饰纹样

奴隶社会的服饰纹样是其典章制度的一个标志，纹样的政治意义大于审美意义，最重要的纹样为国王衮服上面的十二章。十二章最早的记载见于《尚书》，意思是帝王的衣上绘有日、月、星辰、山、龙、华虫六种纹样，裳绣有火、宗彝、藻、粉米、黼、黻六种纹样。(图 1-2-4)

隋代顾彪在《尚书疏》中说: 日月星辰取其照临，山取其能兴雷雨，龙取其变化无方，华取文章，雉取耿介，藻取有文，火取炎上，粉取洁白，米取能养，黼取能断，黻取善恶相背。

“十二章”纹样的题材，不是奴隶社会才有的。人类在原始社会生存斗争的漫长岁月里，观察到日、月、星辰预示气象的变化，山能提供人类以生活资源，弓和斧是劳动生产的工具，火改变了人类的生活方式，粉米是农业耕作的果实，虎、长尾猿、华虫 (雉鸡) 是原始人狩猎活动接触的对象，龙是中国许多原始氏族崇拜的图腾对象，黼纹是原始人对于宇宙对立统一规律认识的抽象。所以在中国原始彩陶文化中，日纹、星纹、日月山组合纹、火纹、粮食纹、鸟纹、蟠龙纹、弓形纹、斧纹、水藻纹等早已出现。到了奴隶社会，由于奴隶主阶级支配着物质生产的资料，同时也就支配着精神生产的资料。日、月、星辰、山、龙、华虫 (雉鸡)、虎、长尾猿、藻、粉米、黼、黻等题材被统治阶级用作象征统治权威的标志，是不足为奇的现象。

关于“十二章”的起源，除宗彝在夏代以前尚未出现，其他纹样，早已分见于各地彩陶纹样中，直接见于衣服上的龙纹和黻纹，则在商代玉、石、青铜奴隶主人物造像衣服纹饰中已经存在。这些商代奴隶主服装双臂多饰降龙纹，双腿多饰升龙纹，胸前饰正面龙头形兽面纹，领部及后背部位饰黻纹。衣服纹饰的大布局和后世皇帝所穿龙袍及王公大臣所穿蟒袍形式相近。只是商代龙纹的造型和后世的龙纹有很大差别罢了。(图 1-2-5)

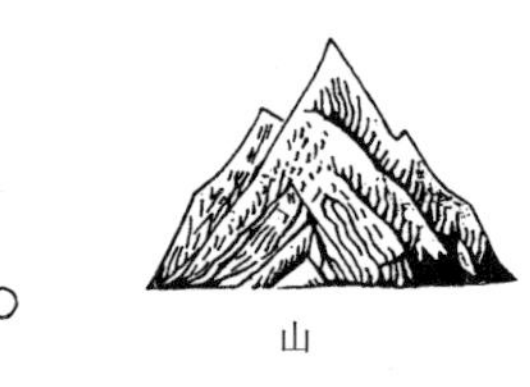


图 1-2-4
明《三才图会》所绘的十二章纹样

图 1-2-5　殷墟出土的玉人，头戴卷箍形頍，腰束大带，身穿交领过膝绣衣，下裳饰有升龙纹。

中国奴隶制社会到战国时期宣告解体，但“十二章”纹样由于在思想意识上具有巩固统治阶级皇权的功能，一直为历代封建帝王所传承。

图 1-2-6 是河南安阳出土的商代玉人，头戴高巾帽，穿右衽交领窄袖衣，腰束绑带，前身腰间系有一条象征权力的韠，自然下垂。韠的下端呈斧口形，寓有斧能断割之意，又称为韨。后世将韠的款式加阔，就变为蔽膝裙。此玉人现藏于美国哈佛大学弗格美术馆。

图 1-2-6　殷墟出土头的戴高巾帽，穿右衽交领窄袖衣，腰束绅带，前系韠的商代玉人。

河南安阳侯家庄西北岗商墓出土的商代贵族石雕残像，和由中国历史博物馆据此复原的商代奴隶主贵族石雕造像，衣为右衽、交领、窄袖，衣长齐膝。腰束绅带，前身有韠自腰间下垂，韠的下端呈钝角形，韠和腰带均有叠胜纹作装饰，衣领及袖口、衣裳下边均饰有勾连纹。足胫间刻有缠绕纹，即为胫衣或行縢。头部原像已缺，复原像头戴帽箍。此像服饰极华丽。

河南安阳殷墟 5 号墓出土的玉人，头戴帽箍，帽箍前装饰有横置卷箍形頍，頍上有几何纹，身穿交领，窄袖，衣长至膝的龙衣，肩部、袖身饰有黻纹，腿部饰有升龙纹，右臂夹盾牌。

河南安阳四盘磨村出土商代奴隶主贵族石雕像，头戴帽箍，穿大翻领窄袖上衣，下身穿裤。上衣前面饰牛角形兽面纹，肩及背饰有目纹，其他部位饰有变体雷纹。上衣与裤子如何分界，雕像交待不清楚。

## 五、商周时期的首饰和佩饰

首饰和佩饰是商周服饰艺术的精华。随着阶级的分化，这些饰物除赋予宗教性的内涵之外，还赋予了阶级的内涵。奴隶主阶级对首饰佩饰极为重视，设立了专门的手工作坊来生产。当时的首饰和佩饰，有骨、角、玉、蚌、金、铜等各种制品，玉制品最为突出，玉材绝大部分为新疆软玉，以青玉为主，色彩有墨绿、淡绿、茶绿等。品种多为装饰品，如头饰的笄、脚饰的钏、衣上的坠饰、佩戴的串珠等。周代奴隶主以玉品喻人品，玉成为奴隶主贵族道德人格的象征。

1. 发饰

(1) 笄: 我国在新石器时期就用骨笄、蚌笄、玉笄固定发髻。商代除骨笄、蚌笄、玉笄外，还有铜笄和金笄。有的在笄顶雕刻鸟纹，有的在顶端加圆椎形或平顶笄帽，有的再加饰骨环，有的加嵌绿松石。

周代男女都用笄，笄的用途除固定发髻外，也用来固定冠帽。古时的帽大可以戴住头部，但冠小只能戴住发髻，所以戴冠必须用双笄从左右两侧插进发髻加以固定。固定冠帽的笄称为“衡笄”，周代设“追师”的官来进行管理。衡笄插进冠帽固定于发髻之后，还要从左右两笄端用丝带拉到颌下拴住，丝带的颜色天子玉笄朱组紘，诸侯玉笄青组紘，大夫、士象（骨）笄缁组紘。从周代起，女子年满十五岁便算成人，可以许嫁，谓之及笄。如果没有许嫁，到二十岁时也要举行笄礼，由一个妇人给及龄女子梳一个发髻，插上一支笄，礼后再取下。（图 1-2-7）

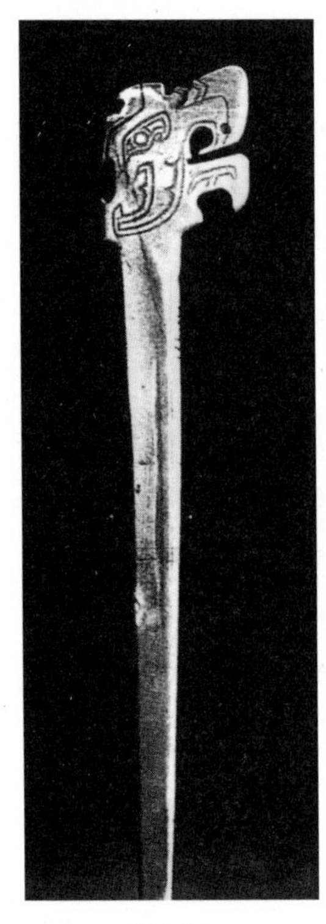

图 1-2-7
殷墟妇好墓出土的玉笄

(2) 梳：梳的形式到商周时期已很注意美观，商代的梳有骨梳和玉梳。背部平直，中央有突起状，梳身为长方形，是商代梳的基本特点。至周代梳背向弧形变化。

2．耳饰

商周时期的耳饰有玦、瑱、珰、环等，玦是圆环形带缺缝的，有将环形演化成兽纹的，也有将圆形转化成椭圆形或柱形的。

瑱是一种垂饰，活人有两种佩戴方法，一种是从祭服冠帽左右两方的衡并用丝绳垂挂于两旁正当耳孔之处。另一种是直接垂于耳上。此外还有在死者耳里塞一紫丝绵，再把瑱塞于死者的耳孔上，则是丧葬时对死者的用法。

珰是直接穿挂于耳上的耳饰，。商代晚期耳珰，上部用金丝弯成钩状，下部以金片捶压成卷曲的装饰，钩与装饰的连接处穿有一至二颗绿松石圆珠。耳珰原是美化的装饰品，但儒家说它是为了“闭奸声，[illegible]乱色”的一种警戒。

3．佩璜

佩璜是一种玩赏性的佩玉，与礼器上的璜无关。商代佩璜已由素面无纹演变为人纹璜、鸟纹璜、色纹璜、兽纹璜等等。

4．其他玉佩

有象纹佩、牛纹佩、兔纹佩、龟纹佩、鹿纹佩、鸟纹佩、凤纹佩等等，形式变化较自由。（图 1-2-8）

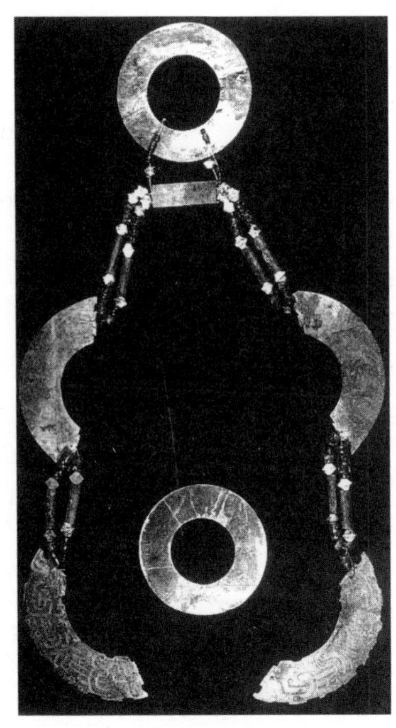

图 1-2-8
西周晚期的玉佩饰

## 练习题

1. 周代国王的六冕内容是什么？除六种冕服之外，还有哪四种弁服？
2. 试述深衣、袍、襦、裘的含意。
3. 商周时期奴隶主贵族为什么非常重视用玉作装饰品？

## 第三节 春秋战国时期的服饰艺术

### 一、中华服饰文化变革的第一个浪潮

公元前 771 年，周平王即替王位，中国历史进入春秋时期。当时由于铁工具的使用，原本依靠周王朝封地维持经济状况的小国，纷纷开荒拓地，发展粮食和桑、麻生产，国力骤然强盛，逐渐摆脱了对周王朝的依赖，周王朝随告衰微，以周天子为中心的“礼治”制度从而走向崩溃。奴隶社会政治体制亦随之解体，社会传统观念的改变也马上在服饰文化中反映出来，主要表现在如下各个方面。

(一) 服饰用料的发展

商周时期，高级的服装用料如丝帛、绢、锦和精细的麻织物都由大奴隶主贵族所专用，商人是不许穿用的。春秋战国时期，齐鲁等地由于农业和纺织原料、染料及纺织手工业迅速发展，纺织品的流通不断扩大，这些地区有些经营丝帛或染料贸易的大商人，手中掌握大量物资，他们的财富可与“千户侯”相比。他们和大贵族、大官僚交往，有些人甚至能左右诸侯国的政治状况。

春秋战国时期，土地肥沃，生产技术领先的齐、鲁一带，迅速发展成为当时我国丝绸生产的中心地区，这一带桑麻普野，妇女们手艺精巧，她们能织善绣，产品行销各地，故齐国有“冠带衣履天下”之称。陈留襄邑出产的锦，有美锦、文锦、重锦、纯锦的名称，而质薄精细的丝绸，则有“齐纨鲁缟”的美名，这些都是春秋以来著名的产品。它们的出现，既改变了服装用料的成分，也改变了衣服用料社会分配的格局。

(二) 服装色彩观念的改变

按周代奴隶主贵族的传统，色彩也有尊卑的区别，青、赤、黄、白、黑是正色，象征高贵，正色是礼服的色彩。绀 (红青色)、红 (赤之浅者)、缥 (淡青色)、紫、流黄是间色，象征卑贱，只能作为便服、内衣、衣服衬里及妇女和平民的服色。统治阶级则要按照礼制规定，根据级位高低和政事活动的内容，选配相称的服装色彩。公元前 6 世纪，春秋时期的第一位霸主齐桓公却喜欢穿紫袍。齐桓公这样一位名声显赫的政治领袖竟然穿间色的紫袍，这在当时是对传统色彩观念的逆反行为，社会影响非常大，对传统礼教是一个沉重打击。由于紫色具有稳重、华贵的性格特征，所以后来紫色一直是象征富贵的色彩。

(三) 服装配套结构的变革

商周以来的传统服装，一般为襦、裤、深衣、下裳配套，或上衣下裳配套;裳穿于襦、裤、深衣之外。裤为无裆的套裤，只有两条裤管，穿时套在胫上，也称胫衣。这种服装搭配在表现穿衣人身份地位的装身功能方面具有特定的审美意义, 但极为繁复，穿着费时，对人体运动也极不方便，尤其不能适应战争。春秋时期，位于西北的赵国，经常与东胡 (今内蒙南部、热河北部及辽宁一带)、楼烦 (今山西北部) 两个相邻的民族发生军事冲突。这两个民族都善于骑马矢射，能在崎岖的山谷地带出没，而汉族习于车战，即便像齐桓公、晋文公那样善于用兵，也只能在平地采用防御阻挡，而无法架战车进入山谷地带作战。公元前 302 年，赵武灵王决定进行军事改革，训练骑兵制敌取胜。而要发展骑兵，就需进行服装改革，具体的做法是学习胡服，吸收东胡族及楼烦人的军人

服式，废弃传统的上衣下裳，将传统的无裆套裤改成有裆的裤子。合裆裤能够保护大腿和臀部肌肉皮肤在骑马时少受摩擦，而且不用再在裤外加裳，即可外出，在功能上是极大的改进。这项改革在中华服饰史上是一大功绩，但在当时也遭到一些保守派的反对，理由是“不合先王礼法”。赵武灵王以“先王不同俗，何古之法?帝王不相袭，何礼之循?”对保守派进行了批驳，并得到赵国族人中的长者肥义的支持，坚持“法度制令各顺其宜，衣服器械各便其用”的观点，毅然决定改革服装，建立骑兵，从而强化了赵国军队的战斗力，陆续攻灭中山国，攻破东胡、楼烦，国势大盛。这便是中国历史上有名的“赵武灵王学胡服骑射”的故事。春秋战国直至汉代，社会上层人物囿于传统审美观念，仍然保持宽褳大裳的服式，只有军人及劳动人民下身单着裤而不加裳。

(四) 工艺技术的发展

冠是周代服饰制度中重要的组成部分。周代规定凡吉礼应穿 15 升以上的细纺织品所制的吉服，遇丧礼只穿 15 升以下的粗纺织品所制的凶服，而做帽子得用 30 升的细麻布。因为用麻布作头冠是纪念老传统的古礼。这里的“升”，是指纺织品经线的密度，古代布帛通幅宽度是有规定标准的，据说布帛的标准规格为“宽三尺二寸为幅，长四丈为匹”。在幅宽 2 尺 2 寸（50.6 厘米）之内的经线数如果是 80 根，即为 1 升；如果是 80 根的 2 倍，即为 2 升；30 升布的总经线数为 2400 根，其经线密度为每厘米 47.5 根。这个密度比现今市场出卖的白细布要细密一倍，而与现代丝绸的细密度相当。把麻纤维精纺到这样精细的程度，其手工难度是很大的。春秋时期由于桑蚕丝生产发展，用八十升的丝织品做帽子不但价廉，而且物美，所以人们都采用丝织品代替细麻布。（图 1-3-1）

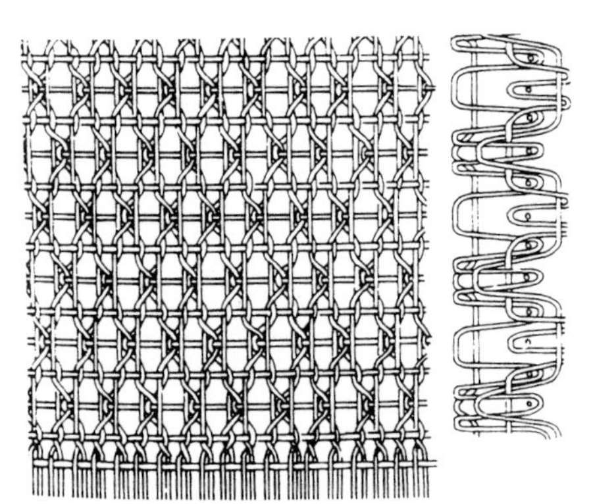

图 1-3-1　楚墓出土的四经绞织罗组织分析图

## 二、春秋战国时期服饰文化之考古发现

(一) 春秋战国时期的服饰纹样

春秋战国时期的服饰纹样是从商周奴隶社会的装饰纹样传统基础上演化而来，商周时期的装饰纹样造型，强调夸张和变形，结构以几何框架为依据作中轴对称，将图像严谨地安排在几何框架之内，特别夸张动物的头、角、眼、鼻、口、爪等部位，以直线为主、弧线为辅的轮廓线表现出一种整体划一、严峻狰狞的美学风貌，象征着奴隶主阶级政权的威严和神秘，这是奴隶社会特定的历史条件下形成的时代风格。春秋战国时期随着奴隶制的崩溃和社会思潮的活跃，装饰艺术风格也由传统的封闭式转向开放式，造型由变形走向写实，轮廓结构由直线主调走向自由曲线主调，艺术风格由静止凝重走向活泼生动。但商周时期的矩形、三角形几何骨骼和对称手法春秋战国时期仍继续运用，不过不受几何骨骼的拘束，往往把这些几何骨骼作为统一布局的依据，但并不作为“作用性骨骼”，即图案纹样可以根据创作意图超越几何框架的边界，灵活处理。题材除龙凤、动物、几何纹等传统题材外，写实与变体相结合的穿枝花草、藤蔓纹是具有时代特征的新题材。穿枝花草、藤蔓纹和活泼而富于浪漫色彩的鸟兽动物纹穿插结合，穿枝花草、藤蔓就顺着图案骨骼——矩形骨骼、菱形骨骼、对角线骨骼铺开生长，起着“非作用性骨骼”(即不是死板显露的几何骨骼) 的作用。它们穿插自由，有的顺着骨骼线反复连续，有的将图案中转隔断，有的

作左右对称连续，有的作上下对称连续，有的按上下、左右错开去的位置作移位对称连续，穿枝花草、藤蔓既起装饰作用，又起骨骼作用。在枝蔓交错的大小空位，则以鸟兽动物纹填补装饰。动物纹样往往头部写实，而身部经过简化，有的直接与藤蔓结为一体，有的彼此蟠叠，有的写实形与变体形共存，有的数种或数个动物合成一体，有的动物体与植物体共生，以丰富优美和多样的形式，把动植物变体与几何骨骼结合，反映了春秋战国时期服饰纹样设计思想的高度活跃和成熟。由于按几何骨骼对位布局，灵活运用同位对称与移位对称结合等方法，又打破几何骨骼的框架界限，因而纹样既有严整的数序条例，又有灵巧的穿插生化，虽然结构十分繁复，层层穿插重叠，仍然繁而不乱。此外，几何纹也很流行。（图 1-3-2）

战国时期服饰纹样的题材，具有一定的象征含意，当时最为流行的龙凤（图 1-3-3），既寓意宫廷昌隆，又象征婚姻美满。鹤与鹿都与长寿神话有关，象征长寿，翟鸟是后妃身份的标志，鸱鸺（猫头鹰）象征胜利之神，以上题材多用于刺绣中。

图 1-3-2　楚墓出土的凤鼍（音驼）麒麟舞人纹经锦纹样

图 1-3-3　左家塘楚墓出土的对龙对凤纹经锦

①

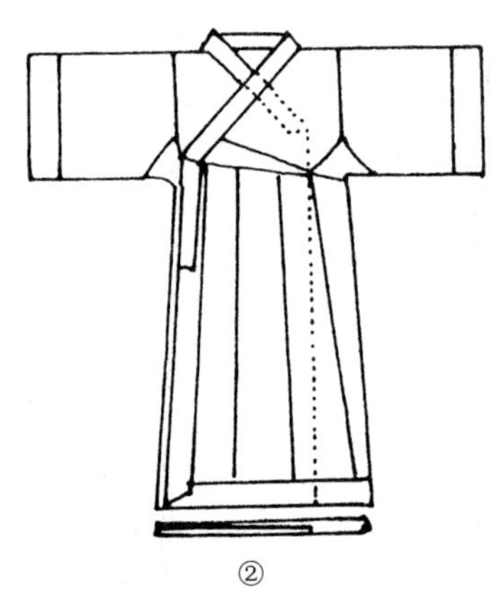

②

图 1-3-4
湖北江陵马山砖厂 1 号战国楚墓出土的绵袍斜裁法示意图
①斜裁法之一　　②斜裁法之二

(二) 春秋战国时期的服装款式

1. 袍类的裁法有正裁、斜裁两种。

正裁法: 袍分上衣下裳两部分，上衣正裁共 8 片，正身 2 片宽各 32 厘米，双袖各 3 片，宽 42 厘米、43 厘米、45 厘米。以上 8 片拼合之后，再从下边缝合。在双袖与正身相接的腋下，另拼一块长 37 厘米、宽 24 厘米的长方形，便于手臂上下活动。领缘用纬起花的绦带做成，正裁，至大襟部分向下延伸 44 厘米。下裳正裁共 5 片，大、小襟正面两片各宽 45 厘米，其他三片各宽 41 厘米。裾缘下摆缘直裁另拼缝。

斜裁法: 上衣部分正身和双袖均斜裁，共 8 片，宽度分别为 23 厘米、26 厘米、17 厘米，袖缘、领缘也斜裁。下裳正裁共 8 片，每片宽 20 厘米至 37 厘米不等。(图 1-3-4)

袍的款式有三种类型。

其一：后领下凹，前领为三角形交领。两袖下斜向外收杀，袖筒最宽处在腋下，小袖口。此型尺寸较小，比较实用。(图 1-3-4①)

其二：两袖平直，宽袖口，短袖筒。后领直起，前领为交领 (三角形)。衣身较宽松，为罩于表面的袍服。(图 1-3-4②)

其三：长袖，袖下部呈弧状 (袖下面的弧线称为“胡”，据《后汉书 • 舆服志》说它是仿效牛的颈项下有垂胡之形而设计的)。衣身宽松，有华贵的风度。此种款式至西汉仍继续流行。

以上三种类型，均为交领、右衽、直裾式，上衣与下裳连为一体。

2. 禅衣：交领、右衽、直裾，上衣与下裳相连，双袖呈胡状。

3. 夹衣：衣长及膝，交领、右衽、直裾，上衣与下裳相连。

4. 单裙：下摆稍大于裙腰，裙面用 8 片缝拼，宽分别为 27 厘米、27 厘米、27.5 厘米、26 厘米、27 厘米、24 厘米、27 厘米、26 厘米，下摆线宽 12.5 厘米。

5. 绵绔：由裤腰和裤腿两部分组成，裤腰 4 片，每只裤腿连上 2 片，每片宽 30.5 厘米，长 45 厘米。裤腿左右各 2 片，其中 1 片用整幅绢，宽 50 厘米，长 61 厘米。另 1 片用半幅绢，宽 25 厘米，长 59 厘米。裤腿上部一侧拼入一块长 12 厘米、宽 20 厘米的长方形裤档，一条宽边与裤腰相接。一条边缝在裤腿上，折叠成三角形，展开呈漏斗状。裤腿下部拼有一块长 32 厘米、宽 9 厘米的条纹裤边，做成小裤口，裤腿的各拼缝处均镶嵌丝绦。绣绢作面料，深黄绢里。裤腿上部与裤腰相连。但两裆不相连。后腰敞开形成开裆。裤腰宽 0.5 厘米，裤长 116 厘米。

6. 麻鞋：前端尖头半圆形，侧视呈缓坡状，里层用草编，表层用麻布揉黑漆; 再在外包锦面。鞋底用麻线编结，从中向外逐圈编绕 27 圈。底下编成许多乳钉状线结。长 23 厘米，高 5 厘米。

(四) 春秋战国时期的首饰和佩饰

春秋战国时期继承商周社会的传统，首饰和佩饰除形式的装饰美和材质的珍贵之外，也带有礼教表征德操和社会等级地位的内涵，至于工艺技巧则发展到更加精美的程度。其首饰和佩饰主要有固定发髻的笄、梳理头发的梳子和篦子以及耳饰玉玦，还有各种颈饰、臂饰和指环等。其中腰饰很有特色，商周时期的腰带多为丝帛所制的宽带，大带又名绅带，绅即丝带束紧腰部后下垂的部分。女子的腰带也用丝质，女子的长腰带名绸缨，打成环状结易于解开的叫纽，打紧死结不好解开的叫缔。因在绅带上不好勾挂佩饰，所以又束革带。开初革带两头是用短丝绳和环系结，并不美观，只有贫贱的人才把革带束在外面，有身份地位的人都把革带束在里面，再在外面束绅带。西周晚期至春秋早期，华夏民族采用铜带钩固定在革带的一端上，只要把带钩勾住革带另一端的环或孔眼，就能把革带勾住。使用非常方便，而且美观，所以就把革带直接束在外面来了。在这种情况下，革带的制作也越来越精美华丽，不但有的漆上颜色，还有的镶嵌金玉装饰。因此腰带带钩的功用就有数种，一种是横装于带端用来搭接革带两端的，一种是与环相配直挂在革带上勾挂佩饰的。另有一种较长的衣钩可装于衣服肩部勾挂衣领或装于衣领勾挂衣服肩部。

图 1-3-5　战国墓出土的包金镶玉嵌玻璃银带钩

战国时期的带钩，材质高贵，工艺精美，制作十分考究。形式有多种变化，但钩体都作 S 形，下面有柱。（图 1-3-5）

带钩的材料有玉质的、金银的、青铜的、铁的。工艺制作除雕镂纹外，有的在青铜上镶嵌绿松石，有的在铜或银上鎏金，有的在铜、铁上错金嵌银，即金银错工艺。

另外，上层统治阶级继承了前人佩玉的习惯，因为“玉之美，有如君子之德。”佩有全佩、组佩和礼制以外的装饰性玉佩。全佩由珩、璜、冲牙等组合。组佩是将数件佩玉用彩组串联悬挂于革带上。装饰性玉佩（如人纹佩、龙纹佩、鸟纹佩、兽纹佩等）比商周时期细腻精美，逐渐演变为佩璜和系璧。更为精巧绝伦的则是透空活环套扣的玉佩。（图 1-3-6）

图 1-3-6　曾侯乙墓出土战国早期玉器节佩

## 练习题

1. 春秋时期对传统服装色彩观念有什么改变？
2. 赵武灵王进行服装改革的动机是什么？

## 课时量

10 课时

## 考试要点

1. 奴隶社会的章服制度。
2. 十二章纹的形式。
3. 春秋战国时期的服装款式。

# 第二章
# 秦至唐代服装

## 第一节　秦汉时期的服饰艺术

### 一、秦汉时期的文化背景

在春秋战国时期，五霸独立，七国争雄，律令异法，衣冠异制，言语异声，文字异形，在思想文化领域，形成百家争鸣的局面。儒家主张衣冠服饰应以西周的礼制为准绳；墨家主张衣冠服饰和生活器具应以尚用为目的；其后荀卿提倡“冠弁衣裳……皆有等差”；韩非主张崇尚自然，反对修饰。而在实际生活中，各诸侯国因地理条件和风俗习惯的不同，各国在衣冠服饰的崇尚方面，一向存在很大的差异。

由于战争引起的动乱和各诸侯国之间交往活动的频繁，各国服饰文化相互影响，在生活的优选过程中进行改革。公元前221年，秦始皇统一中国，建立了中国历史上第一个封建大帝国，他相信阴阳五行学说，认为黄帝时以土气胜，崇尚黄色；夏朝是木德，崇尚青色；殷朝是金德，崇尚白色；周文王以火胜金，色尚赤；秦以水德统一天下，色尚黑。但因秦始皇当政不久，于公元前210年在出巡路上病死，没有来得及制定官服制度。秦朝的暴政引发各地的农民起义，公元前207年秦军主力被项羽率领的义军打败，次年，刘邦攻占咸阳，秦朝灭亡。至公元前206年刘邦称帝建立汉朝，历史就进入西汉时期。

图2-1-1　秦始皇陵出土的将军俑

### 二、秦始皇时代的坚甲利兵

秦朝自公元前221年到前206年。秦始皇一面利用外交攻势粉碎六国诸侯的“合纵”，一面推行远交近攻的战略方针，以秋风扫落叶之势先取韩国，接着破赵燕、灭魏楚，最后灭齐，十年之间海内为一，又乘胜北却匈奴，南平百越，完成了统一中国的大业。

1974年自陕西临潼出土的秦兵马俑非常逼真地为我们展现了强大的秦军阵容，其军装是我们研究秦朝服装文化的最具体的形象资料。从这些武士俑的服装得知，有等级和兵种的区别，不同官阶有不同的冠饰和甲衣，军官戴冠，战士不戴冠，骑兵和车兵的装束不同，车兵中御手和战士的装束又不同；步兵中前锋和后卫的装束亦各异。

秦军装大体可分军官和战士两大类：

(一) 军官的服装

军官分高、中、低三级。将军身穿双重长襦、外披彩色鳞甲，下着长裤，足登方口齐头翘尖履，头戴顶部列双鹖的深紫色鹖冠，橘色冠带系于颌下，打八字结，胁下佩剑。中级军官的服装有两种：一种是身穿长襦，外披彩色花边的前胸甲，腿上裹着护腿，足穿方口齐头翘尖履，头戴双版长冠，腰际佩剑；第二种是身穿高领右衽褶服，外披带彩色花边的齐边甲，腿缚护腿，足穿方口齐头翘尖履，头戴双版长冠。下级军吏，身穿长襦，外披铠甲，头戴长冠，腿扎行縢（即裹腿）或护腿，足穿浅履。（图 2-1-1）

（二）士兵的服装

轻装步兵，身穿长襦，腰束革带。下着短裤，腿扎行縢，足登浅履，头顶右侧绾圆形发髻。重装步兵服装一般为身穿长襦，外披铠甲，下穿短裤，腿扎行縢或护腿，足穿浅履或短靴，头顶右侧绾圆形发髻，或头戴赤钵头。骑兵战士身穿胡服，外披齐腰短甲，下着围裳长裤，足穿高口平头履，头戴弁。（图 2-1-2）

图 2-1-2　兵马俑出土的蹲跪俑

## 三、中国丝绸对西方世界的影响

中国是丝绸的发源地，早在先秦时期，秦国就常以丝绸和西戎交换战马，并经过西北游牧民族居住地运往西方。

在中国通往西域的大路开通以前，中国丝绸在罗马与黄金等价，只有少数贵族才穿用它。公元前 138 年和前 119 年，汉武帝两次派张骞出使西域，打通了与西方各国的联系，在汉唐时期千余年间，中国的丝绸一直源源不断地从中国西北的两条陆路，经过中亚运往欧洲，这两条陆路通道，后来被称为“丝绸之路”。

随着丝绸贸易的发展，其他国家及国内少数民族的服饰文化，与发达的中原文化发生了密切的交往，先进的中国服饰文明在对全人类做出巨大贡献的同时，也广纳西域各国文化，进一步丰富和发展了自身。汉唐时期，中国是遥遥领先于世界各国的一个先进国家。

## 四、汉王朝的服饰制度

西汉初期，统治者对服装的社会作用认识不足，不大重视服饰制度的建立，后来，经过 70 年左右的经济恢复，国力逐渐增强，服饰文化也逐渐由俭转奢。到汉武帝太初元年（公元前 104 年）决定改正朔，易服色。一直到东汉明帝永平二年（公元 59 年），才采用《周官》、《礼记》，制定了官服制度。永平二年正月，汉明帝和公卿诸侯首次穿着冕冠衣裳举行祭礼，这是儒家学说衣冠制度在中国得以全面贯彻执行的开端，汉明帝的祭服、朝服制度包括冠冕、衣裳、鞋履、佩绶等，各有等序，它的重点在冠冕，朝服采用深衣制。

汉代冠和古制不同之处，是古时男子直接把冠罩在发髻上，秦及西汉在冠下加一带与冠缨相连，结于颌下，至东汉则先以巾帻包头，而后加冠，这在秦代是地位较高的人才能如此装束的。巾本是古时表示青年人成年的标志，男子到 20 岁，有身份的士加冠，没有身份的庶人裹巾。汉代在额前加立一个帽圈，名为“颜题”，与后脑三角状耳相接，文官的冠耳长，武官的冠耳短。巾覆在顶上，使原来的空顶变成“屋”，后来高超部分呈介字形屋顶状的称为“介帻”。呈平顶状的称“平上帻”，身份高贵的可在帻上加冠。文官在进贤冠下衬介帻，武官在武冠下衬平上帻。东汉后期出现前低后高，即颜题低、耳高的式样，称为平巾帻。汉代的冠是区分等级地位的基本标志之一，主要有冕冠、长冠、委貌冠等 16 种以上。

冕冠，是皇帝、公侯、卿大夫的祭服。冕綖一尺二寸（合 27.96 厘米，汉尺一尺合 0.233 米），宽七寸（合 16.31 厘米），前圆后方，冕冠外面涂黑色，内用红绿二色。皇帝冕冠十二旒，系白玉珠，三公诸侯七旒，系青玉珠，卿大夫五旒，黑玉为珠。

长冠，汉高祖刘邦先前戴之，用竹皮编制，故称刘氏冠，又称斋冠。

委貌冠，长七寸，高四寸，上小下大，形如覆杯，以皂色绢制之，与玄端素裳相配。

此外，还有爵弁、通天冠、远游冠、高山冠、进贤冠、法冠、武冠、建华冠、哀出冠、术士冠、却非冠、却敌冠、樊哙冠等。（图 2-1-3）

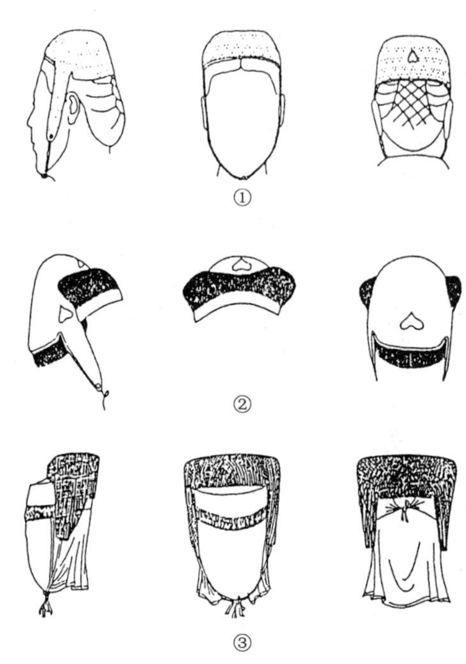


图 2-1-3　由直接戴弁到用帻衬戴武弁到发展为武弁大冠（转引自孙机先生著作插图）

汉代的朝服为袍，即深衣制。式样无差别，衣料精粗及颜色有差别，红为上，青绿次之。汉代袍服多大袖；内穿肥裆大裤，衣袖由宽大的袖身袂和往上收的袖口组成，由袖身下垂逐渐上收连接袖口，成一条弓弧线，即所谓“胡状”。袍服里面衬以单衣。春秋战国时期的曲裾袍，西汉仍流行，到东汉时就流行直裾袍了。

从马王堆汉墓出土的袍来看，汉代的袍分曲裾交领右衽和直裾交领右衽两种款式，曲裾袍上衣部分正裁共 6 片，身部两片宽各一幅，两袖各 2 片，内一片宽一幅，一片宽半幅，6 片拼合后，将腋下缝起。领口挖成琵琶形。袖口宽 28 厘米，袖筒较肥大，下垂呈弧状。下裳部分斜裁共 4 片，各宽一幅，按背缝计，斜度角为 25°。底边略作弧形。里襟底角为 85°，穿时掩人左侧身后。外襟底角 115°，上端长出 60°衽角，穿时裹于胸前，将衽角折往右侧腋后。袍领、襟、袖均用绒圈锦斜裁拼接镶缘，再在外沿镶绢条窄边。

直裾袍上衣部分正裁共 4 片，身部 2 片，两袖各 1 片，宽均一幅。4 片拼合后，将腋下缝起领口挖成琵琶形，领缘斜裁两片拼成，袖口宽 25 厘米，袖筒较肥大，下垂呈弧状。袖线宽与袖口略等，用半幅白纱直条，斜卷成筒状，往里折为里面两层，因而袖口无缝。下裳部分正裁，后身和里外襟均用 1 片，宽各一幅。长与宽相仿。下部和外襟侧面镶白纱缘，斜裁，后襟底缘向外放宽成梯形，底角成 85°，前襟底缘右侧偏宽。（图 2-1-4）

①

②

③

④

⑤

图 2-1-4　马王堆汉墓出土的直裾袍裁缝方法示意图

在袍服外要佩挂组绶，组是官印上的绦带，绶是用彩丝织成的长条形饰物，称印绶。以绶的颜色标示身份的高低。汉代妇女礼服也采用深衣制。深衣中一种无衬里的单衣，称为禅衣（图 2-1-5），禅衣有曲裾、直裾两种，曲裾禅衣与曲裾袍裁法相同，直裾禅衣上衣部分正裁 4 片，下裳部分斜裁 3 片，两袖无胡，底边无缘。直袖无胡的深衣，称为袀衣。

图 2-1-5　马王堆汉墓出土的素纱禅衣

汉代的一般庶民，男子穿襦裤，妇女穿襦裙和类似半臂的衣服；都穿短上衣，上身和下身分开。汉成帝时（公元前 32 至公元前 7 年）规定青绿为民间常服，但蓝色偏暖的青紫为贵族燕居的服色，古时用蓝靛染色，经多次套染而成的深青会泛红光，故怕深青乱紫，连县官也不许穿。而青、绿色在视觉上有平和后退之感，后世一直被定作平民的服色。

裤子在先前多为无裆的管裤，名为裤。将士骑马打仗穿全裆的长裤，名为大裤。西汉士儒妇女仍穿无裆的裤。后来宫中妇女都穿有裆并在前后用带系住的"穷裤"，穷裤也称"绲档裤"，以后有裆的裤子就流行开来。汉代男子所穿穷裤，有的裤裆极浅，穿在身上露出脐子，但没有裤腰，裤管很肥大。

单裙用宽一幅的绢 4 片缝制而成，4 片均上窄下宽，居中两片稍窄，两侧两片稍宽，上部加裙腰，两端延长成裙带，或另配裙带。

秦汉时期的鞋子，单底的叫履，复底的叫舄，面涂黑漆或红漆，形式有方头、圆头、双尖头等。

西汉时期的服饰纹样，题材以变体云纹、变体云中龙，变体云中凤、豹纹、鸟纹、菱纹、花叶纹、藤蔓纹等为主。（图 2-1-6）到了东汉时期，织锦纹样，都以充满神话色彩的动物云气山岳为主题，画面用流动起伏的波弧线作成云气山岳状的构成骨骼，贯通整个横向幅面，在波弧空槽位置分布主题纹样如龙、虎、辟邪、獬豸、麒麟、仙鹿，有时也有仙人骑马等形象。再在纹样空隙处加饰汉体铭文如"登高明望四海"、"万寿如意"、"长乐明光"、"昌乐"、"鹊群下"、"新神灵广成寿万年"、"韩仁绣纹衣右子孙无极"、"延年益寿大宜子孙"等等，

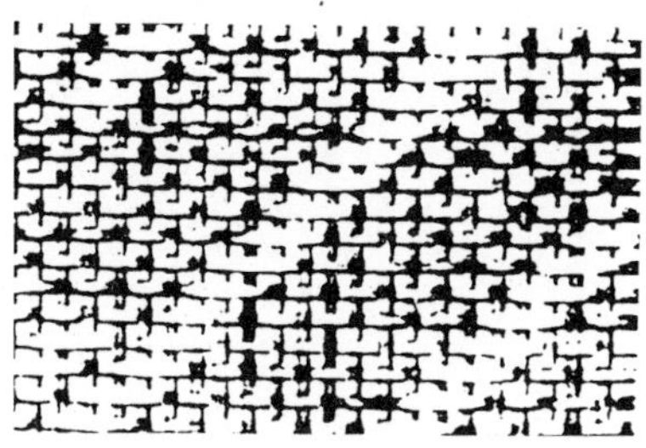

图 2-1-6
西汉黄地几何填花对鸟纹绮及绮的组织结构图

(图 2-1-7)

三国时期，织锦的中心产地由齐鲁转移到四川成都，织锦纹样出现了像“如意虎头连壁锦”等新的花式。在装饰风格上由动势的平衡结构过渡到稳定的对称结构。

## 五、秦汉时期的首饰和佩饰

秦汉时期的发饰有笄、簪、钗、华胜等，古代妇女一向用笄固定发髻，簪是笄的发展，在头部盛加纹饰，可用金、玉、牙、玳瑁等制作，常常作成凤凰、孔雀的形状。华胜是制成花草形状插于髻上或缀于额前的一种发饰，汉时在华胜上贴金叶或贴上翡翠鸟毛使之呈现闪光的翠绿色，这种工艺称为贴翠。贵妇发型以高大为美。当时，妇女常在真发中掺接假发梳成高大的发髻，插入数根笄簪来固定，也有用假发做成假髻戴在头上的，这称为“副贰”。

在簪顶挂珠玉垂饰的簪子叫做“步摇簪”，走动时，垂挂的珠玉随脚步而摇动，风情万种，美不胜收。

秦汉时期的耳饰有用玉做的充耳“瑱”，耳环和耳坠等，还有用玛瑙、金珠子、土水晶、琥珀等做成的项链，用玉、金、银、铜等材料做的手镯和指环，用玉和玻璃料做的带钩等。(图 2-1-8)

### 练习题

1. 根据秦始皇陵兵马俑坑出土的材料，请略述秦将军俑的服装形式。
2. 直裾袍和曲裾袍有何不同？

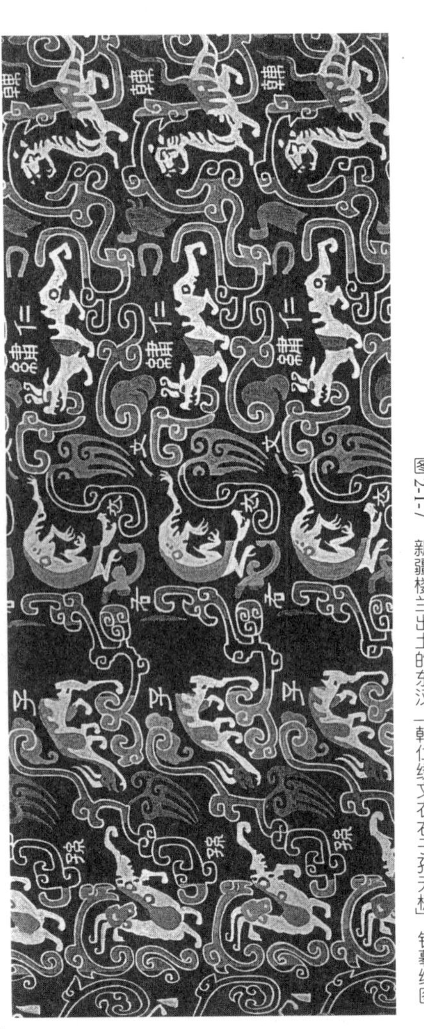

图 2-1-7　新疆楼兰出土的东汉“韩仁绣文衣右子孙无极”锦摹绘图

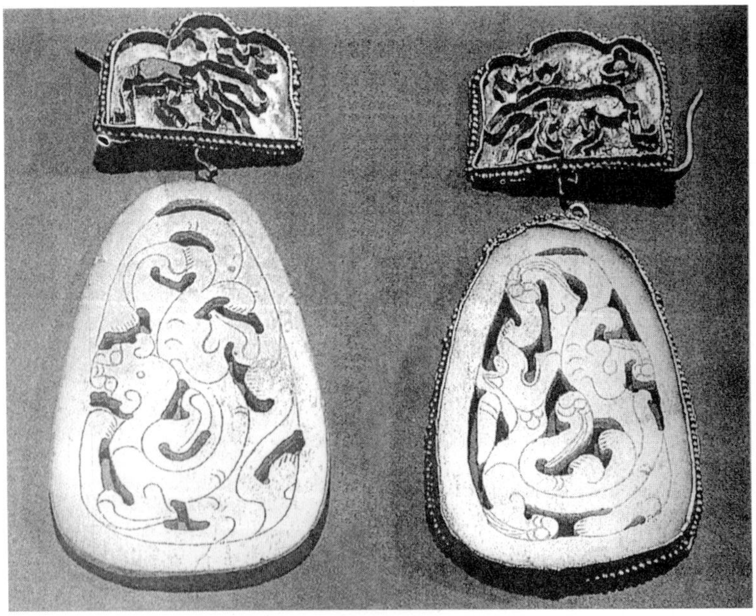

图 2-1-8　西汉（匈奴）金玉耳坠

## 第二节 魏晋南北朝时期的服饰艺术

### 一、魏晋南北朝时期的文化背景

秦、汉帝国曾经以政治上强大的向心力，使服饰文化在传承商、周服制的基础上，吸收融合春秋战国时期各诸侯国服饰文明之所长。至东汉明帝厘定了适应封建政教理想的封建服饰制度，对后世封建服饰文化产生了重大的影响。汉朝立国 400 年后，皇室衰微。经过三国鼎立，两晋王族之争，中国内部分崩离析，给徙居华北边境的少数游牧民族以可乘之机。蒙古系游牧民族匈奴、羯、鲜卑，藏系游牧民族羌、氐先后入侵中原，建立了 10 多个小王朝，即历史上所称的“五胡十六国”。公元 4 世纪至 6 世纪，中国处于混乱的南北朝时期，战争和民族大迁徙促使胡、汉杂居，南北交流，来自北方游牧民族和西域国家的异域文化与汉族文化的相互碰撞，相互影响，促使中国服饰文化进入了一个发展的新时期。

二、汉、胡服饰文化的相互交流

南北朝时期的汉、胡服饰文化，是按两种不同的性质和方向互相转移的。其一是统治阶级基本遵循秦、汉旧制。一些少数民族首领初建政权之后，鉴于他们本族的习俗和穿着不足以炫耀其身份地位的显贵，便改穿汉族统治者的华贵服装，尤其是帝王百官，更醉心于高冠博带式的汉族章服制度，最有代表性的便是北魏孝文帝的改制。公元 486 年孝文帝始服衮冕，公元 494 年改革其本族 (鲜卑族) 的衣冠制度。公元 495 年接见群臣时他就颁赐百官冠服，用以更换胡服。其二是在实用功能方面比汉族统治者所穿的宽松肥大的服装优越的胡服，向汉族劳动者阶层传移，魏孝文帝曾命令全国人民都穿汉服，但鲜卑族的劳动百姓不习惯于汉族的衣着，连魏文帝的太子也私着胡服，魏孝文帝在推行汉化中未能使鲜卑人断其流行，反而在汉族劳动人民中间得到推广，最后连汉族上层人士也穿起了鲜卑装。其根本原因，就是北方的胡服便于生活活动，实用功能很强。南北朝时期这种胡汉杂居的形式，使异域服饰文化并存和互相影响，构成了这一时期中国服饰文化的新篇章。(图 2-2-1)

图 2-2-1
北魏 · 宁懋暨妻郑氏墓窟画像
均穿汉化宽松服装

### 三、裤褶、裲裆、半袖衫的流行

(一) 裤褶

裤褶原是北方游牧民族的传统服装，是用较粗厚的毛布做的左衽大袖短上衣和肥管裤。这种短上衣叫做“褶”，与下身穿的裤子合称“裤褶”。左衽是北方少数民族和西域胡人的衣服款式，与汉族传统以右衽为习尚不同。秦汉时期，汉族人也穿裤和短上襦，合称襦裤，但封建贵族必于襦裤之外加穿袍裳，只有骑者、厮徒等从事劳动的人为了行动方便，才直接把裤露在外面，上身甚至不穿上衣。封建贵族是不得穿短上衣和裤外出的。到了晋代，受北方民族的影响，也穿起了裤褶。南北朝的裤有小口裤和大口裤，以大口裤为时尚，穿大口裤行动不方便，故用三尺长的锦带将裤管绑住，称为缚裤。到晋朝裤褶就成了天子和百官都可以穿的常服，在后魏，朝服都穿裤褶，此时，汉族上层社会男女也都穿裤褶。南朝的裤褶，衣袖和裤管都更宽大，即广袖褶衣、大口裤，这种形式，又反过来影响了北方的服装款式。(图 2-2-2)

图 2-2-2　南北朝画像砖中执仪剑门吏形象，戴平巾帻 (小冠)，裲裆铠，褶衣大口裤。

(二) 裲裆

图 2-2-3
敦煌壁画中戴胄着裲裆铠，骑具装马的官军。

裲裆也是北方少数民族的服装，最初是由军戎服装中的裲裆甲演变而来（图 2-2-3）。这种衣服没有衣袖，只有前后两片衣襟，其一当胸，其一当背，后来称为“背心”或“坎肩”。裲裆既能保温，又便于手臂行动，是一种非常实用的衣服，因此当时男女都穿用。

(三) 半袖衫

半袖衫是一种短袖式的衣衫，也称“半臂”。由于当时的半袖衫多用缥（浅青色），与汉族传统章服制度中的礼服相违，曾被斥之为“服妖”。后来风俗变化，到隋朝时，内官多穿半臂（图 2-2-4）。

裤褶、裲裆、半袖衫都是从北方游牧民族传入中原地区的异族文化，经过人们在生活实践中优选，其功能上的优越性使之广受欢迎，大大丰富了我国的传统服饰文化。

## 四、南北朝时期的铠甲

西晋军队的甲胄主要为筒袖铠，把胸背甲片联缀在一起，肩部有不长的筒袖，护头的兜鍪两侧有护耳，前额正当眉心处稍有下突，顶部中心竖有长缨，传说这种样式是诸葛亮时创制的，实际上在东汉时就已经有了。

南北朝流行裲裆铠和明光恺，裲裆铠只在前胸后背有两片甲，在肩部用带系联，腰上束带。明光铠在胸背部由左右两片近椭圆形的护组成，这种护很像镜子，于阳光下有闪烁的反光，故名。当时骑兵着裲裆甲，马身上也披有铠甲，而且已周密地防护马头和马身，步兵很少穿甲。南北朝末年明光铠渐盛，至隋代明光铠取代了裲裆甲。

## 五、冠帽形制的变迁

魏晋南北朝时期统治阶级的冠冕制度，虽然承袭汉代遗制，但具体形制还是有一些变化。首先是巾帻的后部逐渐加高，中呈平形，体积缩小到头顶，称为平巾帻或小冠，小冠非常流行。在小冠上加笼爪称为笼冠，用黑漆细纱制成，故也称漆纱笼冠。

## 六、文士的服饰风尚

魏晋以来，社会上盛行玄学与道、释两教教义相结合，酝酿出文士的清谈之风，他们崇尚虚无，蔑视礼法，放浪形骸，任情不羁。在服饰方面，他们穿宽松的衫子，衫领敞开，袒露胸怀。(图 2-2-4) 南京西善桥出土的竹林七贤砖刻，便是当时文士服饰的写照。

图 2-2-4　北齐校书图，男裹巾，有的穿半袖衫，有的穿裲裆或戴肚兜，女梳双丫髻，小衫长裙，肩上披有帔巾

## 七、妇女服装的演变

魏晋时期妇女服装承继汉代遗俗，同时受胡服的影响，在传统基础上有所发展。一般上身穿衫、襦，下身穿裙子，款式多上俭下丰，衣身部分紧身合体，袖筒肥大。裙子为褶裥裙，裙长曳地，下摆宽松。首饰华丽，一般妇女也使用假发作各种发式，如灵蛇髻、飞天髻（均系在头顶梳出一些发环，使作凌空摇曳之状）、盘桓髻（以头发反复盘桓然后作髻）、十字髻（头顶作十字形髻，余发下垂过耳）等等。有的更将假发装在头上以增加其高度，有的使之自然危、邪、偏、侧，以表现妖媚的风姿。发髻上再饰以步摇簪、花钿（用金、银、珠、玉等做成的花朵形，用以掩饰头髻的短腿簪子）、钗、镊子，或插以鲜花。少女则梳双髻或以发覆额。也有女子戴巾子的。

传统的深衣，到魏晋时男子已很少穿了，女子深衣在衣服下摆施加相连接的三角形装饰，在深衣腰部加围裳，从围裳伸出长长的飘带，这种装饰始于东汉，走动时可以起助长动姿的作用。（图 2-2-5）

## 八、魏晋南北朝时期的服饰纹样

魏晋南北朝时期的服饰纹样，一部分承袭了东汉的传统，一部分吸收了外来文化。东汉式动物云气纹已经衰退过时，代之而起的服饰纹样可归纳为以下几种类型：

（一）利用圆形、方格、菱形及对称的波状线组成几何骨骼，在几何骨骼内填充动物纹或花叶纹。

（二）圣树纹

将树形简化成接近一张叶子正面形象，具有古代阿拉伯国家装饰纹样的特征。（图 2-2-6）

（三）天王化生纹

由莲花、半身佛像及“天王”字样组成。

（四）小几何纹

圆圈与点子组合的中、小型几何纹样及忍冬纹。

## 九、魏晋南北朝时期的首饰

这时期除了发饰、指环、耳坠、鸡心佩、金奔马（图 2-2-7）饰件、金花饰片和金博山等以外，还有带具。东汉晚期，人们腰上所束的革带为了佩挂随身实用小器具的方便，挂了几根附有小带钩的小带子，这种小带子叫做鞢韄，附有鞢韄的腰带称为鞢韄带。魏晋南北朝时期的鞢韄带，头端装有金属带扣，带扣一般镂有动物纹和穿带尾用的穿孔，穿孔上装有可以活动的短扣针。（图 2-2-8）

## 练习题

1. 简述南北朝时期从北方游牧民族传入中原的裤褶、裲裆、半袖衫对中国服饰的影响？
2. 魏晋南北朝时期妇女的服装有什么主要变化？

图 2-2-5　敦煌壁画中的观音化身像

图 2-2-6　新疆出土的树纹锦

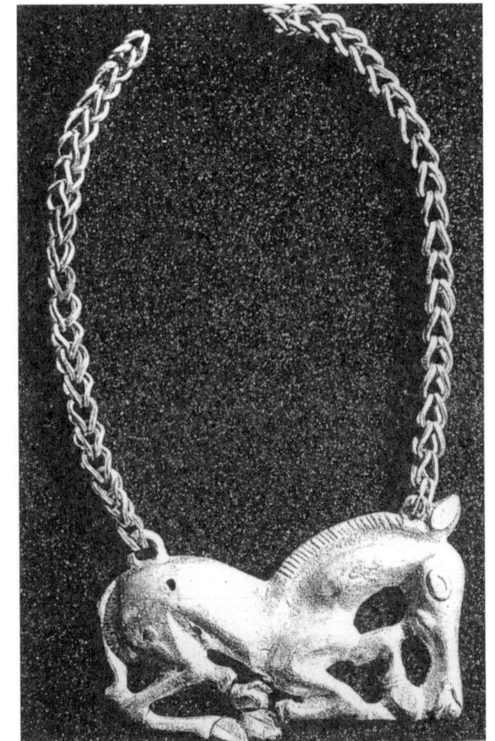

图 2-2-7　内蒙古出土的北魏金奔马

图 2-2-8　北齐金饰，运用了压印、镂刻、镶嵌等工艺

## 第三节 隋唐五代的服饰艺术

### 一、隋朝的服饰制度

公元 589 年，隋文帝杨坚统一中国，结束了自汉末以来 360 多年分裂的政治局面。隋文帝厉行节俭，衣着简朴，不注重服装的等级尊卑。到公元 605 年隋炀帝即位，崇尚侈华铺张，为了宣扬皇帝的威严，恢复了秦汉章服制度。南北朝时曾按周制将冕服十二章纹饰中的日、月、星辰三章放到旗帜上，改成九章。隋炀帝又将它们放回到冕服上，将日、月分列两肩，星辰列于后背，从此“肩挑日月，背负星辰”就成为历代帝王冕服的既定款式。（图 2-3-1）皇帝的祭服玄衣薰裳，冕用青珠，皇帝十二旒十二章，亲王九旒九章，侯八旒八章，伯七旒七章，三品七旒三章，四品六旒三章，五品五旒三章，六品以下无章。文武官朝服绛纱单衣，白纱中单，绛纱蔽膝，白袜乌靴。所戴进贤冠，以官梁分级位高低，三品以上三梁，五品以上二梁，五品以下一梁。男子官服，在单衣内襟领上衬半圆形的硬衬“雍领”。戎服五品以上用紫色，六品以下用绯色和绿色，小吏用青色，士卒用黄色，商贩用皂色。隋文帝赐大臣束九环金带，官员称“以腰保领”表示对皇帝的拥戴。隋炀帝所定皇后服制有袆衣、朝衣、青服、朱服。隋大业年间（公元 605 —617 年），宫人流行穿半臂（即短袖衣套在长袖衣的外面），下着十二破裙，又名“仙裙”。民间妇女穿青裙。妇女外出戴幂罗，把面部罩住。这类打扮，都吸收融合了南北朝时期胡服的特色，对唐代女服有很大影响。

图 2-3-1
阎立本《历代帝王图》中的隋文帝，
穿冕服，冕冠前饰蝉纹金珰，侍臣戴纱笼冠

南北朝时期的裤褶到隋朝依然流行，隋代官员穿裤褶可以从驾，唐初也可穿朱衣、大口裤入朝，但到唐贞元十五年(公元 799 年)，因裤褶非古礼而被禁止。

隋贵妇所披小袖外衣多翻领式。侍从婢女及乐伎则穿小袖衫、高腰长裙，裙系到胸部以上，腰带下垂，肩披披帛。（图 2-3-2）居住在北方西北地区的少数民族多穿小袖袍、小口裤。(图 2-3-3)

图 2-3-2 敦煌壁画中的隋代供养人，梳平髻，披通裾大儒，穿扣肩统身裙或高胸裙。女侍梳双丫髻，小袖衫，高胸裙，帔帛。

图 2-3-3 隋代彩绘女俑，左梳单刀半翻髻，右梳双刀半翻髻，小袖衫，高腰裙。

## 二、唐代服饰文化的背景

隋朝统一中国后仅 30 多年，就因隋炀帝的荒淫无道而灭亡，公元 618 年唐朝建立。经贞观（公元 627 — 648 年）、开元（公元 713 — 741 年）两个阶段，唐代的经济得到极大的发展，出现了空前繁荣的景象。唐代疆域广大，政令统一，物质丰富，与诸少数民族保持着密切交往。国家的强大，人民充满着民族自信心，对于外来文化采取开放包容的态度，长安当时是最发达的国际化大都市，对外交流十分频繁。唐代的文学艺术空前繁荣，唐诗、书法、洞窟艺术、工艺美术、服饰文化都在华夏传统的基础上，吸收融合域外文化而推陈出新，别开生面。由于强大的民族自信心和凝聚力的作用，使外来异域文化，一经被大唐文化所吸收，便自然成为大唐文化的补充和滋养，这是唐代服饰雍容大度，百类竞呈的缘由。

## 三、唐代的冠服制度

冠服制度是封建社会权力等级的象征，作为封建社会统治阶级精神支柱的儒学，则把恪守祖先成法作为忠孝之本，强调衣冠制度必须遵循古法，特别是作为大礼服的祭服和朝服，不能背弃先王遗制，故称法服，具有很强的保守性和封闭性。宫廷日常服装称为常服，常服具有时代的特征。唐高祖李渊于武德七年（公元 624 年）颁布新律令，即著名的“武德令”，其中有关服装的律令基本因袭隋朝旧制。而形式上比隋朝更富丽华美。一般场合所穿的公服（又称从省服）和平时燕居的常服（又称燕服），则吸收了南北朝以来在华夏地区已经流行的胡服、特别是西北鲜卑民族服装以及中亚地区各国服装文化的某些成分，使之与华夏传统服装相结合，形成了具有唐代特色的服饰文化。如缺胯袍、半臂、大口裤等即是如此。缺胯袍是一种左右开衩的直裾长袍，它可以和幞头、革带等配套，是唐代男子的主要服装形式。唐代官服为一种圆领长袍，发展了古代深衣制的传统形式，在领座、袖口、衣裾边缘加贴边，衣服前后身都是直裁的，在前后襟下缘各用一整幅布横接成横襕，腰部用革带紧束，衣袖分直袖式和宽袖式两种，直袖式窄紧便于活动；宽袖式则表现一种潇洒华贵的风度，上自帝王、下至厮役都可以穿。

武德令推行之后，冠服制度不断修改完善，它上承周汉传统，从服装配套、服装质料、纹饰色彩等方面形成了完整的系列，对后世冠服产生了深远的影响。在唐以前，黄色上下可以通服，唐代认为赤黄近似日之色，日是帝王的象征，“天无二日，国无二君”。故赤黄（赭黄）除帝王外，臣民不得僭用。把赭黄规定为皇帝常服专用的色彩。唐高宗李治（公元 650—683 年在位）执政初期，流外官员和庶民还可以穿一般的黄色（如色光偏冷的柠檬黄等），至唐高宗中期，总章元年（公元 668 年），恐黄色与赭黄相混，官民一律禁止穿黄。从此黄色就一直成为帝王的象征。

唐高祖曾规定大臣们的常服，亲王至三品用紫色大科（大团花）绫罗制作，腰带用玉带钩；五品以上用朱色小科（小团花）绫罗制作，腰带用草金钩；六品用黄色（柠檬黄）双钏（几何纹）绫制作，腰带用犀钩；七品用绿色龟甲、双巨、十花（均为几何纹）绫制作，腰带为银钩（环扣）；九品用青色丝布杂绫制作，腰带用瑜石带钩。唐太宗李世民（公元 627 — 649 年在位）执政时期，四方平定，国家昌盛，他提倡文治，赐大臣们进德冠，对百官常服的色彩又作了更细的规定。但唐代政府规定的服饰色彩制度，在实际生活中往往无法彻底执行，常有越轨行为，因此又不断颁布各种禁令。(图 2-3-4)

唐代武官的着装也有严格规定，武三品以上、左右武威卫在胸背或肩袖部位绣对虎，左右豹韬卫绣豹，左右鹰扬卫绣鹰，左右玉铃卫绣对鹘，左右金吾卫绣对豸。诸王在衣服上装饰盘龙和鹿，宰相装饰凤池，尚书装饰对雁。后来又规定千牛卫装饰瑞牛，左右卫装饰瑞马，骁卫装饰虎，武卫装饰鹰，威卫装饰豹，领军卫装饰白泽，金吾卫装饰辟邪，监门卫装饰狮子。

图 2-3-4　敦煌壁画中穿冕服的帝王和戴巾帻穿朝服的从官，及戴巾帻穿袴褶裲裆的掌扇人

## 四、唐代的冠帽制度

(一) 幞头

秦汉时期华夏地区身份高贵的人，男子二十而冠，戴的是冠帽，身份卑贱的人戴帻，帻本是一种包头布，用以束发。使用时就是用一块巾布从后脑向前把发髻捆住，在前额打结，使巾布两角翘在前额作自然的装饰。东汉以来有些身份的人士，则用较完整的幅巾包头，将幅巾叠起一角从前额向后包覆，将两角置于脑后打结，所余一角自然垂于脑后，这种幅巾也叫折角巾，也就是后来的幞头。后来的幞头在四角接上了带子，原因是先前的幞头戴在头上，顶是平而起褶的，四角接上带子，两角在脑后打成结后自然飘垂可成为装饰，另两角反到前面攀住发髻，可以使之隆起而增加美观。到了唐代，社会上流行高冠峨髻的风尚，所以又在幞头内衬以巾子 (一种薄而硬的帽子胚架)，它可以决定幞头的造型，幞头系在脑后的两根带子，称为幞头脚，开始称为“垂脚”或“软

脚”。后来两根垂在脑后的带子加长，打结后可作装饰，称为“长脚罗幞头”。唐神龙年间（公元705—706年）幞头所垂两脚形状变成或圆或阔，并在周边用丝弦或铜丝、铁丝作骨，衬以纸绢，这种幞头脚就是能够翘起的硬脚，称为翘脚幞头。到五代时，翘脚幞头广泛流行，各创新样，或翘上而反折于下，或如团扇、焦叶之状，合把于前。后来出现两只长角横直平展的幞头，叫作展角幞头，展角并不固定在幞头上，可以随时装卸。做幞头用的布料，在唐以前用缯绢，到唐代改用黑色薄质罗或纱，后来出现了专门用来做幞头的薄质幞头罗和幞头纱。

幞头由一块民间的包头布逐渐演变为衬有固定的帽身骨架和展角的完美造型，前后经历了上千年的历史，最后形成帽身端庄丰满，展角于动势中扩大视觉空间，使虚实动静结合，于平衡中求变化，脱戴方便，华贵而又轻松活泼的冠帽，这种冠帽一直流行到17世纪的明末清初，才被满族的冠帽取代。(图2-3-5)

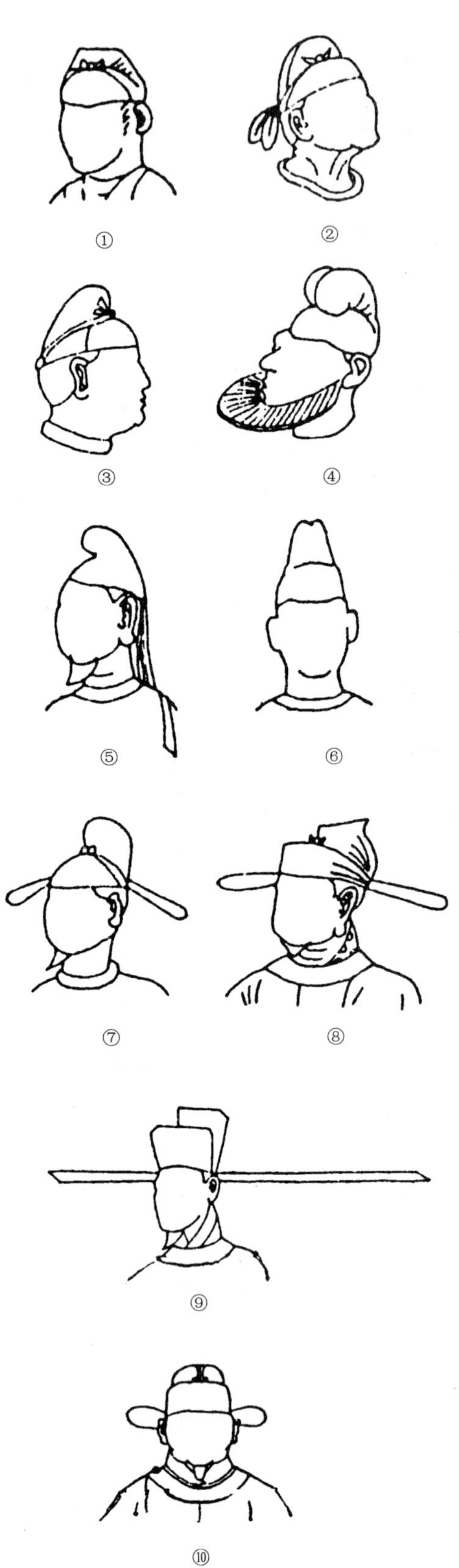


图 2-3-5
①平脚幞头 ②硬脚幞头 ③前踣式幞头
④圆头幞头 ⑤长脚幞头 ⑥衬尖巾子的幞头
⑦⑧翘脚幞头 ⑨展脚幞头 ⑩明式乌纱帽

（二）进贤冠

进贤冠是文吏、儒生戴的一种礼冠，由缁布冠演变而来，因文吏、儒士有向上引荐能人贤士之责而得名。这种冠在汉代已颇为流行，上自公侯、下至小吏都戴，魏晋南北朝继之，在唐宋礼服中仍保有重要地位，用铁丝、细纱做成，冠上用梁来区别等级，皇帝为五梁，公侯三梁，再往下还有二梁、一梁之分，这种冠前高后低，前柱倾斜，后柱垂直，戴时加于帻上。

（三）平巾帻

平巾帻也叫平上帻，与介帻是一个系统的首服，是武官、卫官公事之服。帻本是古时一般人裹在额头上的布。王莽时做成有硬挺的顶部，可以复罩整个头部，接着出现了顶部呈介字形屋顶的帻，这就是介帻。东汉时用一种平顶的帻作戴冠时的衬垫物，称为平巾帻。唐代的平巾帻，帻身加大，帻后部的耳升高向外扩大，从正面看像一个元宝的剖面。这种帻与大袖襦、大口裤、裲裆铠相配，脚踏高头履，仪态十分威严。

（四）鹖冠

鹖冠在战国秦汉时期已经作为武官的冠帽，唐代的鹖冠，把冠耳变作两只鸟翅形，而鹖鸟自冠前顶部作展翅俯冲的姿势，极为华贵生动。鹖的造型似雀。

（五）通天冠

通天冠是级位最高的冠帽，是皇帝的礼冠。通天冠的前壁比帽梁顶端更高出一截，显得巍峨突出。学术界认为通天冠正前方高出的这块前壁就是金博山，故通天冠又叫作高山冠。金博山向前倾斜，上面饰有蝉纹。唐代的通天冠，其特点之一是颜题成为很规范的帽圈形；其二是整个帽身向后旋转倾斜而不是向前倾斜；其三是冠前的金博山缩小成圭形，上饰王字或附蝉；其四是在冠上有珠玉装饰；其五是帽身饰有等距离的直线纹，也就是通天冠的梁数。大概是应在十二个月份的数字，通天冠有十二根梁。《新唐书·舆服志》说通天冠有二十四梁，这大概是晚唐时的制度。拿唐代的通天冠与汉代的通天冠相比，汉时古朴简陋，而唐代则变成十分华丽了。后来宋明继承了唐代通天冠的基本造型。(图2-3-6，2-3-7)

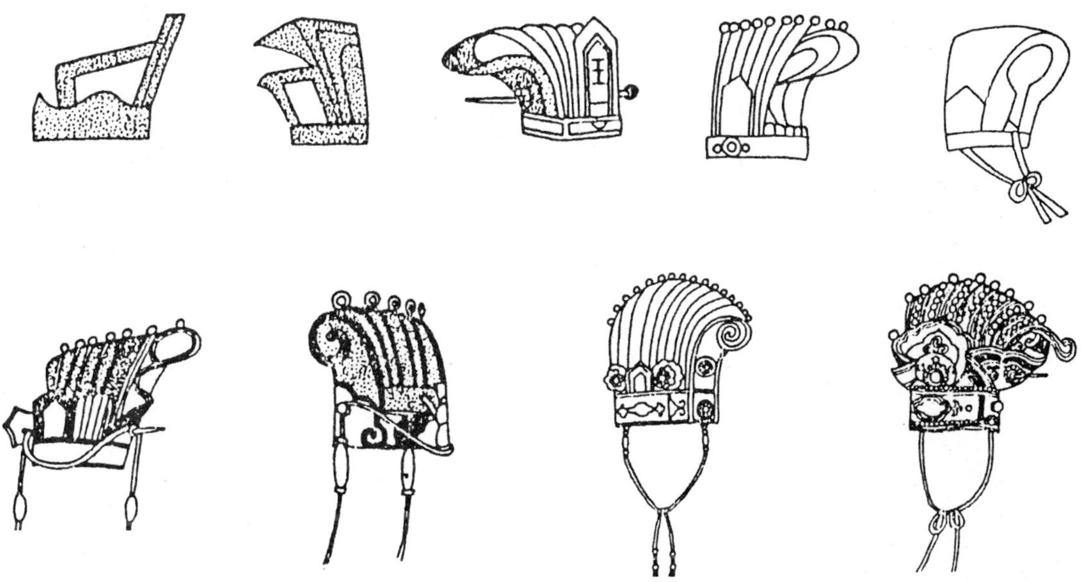

图 2-3-6　通天冠的演变

图 2-3-7
《送子天王图》，天王戴通天冠，曲领大袖袍，天后戴凤冠，左右各有两博鬓、帔肩、大袖衣裙，两侧身有绶而不挂佩玉。

## 五、唐代女装的演变

图 2-3-8
上图　唐代穿衣木俑，梳双刀半翻髻，窄袖小衫，红高腰裙，帔帛。
下图　唐代拱手陶俑，梳半翻髻，直襟窄袖小衫，高腰裙。

隋代及唐初的女装，仍以小袖短襦配长裙为主，裙腰束至腋下。盛唐以后，衣袖日趋宽大。衣服的领子有各种形式，如圆领、方领、斜领、直领和鸡心领等。特别是在盛唐以后还流行过一种袒领，大胆地露出半个胸脯。裙子的质料、色彩、式样以及装饰都大大超过前代。在贵妇当中曾流行一种精致的百鸟毛裙，百鸟之状，并见裙中。普通妇女则以穿石榴裙为尚，这种石榴裙一直流行到明清时期。除襦衫外，妇女还穿一种名为“半臂”的上衣。天宝年间，在妇女中还曾一度流行穿着男装，反映出当时社会的开放程度。

唐代妇女的生活服装在传承本民族服饰传统的基础上，吸取西域异域文化的优良成分而创新发展，它们是唐代服饰文化的主流。唐代女装有一定的流行变化，被当时诗人称之为“时世妆”。它格调华美，生气勃勃，品类丰富，其中最有代表性的有以下几种:

(一) 襦 (或袄、衫)、裙

这是由女上衣和女裙配套的服装样式。唐代的襦是一种衣身狭窄短小的夹衣或棉衣。袄长于襦而短于袍，衣身较宽松，也有夹衣或棉衣。襦、袄有窄袖与长袖两类。衫是无袖单衣，有对襟及右衽大襟两种。衫在春秋天也可穿在外面，但和穿在外面有短袖的衫不同，后者称为褙子或半臂。隋唐时襦和袄的领型受外来服装文化的影响，除交领、方领、圆领之外，还有各种形状的翻领。当时还把领子、袖口等部位当作装饰重点，施加镶拼续锦或金彩纹绘以及各种刺绣装饰，使着装效果更加华美富丽。裙子的造型是一种高腰的长方形直裙，宽摆齐地，表现一种富丽潇洒的优美风度。(图 2-3-8，2-3-9)

从初唐到盛唐，女性衣裙有一个从窄小到宽松肥大的演变过程。盛唐时期，以绘画风格演变为起点，女性风姿以健美丰硕为尚。开始流行大髻宽衣。中唐以后，华夷意识加强，服装中加强了华夏的传统审美观念，衣服越来越肥大。如开成四年 (公元 839 年) 的宽体长裙，一般用 5 幅丝帛缝制。也有用 6 幅、7 幅、8 幅，甚至 12 幅的。唐代布帛幅宽是一尺八寸，唐大尺的长度约合 0.29 米，12 幅裙的宽度就达 3.48 米了。穿起那么肥大的宽松裙走路很不方便，所以又穿高头丝履，丝履前面装有一块很高的履头，让履头勾住长裙的下摆才能迈步走路。与之相配称，头上还要戴假发，梳高大的发髻，插很多金钗、银篦、金步摇之类的头饰，反映出一股豪华侈糜的社会风尚。唐代裙裾的纹饰加工也非常讲究，裙子多用金缕刺绣、印花、织花、彩色相间等工艺加工。(图 2-3-10)

(二) 帔帛 (披帛)

唐代妇女穿着窄袖的衣服，袒露着胸口，露出半只臂膊，系着束到乳房以上的长裙。在她们的肩背上还披着一条长长的披巾。这披巾两端垂在臂旁，有时一头垂得长些，一头垂得短些。有时把披巾两头用手捧在胸前，有时把右边一头束在裙子系带上，左边一头由前胸绕过肩背，搭着左臂下垂，形式很多，走动起来，飘飘欲仙，十分优美。这种长披巾当时叫做“帔帛 (披帛)”，是唐代女装上很有代表性的一种饰物。(图 2-3-11，2-3-12)

(三) 半臂

短袖上衣，对襟，长及腰际，两袖宽大而平直，长不掩肘。唐初为宫中侍女的衣服，比较便于劳作。初唐晚期流于民间，成为一种常服，男女均可穿用。半臂一般多罩穿在长袖衣外，亦可衬在长袖衣之内，但不可单独穿用。

(四) 幂篱与帷帽

幂篱最初是西域地区少数民族男女都用的装束，到唐代，男子很少使用，成了妇女出行时为遮蔽脸容，不让路人窥视的一种首服。一般用藤席或毡笠做成帽形的骨架，糊裱缯帛，有的为了防雨，再刷以桐油，然后用皂纱全幅缀于帽檐上，这皂纱称为帽裙，幂篱的帽裙长可障身，到永徽 (公元 650—655 年) 以后，帽裙缩短至颈部，称为帷帽。帷帽四周改为垂挂一圈网子，可以不妨碍视线，考究一些的还在网帘上加饰珠翠，显得十分高贵华丽。后来，又去掉网纱，使整个脸部袒露在外。唐玄宗开元年间，胡服盛行，妇女也流行穿胡服戴胡帽，当时的胡帽有浑脱帽、搭耳帽、卷檐毡帽等。

（五）回鹘装

回鹘是唐代西北地区的少数民族，这时，回鹘族与汉族经济文化交流频繁，回鹘妇女服装及回鹘舞蹈，对唐代宫廷及贵族妇女产生较大的影响。回鹘装的特点是翻折领连衣窄袖长裙，衣身宽大，衣长曳地，腰际束带。翻领及袖口均加纹饰，纹样多为凤衔折枝花纹。头梳椎状的回鹘髻，戴珠玉镶嵌的桃形金凤冠，簪钗双插，耳旁及颈部佩戴金玉首饰，脚穿笏头履。

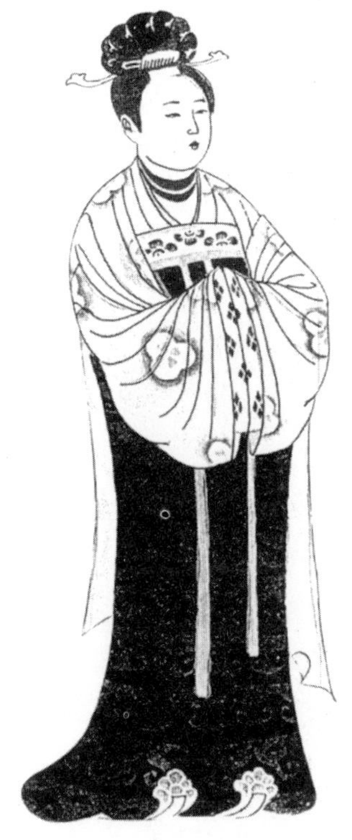

图 2-3-9　敦煌壁画中的晚唐女供养人形象

图 2-3-10
壁画中穿红白裥裙的侍女

图 2-3-11
李爽墓壁画侍女图，侍女梳双环髻，穿小袖衫及有硬衬 立领的半臂衫，高腰石榴裙，帔帛，笏头履。

图 2-3-12 《虢国夫人游春图》(局部)

## 六、隋唐五代妇女的发型与化妆

隋唐时期（尤其在唐代），妇女对头部的化妆十分重视，发式变化多样，头上插戴簪钗金叶银篦珠玉宝石及鲜花，既承袭前代遗风，又有刻意创新，可谓丰富多彩。

唐代妇女面部化妆，一般是敷铅粉、抹胭脂、涂鹅黄、画黛眉、点口脂、描面靥、贴花钿。唐代妇女用青黑色颜料将眉毛画浓，叫做黛眉，描成细而长的叫蛾眉，粗而宽的叫广眉。面靥原是用来掩饰面颊上的斑痕的，后来与贴花钿一样，都成了妇女面部的装饰手段。

唐代发髻名称众多，有矮堕髻、螺髻、半翻髻、双鬟望仙髻、抛家髻、乌蛮髻、盘桓髻、同心髻、交心髻、拔丛髻、回鹘髻、归顺髻、闹扫妆髻、高髻、低髻、凤髻、小髻、侧髻、囚髻、偏髻、花髻、云髻、双髻、宝髻、飞髻等。唐代妇女的发型，其影响从五代直至北宋末年，特点是竞尚高大，即利用自己收集或别人剪下的头发加添在头发中，或以之做成各种假髻来装戴。（图2-3-13）

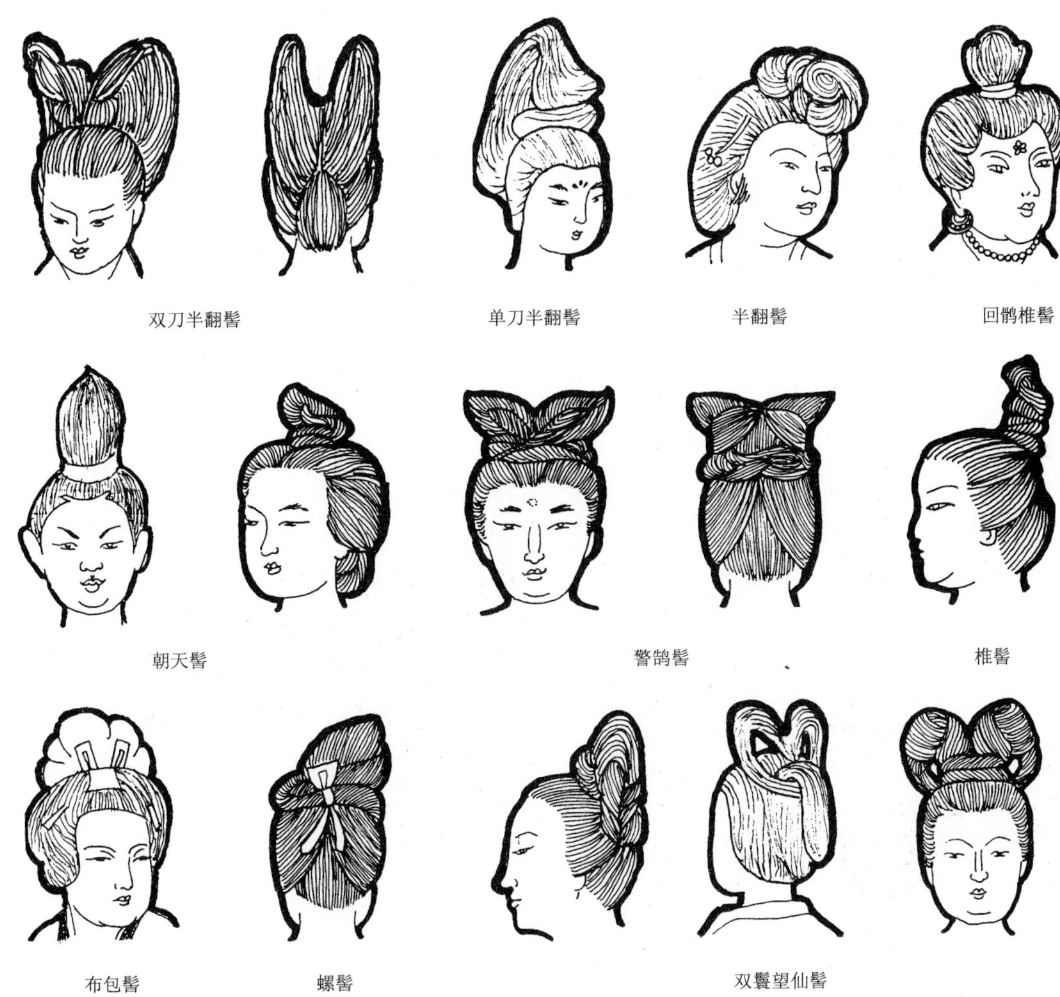

双刀半翻髻　单刀半翻髻　半翻髻　回鹘椎髻

朝天髻　警鹄髻　椎髻

布包髻　螺髻　双鬟望仙髻

图 2-3-13　唐代妇女发式及头饰

## 七、隋唐五代的首饰佩饰

隋唐五代妇女盛行高髻，不仅以假发补充，而且还像汉代巾幅那样做成脱戴很方便的假髻。

隋代发钗作双股形，有的一股长一股短，以方便插戴。中晚唐以后，安插发髻的发钗钗首花饰简单，另有专供装饰用的发钗，钗首花饰近于鬓花。晚唐为适应高发髻之用出现长达 30 厘米至 40 厘米的长钗。

自魏晋始，妇女流行在头上插梳之风，至唐更盛，这种梳篦常用金、银、玉、犀等珍贵材料制作。插戴方法，有单插于前额、单插于髻后、分插左右顶侧等形式。至晚唐、五代，妇女头上插的梳篦越来越多，有多到十来把的。汉代梳多为马蹄形，唐代把造型拉长成月牙形，五代以后，梳背变成压扁的梯形。

隋唐五代时期由于金属工艺技术的进步，金银首饰制作空前精致。唐代的颈饰多系项圈与缨络组合而成，豪华富丽。

隋唐时一般的手镯，镯面多为中间宽、两头窄，宽面压有花纹，两头收细如丝，朝外缠绕数道，留出开口可于戴时根据手腕粗细进行调节，戴脱方便。这类手镯有金制的，也有以金银丝嵌宝石的。唐宋时期还有在手镯内藏带经咒护身的风俗，后世认为戴手镯能辟邪、长寿，正是古代宗教思想留下来的传统观念。

民间所戴的手镯，质料较普通，工艺加工也不那么精细，但镯身处理成环形、辫形、纹丝形、竹节形等不同款式，格调质朴、别致。

另外还有各种臂钏、指环和腰带上装饰的带具等佩饰物，造型极为精美。

### 练习题

1. 唐代服装广纳西域文化表现在哪些地方？
2. 我国从何时开始规定赭黄色是帝王的专用色？
3. 简述幞头发展的历史。
4. 简述唐代女装的变化？

### 课时量

12 课时

### 考试要点

1. 秦代的铠甲。
2. 汉、胡服饰文化的转移。
3. 唐代的冠帽与女装。

第三章

# 宋代至元代的服装

## 第一节 宋代的服饰艺术

### 一、宋代的文化背景

经历了五代十国的割据和动乱，到公元960年，中国历史上又出现了一个统一的封建王朝——宋朝。

统一的政治局面带来了宋代经济的繁荣，都市的发展推动着丝织、棉纺等手工业的发展，北宋时期出现的丝织业作坊，南宋时期出现的棉纺技术，将传统的纺织生产方式提高到一个新水平，同时，棉布的大量出现，也为人们提供了新的衣料。然而，为了巩固政权，宋王朝从一开始就制定了一项“偃武修文”的基本国策。一方面加强中央集权，一方面强化思想控制，从各方面灌输封建伦理纲常的观念，在这种背景下，出现了程朱理学和以维护封建道统为目的的聂崇义《三礼图》。《三礼图》经皇帝钦定，成为后来朝廷官府礼服制度的蓝本。

由于理学逐步居于统治地位，在这种思想的支配下，人们的美学观点也相应变化，在服饰上的反应尤为明显，整个社会舆论主张服饰不应过分豪华，崇尚简朴，尤其是妇女服饰。各朝皇帝也曾三令五申，多次申饬服饰“务从简朴”、“不得奢僭”。宁宗嘉泰初年，曾将宫廷中妇女用的金翠首饰，放在街上，点火焚烧，以作为警示。这些禁令虽然对帝王后妃不起作用，但整个社会风气，比起南北朝及隋唐五代来，确实要质朴多了。

我国五代时出现妇女缠足，到宋代这种束缚妇女的缠足陋习在汉族统治地区普遍推广，使中国的封建服饰文化更加趋于守旧和封闭。而民间服饰则在自给自足的经济基础上，运用刺绣及手工印染技艺来美化生活，以质朴明朗的蓝印花布服装（药斑布）和民间刺绣服装为代表，形成中国民间服饰艺术的基本格调。

### 二、宋代的官服制度

在冠服制度上，宋朝十分重视恢复旧有的传统，这从《宋史·舆服志》中几次重大的服饰变革中可以看出，尤其是聂崇义编撰的《三礼图》，对当时官服制度的制定，起到了很重要的作用。

图3-1-1 戴通天冠的帝王形象

宋代冠服分祭服、朝服、公服、时服、戎服、丧服等。祭服有大裘冕、衮冕等冕服，形制大体承袭唐代，并参考汉以后的沿革而定。

(一) 通天冠服

通天冠服仅次于冕服，冠有二十四梁，用北珠卷结于冠上，冠前有金博山和蝉纹金珰装饰，穿着者一身织成云龙纹的绛色纱袍、白纱中单、绛纱裙(裳)，腰束金玉带，前系蔽膝，旁系佩绶，白袜黑舄。当时的官员都在脖子上戴一种颈饰，叫做“方心曲领”，其形状上圆下方，形似锁片，象征天圆地方。同时，套在项间也起压贴作用，防止衣领雍起。（图 3-1-1）

（二）朝服

绯色罗袍裙，白花罗中单，束大带，再以革带系绯罗蔽膝，方心曲领，白绫袜黑皮履。六品以上官员挂玉剑、玉佩，另在腰旁挂锦绶，用不同的花纹作品级的区别。着朝服时戴进贤冠、貂蝉冠或獬豸冠，并在冠后簪白笔。手执笏板。（图 3-1-2）

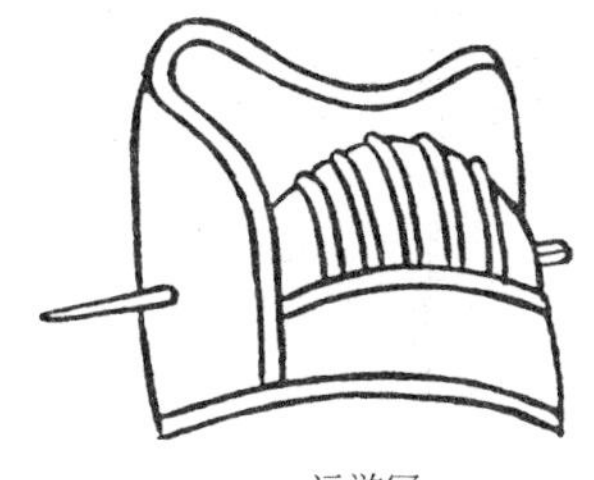

远游冠

上有立笔的进贤冠

貂蝉冠和方心曲领

图 3-1-2

（三）公服（即常服）

基本承袭唐代的款式，曲领（圆领）大袖，下加横襕，腰间束革带，头戴幞头，脚登靴或革履。公服在色彩上有严格规定：三品以上用紫，五品以上用朱，七品以上绿色，九品以上青色。北宋神宗年间改为四品以上用紫，六品以上用绯，九品以上用绿。凡绯紫服色者都加佩鱼袋。

（四）幞头形制的变化

隋唐时的幞头发展到宋代，已经成为男子常服的主要首服。上至帝王，下至百官，除了祭祀典礼及朝会等重要场所外，一般都戴幞头。官宦多用直脚，而仆从、公差或身份低下的乐人，多用交脚和局（曲）脚。宋代幞头已经完全脱离了巾帕的形式，纯粹成了一种帽子。在当时南北各地的许多街坊，都有现成的幞头出售，有的摊贩还专以修理幞头为生。

宋朝幞头与隋唐幞头相比，有一些不同，如隋唐的幞头，一般都用黑纱罗制成，而宋代的幞头却不限于黑色，尤其是在喜庆宴会等隆重场合，也可以用些鲜艳的颜色，有的还以金色丝线在幞头上盘制成各种花样。（图 3-1-3）

（五）宋代文人的巾帽

由于幞头成为文武百官的规定服饰，黎民百姓已不多用。一般文儒士人，又恢复古代幅巾，并以裹巾为雅，他们喜爱戴造型高而方正的巾帽，穿宽博的衣衫，以为高雅，当时称之为“高装巾子”。并常以名人的名字命名，如东坡巾、程子巾、山谷巾等，名目繁多。到了南宋，戴巾的风气更为普遍，就连朝廷的高级官员也以包裹巾帛为时尚。官帽之制渐渐衰落。（图 3-1-4）

（六）甲胄

我国甲胄在五代时形式已经规范化，以甲身掩护胸背，用带子从肩上系联。腰部用带子从后向前束，腰下垂有左右两片膝裙，甲上身缀披膊（掩膊）。兜鍪呈圆覆钵形，后缀防护颈部的顿项。顶部凸起，缀一丛长缨以壮威严。

（七）宋代命妇的服装

宋代命妇随男子官服而分等级，各内外命妇有袆衣、鞠衣、朱衣、钿钗礼衣和常服的区别。皇后受册、朝谒、朝会及重要场所都穿袆衣，皇后亲蚕穿鞠衣，命妇朝谒皇帝穿朱衣，宴见宾客穿钿钗礼衣。（图 3-1-5）

此外，内外命妇的常服均为真红大袖衣，以红生色花（即写生形的花纹）罗为领子，红罗长裙。红霞帔，药玉（即玻璃料器）为坠子。红罗背子，黄、红纱衫，白纱裤，黄色裙，粉红色纱短衫。

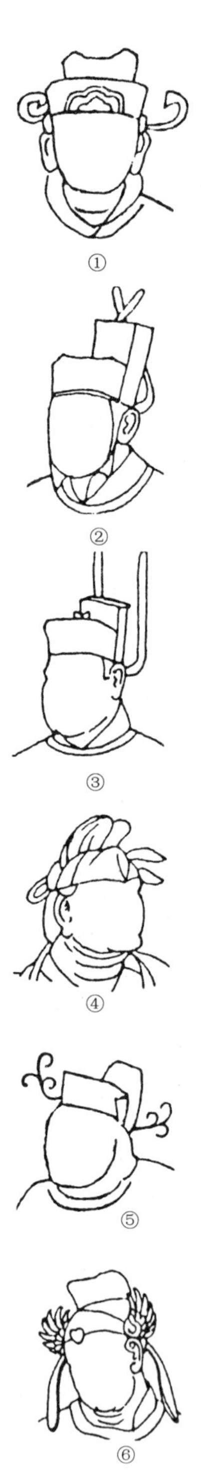


图 3-1-3
①局脚幞头 ②交脚幞头 ③朝天幞头 ④顺风幞头 ⑤脚呈卷云状的幞头 ⑥凤翅幞头 ⑦控马人所戴的幞头

图 3-1-4
戴高装巾子，穿右衽广袖袍，是宋人野老闲居时的服式

图 3-1-5
宋仁宗皇后像，面贴珠钿，戴九龙花冠，翟衣带绶，旁列两侍女，戴花冠。

## 三、宋代男子的一般服饰

宋代男子的一般服饰主要品种如下：

(一) 袍

衣长到脚踝，有表有里，有广身宽袖和紧身窄袖两种形式。

(二) 襦、袄

衣长至膝盖间，是有袖头的夹衣或棉衣，襦和袄在造型上没有多大区别。(图 3-1-6)

图 3-1-6　穿貉袖（旋袄）的回鹘族官员

(三) 短褐

用粗布或麻布做的袖小身窄的短衣，为贫苦百姓所穿。

(四) 褐衣

文人隐士或道家穿的长而宽大的外衣，一般用麻布或毛织物制作。

(五) 衫

没有袖头的上衣，分衬在里面所穿的短小的衫和穿在外面较宽松的长衫，后者如凉衫、紫衫。凉衫男女均穿，紫衫比凉衫短小，袖窄。

(六) 直掇

背部中缝线直通到底的长衣，为宋代文人、隐士、寺僧行者常穿。

(七) 道衣

斜领交裾，衣身宽大，四周用黑布为缘。以茶褐色布作成袍则称道袍，为文人、道士所穿。

(八) 鹤氅

古时用鹤羽捻线织成面料，衣身宽长曳地，披在身上，称为鹤氅或羽衣。宋代文人、诗客、隐士用布制作，披在外面。

(九) 背子、半臂

背子和半臂都是隋唐流传下来的短袖罩衣，但宋代的背子变成腋下开胯（开衩）的长袖长衣。半臂为短袖长衣。

据《梦粱录》记载，百姓服装，也有定制。可惜的是，当时史籍对帝王百官服饰记载较详，而对平民百姓服饰则叙述得非常简略。

但从记载来看，当时北宋首都汴京，仅与服饰有关的行业，就有衣行、帽行、鞋行、穿珠行、接绦行、领抹行、钗朵行、纽扣行及修冠子、染梳儿、洗衣服等几十种之多。打开《清明上河图》，就有官宦、绅士、商贩、农民、医生、胥吏、篙师、缆夫、车夫、船工、僧人及道士等众多形象。他们各自穿着表示不同身份的服装，形形色色，不一而足。

平民的服饰，大都在下摆处开衩，以便于行走劳动，有的还将一边的衣角提起，塞于腰带之间。

## 四、宋代妇女的一般服饰

主要包括贵族妇女、富商眷属和附属于上层社会的歌舞妓女平时所穿的服装。宋代妇女的上衣，有襦、袄、衫、背子、半臂、背心等形制。

(一) 襦、袄

襦是一种短衣，平时一般作为亵衣，也就是内衣。以后由于其式样紧小，便于做事，而被穿着在外。襦在宋代大多为下层妇女的衣著，有些贵族妇女虽也穿它，但一般都作为内衣，外面加有其他服饰。与前代相比，宋代的襦、袄都较短小，腰身和袖口比较宽松，颜色清淡，通常采用间色，如淡绿、粉紫、银灰、葱白等色，或素或绣。质地有锦、罗，有的装饰刺绣。常与裙子配套。（图 3-1-7）

图 3-1-7
梳双髻，上穿对襟短袄，下穿百褶裙，足穿尖翘头鞋的女子。

(二) 衫

宋代妇女的一般上衣，质地常用罗。

(三) 袍

宋代妇女一般不穿袍，仅存在于宫廷歌乐女子中间，在宴舞歌乐中穿着。

(四) 背子

又名绰子、褙子，宋代男子从皇帝到官吏、士人、商贾、仪卫等都穿。妇女从后、妃、公主到一般妇女都穿。但男子一般把背子当作便服或衬在礼服里面的衣服来穿。而妇女则可以当作常服（公服）及次于大礼服的常礼服来穿。宋代的背子为长袖、长衣身，腋下开胯，即衣服前后襟不缝合，而在腋下和背后缀有带子的样式，可是并不用它系结，而是垂挂着作装饰用，穿背子时，在腰间用勒帛系住。

宋代背子的领型有直领对襟式、斜领交襟式、盘领交襟式三种，以直领式为多。斜领和盘领二式只是在男子穿在公服里面时所穿，妇女都穿直领对襟式。宋代女子所穿背子，初期短小，后来加长，发展为袖大于衫、衣长与裙齐的标准格式。

(五) 半臂

半袖长衣，为隋唐以来的传统服装，宋代男女均穿用。半臂和背心样式基本相同，通作对襟式，但半臂有袖而较短，背心则无袖。（图 3-1-8）

(六) 背心、裲裆

图 3-1-8　彩绘纱短广袖对襟半开领半臂衫（左）和背子图

半臂缺袖即为背心，又称背搭。背心短的称为裲裆，男女均穿。

(七) 围腰

宋代妇女常在腰间围一幅围腰，色彩以鹅黄为最时髦，称“腰上黄”。形式与武士所穿的捍腰有相近之处。

(八) 裙

妇女下裳多穿裙，基本还保存着晚唐五代遗风。裙子的颜色通常比上衣鲜艳，有青、碧、绿、蓝、白及杏黄等，以郁金香根染的黄色为最名贵，红色则为歌舞伎乐所穿，石榴裙最为鲜丽，曾经被很多诗人吟咏。青、绿色裙通常为老年妇女或农村妇女所用。宋代的裙子，样式都比较修长，腰间还扎绸带，并配有绶环。

宋代裙子幅宽分六幅、八幅和十二幅，多褶裥。还有一种前后开胯的裙子样式，称为旋裙。

(九) 裤、裈（裩）

宋代由于家具和交通工具的发展，在服装款式方面的反映便是裤子造型的改变。古代裤子没有裤裆，有裆的长裤出现较晚，其中一种有裆的短裤叫做裈（裩），是一种内衣，宋代女性穿裤子都只能作为内裤来穿，外面要用长裙掩盖，裤子是不能露在外面的，这一点与西方不谋而合。（图 3-1-9）

(十) 足履

在宋代，妇女穿靴已不多见，有地位的妇女开始缠足，这是封建社会审美心理的异化现象。因缠足之风盛行，尖足着靴似有不便，故而多穿鞋。当时的女鞋小而尖翘，以红帮作鞋面，鞋尖往往做成凤头样子。鞋多以锦缎为之，上绣各式图案。

南方劳动妇女因为下地耕作而不缠足，穿平头鞋、圆头鞋或蒲草鞋。（图 3-1-10）

图 3-1-9　两外侧开中缝合裆裤形制图
①正规图　②裁剪示意图　③裤腿开片折叠示意

图 3-1-10　宋代绘画中所见的各种鞋的式样

## 五、宋代妇女的头饰

图 3-1-11
①北宋重楼子花冠　②孝冠
③元宝冠　⑤④花冠

（一）宋代妇女的冠饰

宋代妇女发髻上的装饰，通常以金银珠翠制成各种花鸟凤蝶形状的簪钗梳篦，插于发髻之上。其中冠梳是北宋年间妇女发髻上最有特点的装饰。所谓“冠梳”，就是用漆纱、金银、珠玉等做成两鬓垂肩的高冠，在冠上插以白角长梳。由于梳子本身较长，左右两侧插得又多，所以在上轿进门时，只能“侧首而入”。

宋代上层社会妇女，沿袭了唐、五代以来的花冠。花冠的材料有罗绢通草，也有金玉玳瑁。制成的花朵，有桃、杏、荷、菊、梅等多种，有的还将这些花朵合在一起，名曰“一年景”。在宋代，花冠不仅妇女喜戴，男子也有戴的。（图 3-1-11）

宋代妇女出门，头上戴有“盖头”。盖头的形式是唐代幂篱的遗制。但比幂篱小，以皂罗制成，戴时可直接盖在头上，遮住面颜，也可将其系在冠上，挡住风尘。在婚礼上以此蒙住头面，届时由男家派人轻轻揭开的风俗甚至一直延续到近代。

（二）宋代妇女的发式

这个时期的妇女发式，承晚唐五代遗风，以高髻为尚。普通年轻妇女，髻高逾尺。如山西太原晋祠彩塑宫女，除少数戴有冠帽或著男子服装以外，一般都梳高髻，与记载十分相似。

高髻的梳成，大多掺有假发，有的甚至直接用假发编成各种形状的假髻，用时套在头上，时称“特髻冠子”，或者称为“假髻”。在一些大城市，还设有专门生产、销售这种发髻的店铺。

髻的形式很多，如朝天髻、芭蕉髻、龙蕊髻、大盘髻、小盘髻、盘福髻、懒梳髻、包髻、三髻丫、螺髻、双鬟髻等。儿童理发留一小块头发于顶左者称“偏顶”，留于顶前以丝绳扎缚者称“鹁角”。（图 3-1-12）

北宋后期，女真族束发垂脑的发式影响到宫中及民间，称“女真妆”。冬天舞女戴覆额狸帽，穿紧身衣衫，也来自北方辽金装束。

(三) 花子

宋代上层社会妇女也继承前代遗风，在额上和两颊间贴金箔或彩纸剪成的花子，这种花子背面涂有产于辽水间的呵胶，用口呵嘘就能粘贴。贴花子的妆扮相传始自南朝宋武帝的寿阳公主，宋徽宗宫词中就有“宫人思学寿阳妆”之句，写的就是宫中贴花子的情形。

## 六、宋代流行的服饰纹样

宋代的服装面料，讲究以丝织品为主，品种有织锦、花绫、纱、罗、绢、缂丝等。

锦绣丝织工业，在宋代非常发达，出现了几个著名的产区，如在苏州织造的叫“宋锦”，在南京织造的叫“云锦”，在四川织造的叫“蜀锦”。其中以成都蜀锦最有名，所织纹样，以“四方连续”为主，通常以龟背纹、绣球纹、密环纹、祥云纹、万字纹、古钱纹、席地纹等为地，中间穿插龙、凤、朱雀等兽鸟纹样和百吉、八仙、三多、三友、八宝以及琴、棋、书、画等图案，组成各种工整规矩的“八搭晕锦”，色彩鲜艳，层次分明。另有盘球锦、葵花锦、翠池锦、狮子锦、云雁锦、天下乐、六搭晕、大宝照、小宝照等百十种名目，无论从纹样的组织、色彩的配合或是织造的技术来看，都比前代有所提高。（图3-1-13）

宋代流行的服饰纹样受画院写生花鸟画的影响，纹样造型趋向写实，构图严密。纹样风格与唐代截然不同，但对明清时期的影响却非常明显，从题材到造型手法，都形成了一种程式。

由于国力衰弱，财力空虚，宋代大量织锦用于向异族纳贡或贸易，国内统治者的服装面料大部分以绫纱为主。北宋初年，宋朝皇家仪仗队都穿锦绣的服装，后来就改用印花代替，印花工艺禁止民间使用。南宋宁宗嘉定年间，有归姓者始创药斑布，药斑布又名浇花布，就是现今民间的蓝印花布的前身。当时这种印花布，是民间妇女重要的服装面料。

宋代刺绣工艺已经高度发展，花边制作也有特色，从出土的实物来看，有印金、刺绣、彩绘等多种工艺手法。印金多以山茶、什菊等小型花卉为图案。刺绣则以蜻蜓、祥云、梅花、牡丹等作纹样，其方法有平绣、辫绣、扣绣、打籽等。最为奇特的是彩绘花边，用画笔仔细勾勒出各种花鸟、虫鱼、动物、建筑、风景和人物形象，并敷以色彩，宾主呼应，别有风味。

图 3-1-13　穿枝大理花纹绫和牡丹纹绫

图 3-1-12　宋代妇女发式

## 第二节 辽、金、西夏的服饰艺术

五代十国以后，同两宋并存的有北方的辽、金和蒙古等政权。1125年，金灭辽。1234年，蒙古灭金。1260年忽必烈即蒙古大汗位，1271年定国号为元。1279年，元灭南宋，建成了统一全国的元皇朝，延续了近百年，直到1368年亡于明。

辽、金、元，都是少数民族为主的政权。辽，以契丹族为主；金，以女真族为主；元，则是以蒙古族为主的政权。这个时期，既有民族间的矛盾，又有经济文化上的交流。

### 一、辽国服饰

辽原本属于契丹族的一支，五代时，辽太宗耶律德光将属地扩展到长城内外，从太祖元年（公元907年）到公元1125年，辽先后存在了218年。

（一）辽代的官服制度

据记载，辽太祖在北方称帝时，朝服只穿胄甲，其后在重要场合也穿此服，可见当时衣冠服制尚未具备。辽太宗入晋以后，受汉族文化的影响，服制也分两种，北官（契丹人）仍用契丹本族服饰，南官（汉人）则承继晚唐五代遗制。后来服制有所变易，北方官员凡三品以上行大礼时也用汉服。常服仍分两式：皇帝及南班臣僚服汉服，皇后及北班臣僚服国服，以示区别。

辽国的官服继承五代后晋的遗制，逢大的祭祀活动时戴金文金冠，白绫袍，红带悬鱼，错络缝靴。小祀时则戴硬帽，穿红色刻丝龟文袍。朝服为络缝红袍，束犀玉带，后改锦袍金带。以穿新疆獐皮靴为贵。公服为紫皂幅巾，紫窄袍，束玉带或穿红袄。常服是盘领（即高圆领）左衽绿衣窄袖袍。

（二）辽代的巾帽与发式

辽代巾帽制度，与历代有所不同。据当时史志记载，除皇帝臣僚等具有一定级别的官员可以戴冠外，其他人一律不许私戴。中小官员及平民百姓只能科头露顶，即使在冬天也是如此。士兵皆髡发露顶左衽。契丹及其从属部落百姓也只能髡发，有钱人想戴巾子，需要向政府缴纳大量财富。

一般契丹人男子髡顶、垂发于耳畔，即将头顶部分的头发全都剃光，只在两鬓或前额部分留少量余发作为装饰，有的在额前蓄留一排短发；有的在耳边披散着鬓发，或者将左右两绺头发修剪整理成各种形状，然后下垂至肩。

垂发有一些形式变化，有在左右两耳前上侧单留一撮垂发的；有在左右两耳后上侧留一垂发，两侧垂发与前额所留短发连成一片的；有在左右两耳前上侧留一撮垂发与前额所留短发连成一片的；有在左右两耳前后上侧各留一撮垂发，顶与前额均不留发的。所垂均为散发。我国东北地区的女真族、西北的回鹘族和吐蕃族男子也都有髡发的风俗，但只有契丹族男子垂散发。

妇女发饰则相对比较简单，一般作高髻、双髻或螺髻，也有少数披发，额间以巾带扎裹，较多的是结一块帕巾。皇后小祀时也是这种装束，另有一种圆顶小帽，样子像倒扣的杯子，戴时也用巾带系扎，并垂结于脑后。

（三）辽代的服装特征

辽代服装（主要指契丹族服装），以长袍为主，男女皆然，上下同制。这个时期的服装特征：一般都是左衽，圆领，窄袖。袍上有疙瘩纽襻，袍带在胸前系结，然后下垂至膝。长袍的颜色比较灰暗，有灰绿、灰蓝、赭黄、黑绿等几种，纹样也比较朴素。贵族阶层的长袍，大多比较精致，如辽宁法库叶茂台出土的棉袍，以棕黄色罗为地，通体平绣花纹，领绣二龙，肩、腹、腰部分别绣有簪花骑凤羽人及桃花、水鸟、蝴蝶等纹样。龙凤纹样，是汉族的传统纹样，在契丹贵族的服装上出现，反映了两族文化的相互影响。从形象资料来看，契丹族男子的服饰，在长袍的里面，还衬有一件衫袄，露领子于外，颜色较外衣为浅，有白、黄、粉绿、米色等。下穿套裤，裤腿塞在靴筒之内，在腰间系带子。妇女也可穿裙，但多穿在长袍里面，脚穿长统皮靴。

辽国契丹服装对汉民族也产生了影响，北宋时，京师洛阳士庶中就有许多人穿契丹服，由于当时辽宋对敌，北宋王朝曾多次下令禁止穿契丹服。

## 二、金代服饰

金国原为女真族，附属于辽。自金太祖收国元年（1115 年）建国为金，至 1234 年灭亡，先后共存在了近 120 年。

金代服饰，基本还保留着女真族的形制。（图 3-2-1）法定服饰在进入燕地以后，开始模仿辽国，分南、北官制，注重服饰礼仪制度。进入黄河流域后，则开始吸收宋代冠服制度。

图 3-2-1　髡发、编辫、穿尖头长靿靴的金人

皇帝冕服、通天冠、绛纱袍，皇太子远游冠，百官朝服、冠服，包括貂蝉笼巾、七梁冠、六梁冠、四梁冠、三梁冠、监察御史獬豸冠，大体与宋制相同。公服为盘领横襕袍，五品以上服紫，六品七品服绯，八品九品服绿。文官佩金银鱼袋。金代的卫士仪仗时戴幞头，形式有双凤幞头、间金花交脚幞头、金花幞头、拳脚幞头、素幞头等。

官服的款式为窄袖、盘领、缝掖，即腋下不缝合，前后襟连接处作折裥而不缺胯。在胸部肩袖上饰以金绣。金世宗时曾按官职尊卑定花朵大小，三品以上花大五寸，六品以上三寸，小官则穿芝麻罗。（图 3-2-2）

图 3-2-2　金墓壁画中穿男装的女子　①②戴金花幞头、穿盘领窄袖袍、腰系抱肚、束銙带　③垂双髻、额间贴花子

金代的妇女，服饰大多沿袭辽制。据记载，女真族女子喜穿一种遍绣全枝花的裙子，内有铁条圈架做的裙撑，使裙摆扩张蓬起，虽与欧洲贵妇所穿裙撑的形状不同，但夸张女性下半身的体积这一点是共通的。外衣喜穿黑紫、皂色、绀色直领左衽的团衫，前长拂地，后长拖地尺余，腰束红绿色饰带。皇后冠服与宋相仿，有九龙四凤冠、腰带、蔽膝、大小绶、玉佩、青罗舄等。贵族命妇披云肩。五品以上官员母亲和妻子允许披霞帔。冬季贫富都穿皮毛，衣帽裤袜都是皮制的，比较好的衣料有纻丝、纳锦、绸、绢等。

## 三、西夏服饰

西夏是党项族所建，原居今青海省东南部黄河河曲一带，后逐渐向周围扩张。公元 1038 年，元昊正式称帝，国号大夏，至 1227 年为蒙古族所灭，历时 190 年。因为王朝地处宋、辽的西面，所以历史上称之为西夏。

党项族原为游牧民族，一向以武功立国，后来在经济生活与文化上逐渐接受汉族封建体系的影响，到西夏中期，由于崇尚儒学，实行科举取士，失去骑射尚武的传统，逐渐沉湎于安逸侈靡之中，自此走向衰败。

当时西夏与回鹘在军事、经济、宗教、文化方面关系密切，西夏王穿汉式服装，因为他希望与中原皇帝平起平坐。而王妃则穿回鹘装。

党项族的妇女戴尖圆形金冠，右边插花簪，耳垂耳坠，云鬓广额，穿交领、领口镶宽花边、右衽、窄袖、左右开衩的衣锦袍，袍内穿百褶裙，裙两侧和前方垂绶，脚穿翘尖履。男子头戴毡帽，身穿圆领长袍，前两身帽前有金花为饰，腰有腰袱，腰带前有垂绅及地，脚穿皂靴。也有戴巾帻，穿圆领齐膝衣、长裤、绑腿、麻线鞋或皂靴的。下层百姓，男子一般穿短襦短衫，小口长裤，有的小腿束绑带，足穿草鞋，女子则穿裙衫。（图 3-2-3，3-2-4，3-2-5）

图 3-2-3　敦煌壁画中的西夏贵族供养人形象

图 3-2-4
敦煌壁画中的西夏女供养人，梳高髻，
戴尖形金冠，插如意头钗、笄，耳垂耳坠。

图 3-2-5
敦煌壁画中的西夏男供养人，
头戴有檐小毡冠，有缨带结于颏下。

## 第三节　元代服饰

元代自元太祖成吉思汗于公元 1206 年建国，至 1368 年被明灭亡，共存在了 162 年。

蒙古族是游牧民族，经济、文化的发展落后于汉族，衣着服饰非常简朴（图 3-3-1）。入主中原后，受汉文化影响，服饰日趋华丽。从当时记载来看，有仿效汉族贵族服饰的，有随意使用龙凤图案的，制度比较混乱。汉族的服饰，随着政权的屡番更替及禁令的宽紧张弛，也有许多变化。

图 3-3-1　蒙古族早期男子发式

图 3-3-2
元成宗像，戴七宝重顶冠（即钹笠冠），耳戴金环。

图 3-3-3　成吉思汗像，戴白金答子暖帽。

图 3-3-4　元太宗窝阔台像，戴貂皮暖帽，穿方领袍。

（一）元代的冠服制度

元代冠服制度于英宗时厘定，一品官穿紫罗服，右衽，上有大独科花（即大团花），直径五寸，束玉带，戴舒脚幞头；二品官穿紫罗服，上有小独科花，径三寸，束花犀带；三品官穿紫罗服，上有散答花（即写生散排花纹），径二寸，束荔枝金带；四、五品官穿紫罗服，上有小杂花，径一寸半，束乌犀带；六、七品官穿绯罗服，上有直径一寸半的小杂花，束乌犀带；八、九品穿亮绿色无纹罗服，束乌犀带。

元代统治阶级穿的官服叫“质孙服”，只有在皇帝即位、上尊号、寿诞、册立皇后、册立太子、诸王朝会、岁时行幸或各种典礼时才能穿用，质孙服包括衣、帽、带、靴等，冬夏各异，皇帝冬服十一等，帽子有金锦暖帽、七宝重顶冠（图 3-3-2）、红金答子暖帽、白金答子暖帽（图 3-3-3）、银鼠暖帽等。夏服十五等，帽子有宝顶金凤钹笠、珠子卷云冠、珠缘边钹笠、白藤宝贝帽、金凤顶笠、金凤顶漆纱冠、黄雅库特宝贝带后檐帽、七宝漆纱带后檐帽等。都是镶珠嵌宝的贵重冠帽。冬服所用材料极为珍贵，如紫貂、银鼠、白狐、玄狐、猞猁皮毛和金锦等（图 3-3-4）。所谓金锦，就是将金箔贴于纸上缕成细条，用以织锦，也有将金缕捻卷于丝线外层，捻成捻金线织锦的，称为捻金锦。元代称金锦为“纳石矢”，纳石矢也作衣服或棚帐等用。

据《马可波罗游记》记述，元朝每年要举行大朝会十三次，有爵位的亲信大官贵族约一万二千人，参加集会时分节令同穿一色金锦质孙服，皇帝身上珠玉装饰，特别华美，出行打猎时，乘坐一种内用金锦、貂皮、银鼠皮装饰，外用豹皮覆盖的大木楼，由四只大象抬着木楼前进，前后左右另有万人护卫。皇帝穿的袍子，为交领窄袖，腰间打成细摺，用红紫线横向缝纳固定，使穿时腰间紧束，便于骑射，这种袍在元代称作“辫线袄”。此种款式到明代称为曳撒，仍作为出外骑乘之服。元代官员，常在袍外套一种半袖的裘皮衣服，比马褂略长，称作“比肩”，男女均穿，可能是清代端罩的前身。元代还有一种比甲，是

没有领袖，前短后长，前后两片用袢系结的衣服，民间百姓在日常生活中也常穿用。（图 3-3-5）

图 3-3-5
元人所穿的辫线袄，是明代曳撒的原型。

（二）元代的一般服装

元代服装，以长袍为主。但据记载，元代服饰名目繁多，男服就有深衣、袄子、褡护、貂鼠皮裘、罗衫、布衫、汗衫、锦袄、披袄、团袄、夹袄、油衣、遭褶、胯褶、板褶、腰线、辫线、出袖、曳撒、衲夹等。围腰的有玉带、犀带、金带、角带、系腰、栾带、绒绦等。头上戴的有帽子、笠儿、凉巾、暖巾、暖帽。佩服的有昭文袋、钞袋、镜袋、手帕、汗巾、手巾等。脚穿的有朝靴、花靴、旱靴、钉靴、蜡靴、皮袜、布袜、水袜等，还有丝鞋、棕鞋、麻鞋、搭膊、缠带、护膝、腿绷、缴脚等等名目。（图 3-3-6）

男子公服多从汉俗，职别等差，在衣服的颜色及纹样上表示。公服之冠，专用幞头，制以漆纱，展其双脚。平日燕居，多穿窄袖袍。地位卑下的侍从仆役，常在袍服之外，罩一件短袖衫子，妇女也有这种习俗。袍服的形制，除辽金时通用者外，还有一种样式，其制：圆领，紧袖，下摆宽大，折有密裥。另在腰部缝以辫线制成的宽阔围腰，有的还钉有纽扣，俗称“辫线袄子”，或叫“腰线袄子”。

男子的巾帽，公服多戴幞头。幞头的形制，大致与宋代长脚幞头相同，皂隶之间，也有带朝天幞头者。士庶所戴的幞头，一般脑后下垂二弯头长脚，呈“八”字之式。平民百姓多喜扎巾，巾裹的方法，也有许多不同，蒙古族男子，则戴一种用藤篾做的“瓦楞帽”，制有方圆二式，顶中装饰珠宝，也有戴大笠帽的。

色彩上由于民间禁止用赭黄、柳芳绿、红白闪色、鸡头紫、栀子红、胭脂红等颜色，帽笠不许饰金玉，靴不得制花样。因此，民间服饰只好向灰褐色系发展，《南村辍耕录》记述了服饰颜色，罗列的褐色名目就有砖褐、荆褐、艾褐、鹰背褐、银褐、珠子褐、藕丝褐、露褐、茶褐、麝香褐、檀褐、山谷褐、枯竹褐、湖水褐、葱白褐、棠梨褐、秋茶褐、鼠白褐、丁香褐等等名称，说明褐色在当时是很重要的服装色彩。

图 3-3-6　元代百业人物的衣着形象

元代妇女服饰，也以袍服为主。这个时期的妇女袍服似以左衽为多，袖口也较紧窄。袍服的里面，一般都穿套裤，裤子不用裤腰，也不缝裤裆，两只裤腿单独分开，每只裤管向上端，都钉一条带子，穿时系在腰际。元代蒙古贵族妇女袍式宽大，袖身肥大，但袖口收窄，其长曳地，走路时要两个女奴扶拽。常用织金锦、丝绒或毛织品制作，喜欢用红、黄、绿、茶、胭脂红、鸡冠紫、泥金等色。这种宽大的袍式，汉人亦称它为“大衣”或“团衫”。（图 3-3-7）

此外，据记载，当时妇女衣服名目也很繁多，南有霞帔、坠子、大衣、长裙、背子、袄子、衫子、背心、膊儿、裙子、裹肚、衬衣；北有项牌、香串、团衫、大系腰、长袄儿、鹤袖袄儿、胸带、带系、直抹、里衣。首饰南有凤冠花髻、特髻、包冠、瑞云贴额、牙梳、披梳、帘梳、玳瑁梳、龟筒梳、鹤顶梳、顶钗、边钗、顶针、挑针、花筒、桥梁鬓钗、七星梭环、镯头、戒指；北有包髻、掩根凤钗、面花、螭虎钗、竹节钗、倒插鬓、云月、荔枝、如意、秋蝉菊花琵琶圈珠葫芦、连珠镯等等。

图 3-3-7
敦煌壁画中的元代贵族，男戴宽檐钹笠，翻折领小 袖袍，脑后垂环，女穿团衫，戴故故冠。

金代披戴的云肩，到元代制作得更加华美了。舞人宫女的云肩尤为讲究。半臂在元代也很流行，男女都穿。元朝末年，后妃贵族常以高丽妇女为侍女，高丽式的衣服、鞋帽成为一时流行的款式。

有爵命的蒙古族妇女，头戴一种很有特色的故故冠。这种冠用桦木皮或竹子、铁丝之类的材料作为骨架，从头顶伸出一个高约二三尺的柱子，柱子顶端扩大成平顶帽形，然后再用红绢、金锦或青毡包裱，上面再加饰翠花、珍珠。地位高的人更在冠顶插野鸡毛，使之飞动。（图 3-3-8）

戴这样高的故故冠坐车时需将野鸡毛拔下，交给侍女拿着。后妃们骑大象时也戴插有野鸡毛的故故冠，穿宽长曳地的大袖衣，形如汉族的鹤氅。穷人的故故冠则用黑色粗毛布包裹。故故冠也有罟罟、固姑、鹧鸪等名称。此种帽子忌讳别人触摸，出人庐帐时必须侧身低头。除故故冠外，也戴皮帽。并以黄粉涂额作化妆。

（三）元代的发式

元初，上自成吉思汗，下至国人均剃“婆焦”，如汉族小孩留三搭头的样子，将头顶正中及后脑头发全部剃去，而在前额正中及两侧留下三搭头发。正中的一搭剪短散垂，两旁的两搭绾成两髻悬于两旁下垂至肩，这就阻挡住向两旁斜视的视线，使人不能狼视，称为“不狼儿”。但也有一部分人保持女真族的发式，在脑后梳辫垂于衣背的。综合各种记载，并参照形象资料，基本上可以了解这种发式的编制方法：先在头顶正中交叉剃开两道直线，然后将脑后一部分头发全部剃去，正面一束或者剃去，或者加工修剪成各种形状（有狭条形、尖角形及桃子形等等），任其自然覆盖于额间，再将左右两侧头发编制成辫子，结环下垂至肩。

图 3-3-8
元世宗皇后像，戴真珠饰故故冠，纳石矢金锦衣缘。

## 第四节　辽、金、西夏、元时期的服饰纹样

公元 11 世纪至 14 世纪，由于游牧民族入主中原，受到汉族传统礼仪文化的感染，先后承袭汉族儒学衣冠，并在服装款式方面输入一些功能性的因素，促使中华传统服式逐渐向结构的简化和功能的合理方面改革。

而在装饰纹样方面，汉族的传统纹样题材内容往往具有政治伦理的内涵，

而这些内涵又恰恰能为巩固封建的政治制度服务，因而被入主的统治者所吸收。（图 3-4-1）

契丹族的服饰纹样，有龙、凤、孔雀、宝相花、缨珞等，都与五代时期汉族装饰纹样风格相同。织品计有绢、纱、罗、绮、锦、缂丝和绒圈织物等七个类型九十余个品种规格。其中棉袍、帽子、手套等都绣有精细的图案，以平绣方法为多，间以锁绣。图案有龙、凤、麒麟、羽人、禽鸟、蝴蝶、花卉、云水等，也有缠枝花纹。从内容和形式来看，大多取源于汉唐以来的神话、佛教传说及民间图案纹样。以此可见各族人民在文化艺术方面的相互交流和影响。（图 3-4-2）

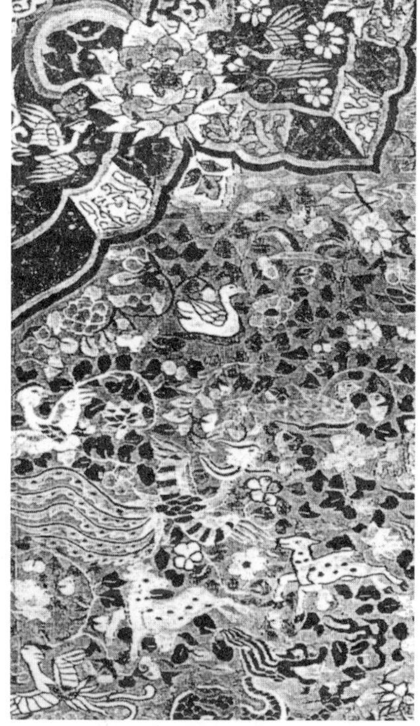

图 3-4-1　世纪百花龙及舞马，兽纹缂丝衣料

金代常服春水之服，绣鹘捕鹅、杂以花卉。秋山之服以熊鹿山林为题材，这与女真族生活习俗有关。金代仪仗服饰，以孔雀、对凤、云鹤、对鹅、双鹿、牡丹、莲荷、宝相花为饰，并以大小不同的宝仙花区别官阶高低，从题材到形式，也与唐宋时期汉族装饰图案相类。

内蒙古自治区黑水城老高苏木遗址出土的西夏牡丹纹、小团花纹丝织刺绣纹样及银川西夏陵区出土的工字纹绫纹样，与宋代汉族装饰艺术风格一致。

而元代纺织绣染的情况，概括起来，大致有以下几个特点：

一、毛织物更加精制。蒙古本是游牧民族，定居北京以后，保留着本民族生活习惯，经常出外狩猎、会盟及作战，较多使用毛料，促使统治者对毛纺业生产的重视，所以毛织物都比前代有明显的进步。

二、织物大量织金。绫、罗、绸、缎和毛纺织品，大都加有金丝。（图 3-4-3）

三、颜色喜用棕褐。褐色的品种有二十多种名目，上下通用，男女皆宜，帝王后妃也不例外。

元代的服饰纹样，大致都是在承袭两宋装饰艺术传统的基础上发展起来的，只有少数织金锦纹样受了一些西域图案的影响。

图 3-4-2　辽代的童子玩莲纹绣帙

**思考题**

1. 试述宋代背子的特点。
2. 简述宋代幞头形制的变化及其与前代的不同。
3. 宋代服饰风格为什么趋向于朴实而与唐代不同？
4. 我国古代契丹、回鹘、吐蕃、女真、蒙古等少数民族男子都有髡发辫发的习俗，他们的发式各有什么异同？
5. 试述元代蒙古贵族为什么格外重视头上的装饰？

**课时量**

10 课时

**考试要点**

1. 宋代的官服。
2. 宋代的女装和头饰。

图 3-4-3　元翟鸟穿花横条纹缂丝

# 第四章
# 明清的服饰艺术

## 第一节 明代的服饰艺术

### 一、 明代的文化背景

明代服饰仪态端庄，气度宏美，是我国近世纪服饰艺术的典范。当今我国的戏曲服装大多采用明代样式。

明朝从蒙古贵族手中夺得政权后，为重新振兴自宋以来日益衰落的中国封建社会，提出了上采周汉，下取唐宋的治国方针，对整顿和恢复礼仪非常重视，并根据汉族习俗，重新规定了服饰制度。同时采取了一系列恢复生产的措施，奖励垦荒，减轻赋税徭役，推广桑棉种植，棉布成为民间的主要衣料，中国服装面料结构发生了重大的变化。并且出现了苏州、杭州、南京、北京、嘉兴、福州、潞安等一大批专业生产丝绸的地区，在国内外享有盛誉。这为明代改革服饰制度奠定了坚实的基础，提供了有利的条件。随着生产水平的提高，工商业人口不断增加，各类手工业作坊也越来越多，这改变着当时的社会结构。明朝政府在南京、苏州、杭州设置的著名织染局，集中名工巧匠，从事龙衣彩缎等高级衣料的生产。

明代的丝织工艺科技空前发展，不但出现《天工开物》等科技巨著，而且缂丝、刺绣、织金、妆花、孔雀羽线等精细加工技艺，均已达到高超水平，为各类服饰的精细加工提供了技术支持。

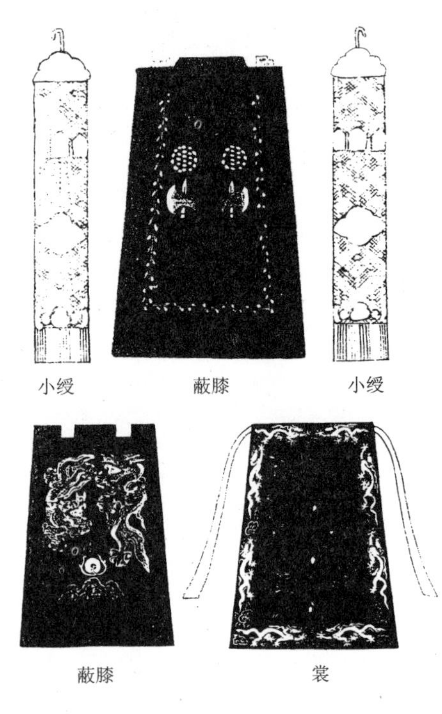


图 4-1-1
明《中东宫冠服》所绘的玉佩小绶及蔽膝、裳

### 二、明代的官服制度

明代官服是当时材料、工艺技术水平最高的服装，就制度而论，它承袭唐宋官服制度的传统，指导思想极为保守，但制作更加精美，整体配套也更加和谐统一。

（一）皇帝及文武官服

皇帝衮冕仍保持上衣下裳的古制，由玄衣、纁裳、白罗大带、黄蔽膝、素纱中单、赤舄等组成（图 4-1-1）。玄衣肩部织日、月、龙纹，背部织星辰、山纹，袖部织火、华虫、宗彝纹，领、袖口、衣襟侧边、裾都是本色。纁裳织藻、粉米、黼、黻纹。文武官员凡遇大祀、庆成、冬至等重要礼节，不论职位高低，都戴梁冠，穿赤罗衣裳，以冠上梁数及所佩带绶分别等差。（图 4-1-2，4-1-3）

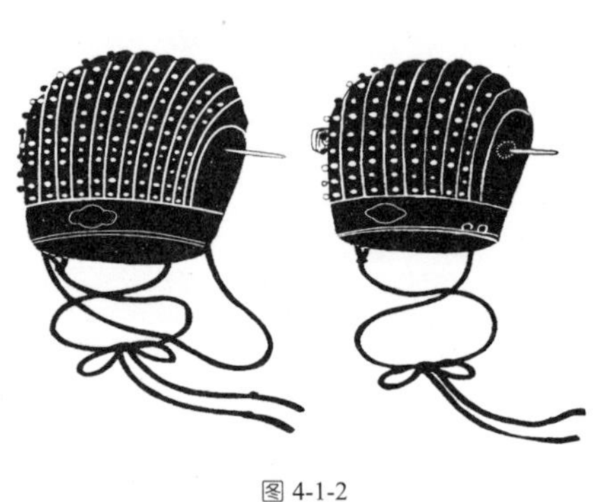

图 4-1-2
十二缝和九缝皮弁

官服的颜色、质地、式样、花纹图案以及尺寸都有规定，从式样上讲，一律为盘领右衽，袖宽三尺。文职官员的衣服，自领至裔 (衣服的边缘)，离地一寸，武官衣服，离地五寸，庶民百姓衣服，衣长离地五寸。然从实际情况来看，这类规定并未能完全实行，尤其是百姓服饰，都根据当时的流行，时而上长下短，时而上短下长。

官服的颜色，也因级别而异：一至四品用红色；五至七品用青色；八至九品用绿色。所用花纹，一品为大朵花，花的直径可达 5 寸，八品以下就没有花纹了。

为进一步明确官阶，区分文武职别，明洪武年间恢复了官服上的补子制度。所谓补子，即在胸前和后背补上一块表示官阶和职别的标志性图案，从史籍资料及出土实物看，补子长 34 厘米，宽 36.5 厘米，上面织有禽兽两种图案，文官用禽，武官用兽：文官一品用仙鹤，二品用锦鸡，三品用孔雀，四品用云雁，五品用白鹇，六品用鹭鸶，七品用鸂鶒，八品用黄鹂，九品用鹌鹑，杂职用练鹊（图 4-1-4）；武官一品二品用狮子，三品四品用虎豹，五品用熊罴，六品七品用彪，八品用犀牛，九品用海马。（图 4-1-5）

图 4-1-3
戴二梁冠，穿赤罗衣的六、七品官服。

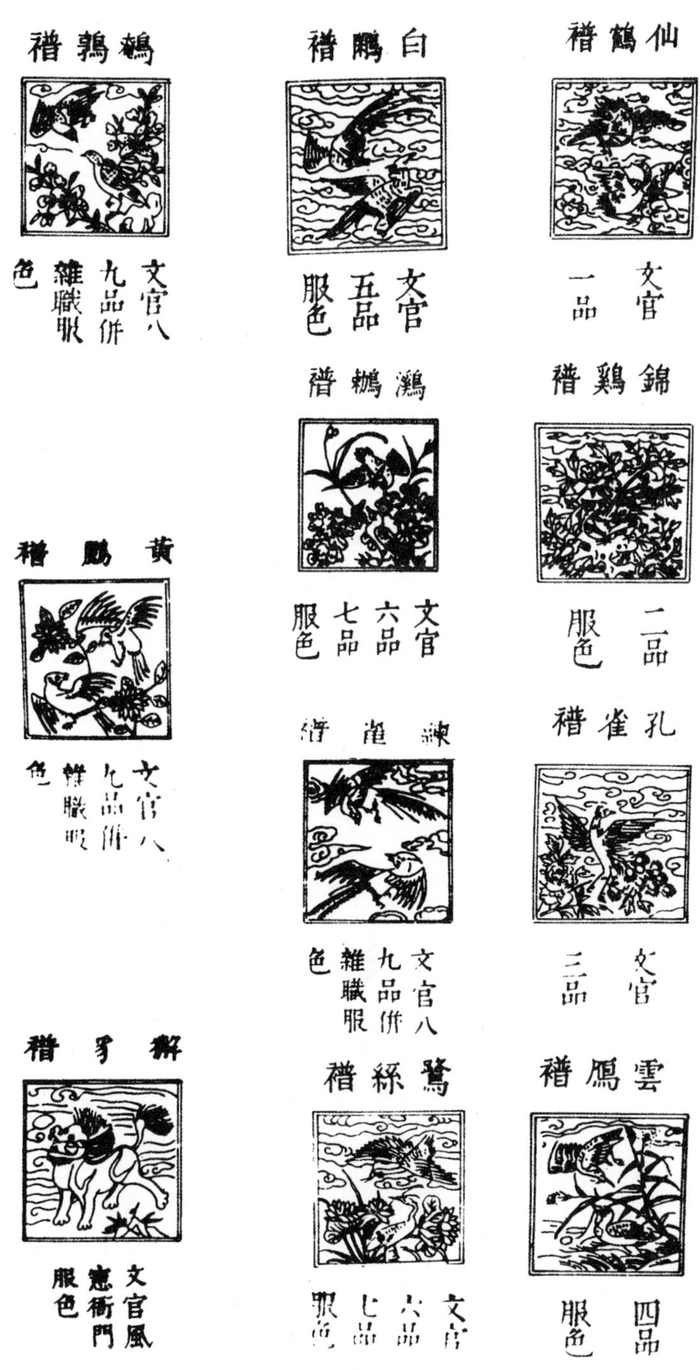

图 4-1-4　明代的文官补子纹样

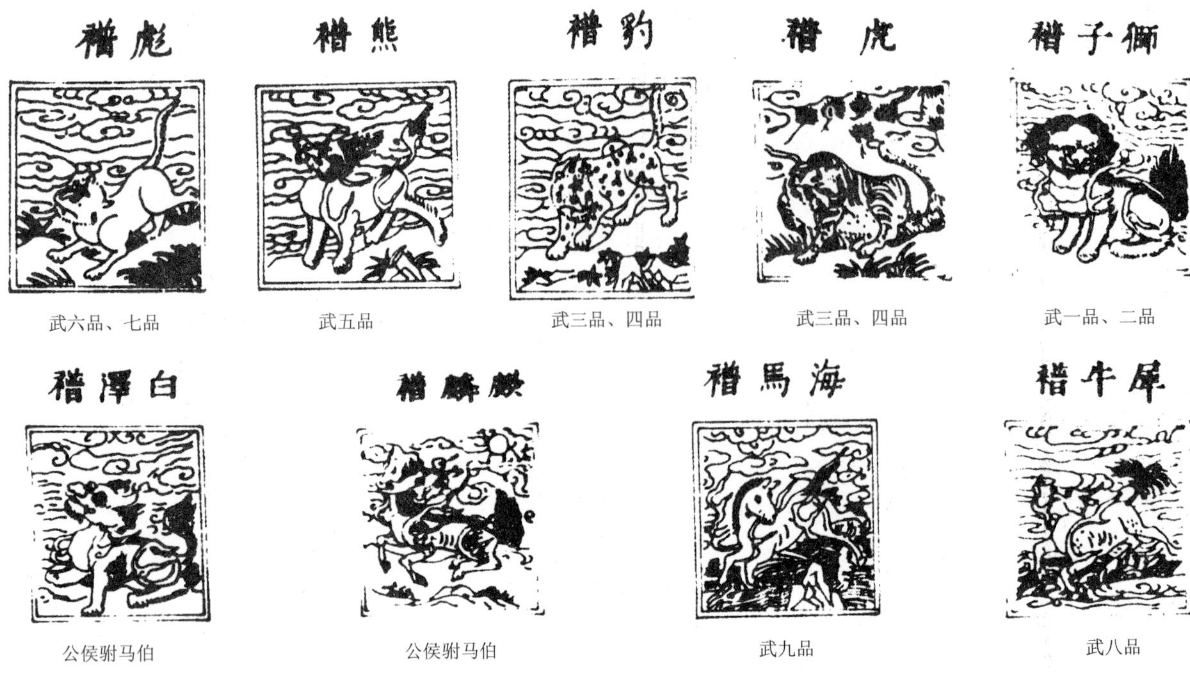


图 4-1-5　明代的武官补子纹样

图 4-1-6
明太宗孝文皇后像，戴双凤翊龙冠，穿大衫霞帔。

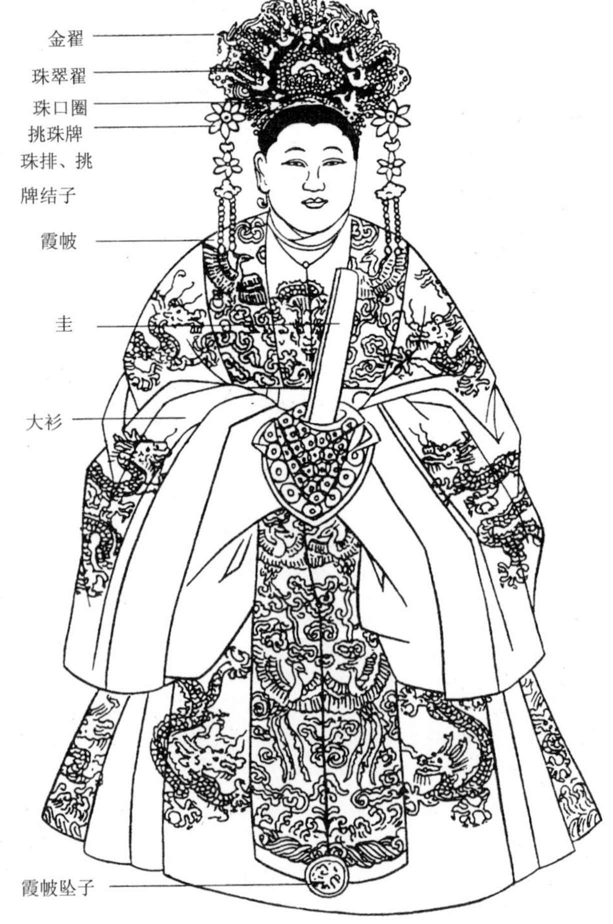


图 4-1-7　明代命妇冠服说明图

（二）皇后及命妇冠服

皇后在受册、朝会时穿礼服。冠上饰九龙四凤。穿袆衣，配素纱中单，玉革带，青色加金饰的袜、舄。

皇后的常服，用双凤翊龙冠，穿金绣龙纹诸色真红大袖衣，霞帔，红罗长裙，红背子，首饰用金玉、珠宝、翡翠。（图 4-1-6）

命妇所穿的服装，有严格的规定，大体分礼服及常服两种（图 4-1-7）：

礼服是命妇朝见皇后、礼见舅姑、丈夫及祭祀时的服饰，以凤冠、霞帔、大袖衫及背子等组成。凤冠是一种以金属丝网为胎，上缀点翠凤凰，并挂有珠宝流苏的礼冠。明代凤冠，有两种形式，一种是后妃所戴，冠上缀有凤凰、龙等装饰；另一种是普通命妇所戴的彩冠，上面不缀龙凤，仅缀珠翟、花钗，但习惯上也称它为凤冠。霞帔的形状像两条彩练，绕过头颈，披挂在胸前，下垂一颗金玉坠子。

礼服所用的颜色，一般也有规定，如大袖衫，用真红色（即现在的大红色），霞帔、背子用深青色。品级的差别，除在凤冠上有之外，在霞帔和背子的纹样上也有所反映：一、二品命妇霞帔用蹙金绣云霞翟鸟纹，三、四品霞帔绣云霞孔雀纹，五品霞帔绣云霞鸳鸯纹等。

## 三、明代服饰禁令

服装是人类文明生活的首要支柱，随着中国封建社会思想统治的日益严厉，服装的象征意义被置于更加重要的位置。宋元以后，对服饰的禁例越来越多。

在官服方面，明天顺二年（公元 1458 年）规定官民衣服不得用蟒龙、飞鱼、斗牛、大鹏、象生狮子、四宝相花、大西番莲、大云花样，也不准使用玄、黄、紫以及黑、绿、柳黄、姜黄、明黄诸色。

在民间服装方面，明洪武三年规定，庶人戴“四方平定巾”，配染色盘领衣，但不许用黄色。衣料只许用绸、绢、素纱，不许用金绣、绫罗、锦绮等高级织物。鞋袜不许裁制花样，或用金线装饰。洪武五年令，民间妇人礼服不许用金绣，袍衫只许用紫、绿、桃红及各种浅淡颜色，不许用大红、鸦青和黄色。洪武六年又令，庶人巾环不许用金玉、玛瑙、珊瑚、琥珀等。

明朝也实行抑商政策，据洪武十四年令，农民还可穿绸、纱、绢、布衣服。商贾是四民之末，只能穿绢、布衣服。如农民一家中有一人经商者，全家都不得穿绸、纱衣服。正德元年又禁商贩、仆役、倡优、下贱人等用貂皮裘，军民妇女不许用销印衣服、帐幔、宝石首饰、镯钏。

明朝中期以后，民间丝绸生产和贸易的迅猛发展，富商大贾人数日多，丝绸为其带来获取暴利发财致富的机会，他们的生活越来越奢华，衣服越来越讲究。那些服饰禁令也都成了一纸空文。

## 四、明代服装的几种基本款式

(1) 交领式衣衫

交领是遵从古礼的一种传统样式，多用于祭服、朝服、燕服及中单内衣。民间的劳动者所穿短衣，也多为交领式服装。

(2) 盘领衣

为继承唐宋以来的圆领袍衫发展而来，明代公服、常服大多为高圆领、缺胯，官服有的在衣裙两侧有插摆，袖多宽袖或大袖。平民的衣服无插摆，袖为窄袖，但60岁以上老者可穿大袖，袖长也可适当加长至出手挽回至离肘三寸处。明代衮服也改成盘领式。

(3) 上衣与下裳相连的束腰袍裙

这种形式与元代以来的辫线袄近似，明朝称为“曳撒”。是君臣外出乘马时所穿的袍式。明代士大夫日常穿的“程子衣”也是这种式样。

(4) 对襟合领或对襟直领式衣服

明代男子的半长袖对襟式短袄是从宋代的貉袖（即旋袄）发展而来，先为劳动者骑马所穿，后渐及士大夫。长袖对襟衫不多，无袖无领的对襟式上衣“比甲”（马甲），至明中叶成为青年妇女穿着的半长外衣（后来到清代又缩短衣身，称为坎肩，背心）。还有一种合领或直领对襟的背子，衣长与裙齐，左右腋下开衩，衣襟敞开，两边不用纽扣，或以绳带系连，为女子便服，合领对襟大袖者为贵族妇女所穿，直领对襟小袖者为平民妇女所穿。

(5) 裙子

妇女下裳多穿裙。裙子的颜色，初尚浅淡，虽有纹饰，但并不明显。至崇祯初年，裙子多用素白，即使施绣，也仅在裙摆处绣以花边，作为压脚。裙幅初用六幅，这也是遵循古训“裙拖六幅湘江水”。到了明代末年，裙幅始用八幅，腰间细褶数十，行动辄如水纹。裙上的纹样，也更讲究。据说有种浅色画裙，名叫“月华裙”，裙幅共有十幅，腰间每褶各用一色，轻描淡绘，色彩非常淡雅，风动色如月华，因此得名。此外，还有用绸缎裁剪成大小规则的条子，每条绣以花鸟图纹，另在两畔镶以金线，称“凤尾裙”。更有以整缎折以细缱，做成“百褶裙”者。

(6) 足履

明代妇女习前代旧俗，大多缠足。其鞋日“弓鞋”，以香樟木为高底。如木在外边的叫“外高底”，有“杏叶”、“莲子”“荷花”等名称。本底在里边的一般叫“里高底”，又称“道士冠”。老年妇女多穿平底鞋，名谓“底而香”。(图4-1-8)

图4-1-8　明代的鞋、袜、舄

(7) 巾帽

明代男子的巾帽，主要有乌纱帽、网巾、四方平定巾及六合一统帽等。(图4-1-9)

乌纱帽，是用乌纱制作的圆顶官帽。至今所谓“怕丢了乌纱帽”就是指“怕丢了官职”的意思。乌纱帽的式样和晚唐五代的幞头略同。幞头的形制，基本还是宋式，以漆纱做成，两边展角，角长一尺二寸。皇帝常服，戴乌纱折上巾，其样式与乌纱帽基本相同，惟将左右二角折之向上，竖于纱帽之后。

网巾，是一种系束发髻的网罩，多以黑色细绳、马尾、棕丝编织而成。网巾的作用，除了约发以外，还是男子成年的标志。一般衬在冠帽之内，也可直接露在外面。

四方平定巾，是职官、儒士的便帽，以黑色纱罗制成，因其造型四角皆方，也叫“四角方巾”。这种巾帽多为官员和读书人所戴，平民百姓戴者较少，服装可以随便穿着，不像其他服饰规定得那么严格。

六合一统帽，就是俗称的瓜皮帽，用六片罗帛拼成，多用于市民百姓。

图 4-1-9　明代的各种巾子

## 五、妇女头饰

明初女子发式变化不大，基本还是宋元时的样式。嘉靖以后，变化较多。妇女将头髻梳成扁圆形状，并在发髻的顶部，饰以宝石制成的花朵，时称“挑心髻”。以后又将发髻梳高，以金银丝挽结，顶上也有珠翠装点。以后名目越来越多，样式也从扁圆趋于长圆，有“桃尖顶髻”、“鹅胆心髻”诸名称。更有模仿汉代“堕马髻”者，梳时将头发朝上卷起，挽成一个大髻，垂于脑后。

在年轻妇女中，还有戴头箍的风尚。头箍最初以综丝结成网状，罩住头发，以后戴者渐多，又出现了纱头箍及热罗头箍。头箍的作用，已从束发变成了一种装饰。发展到最后，只留下一条窄边，系扎在额眉上。

发髻上的装饰，见于史籍的有“金玉梅花”、要““金绞丝灯笼簪”、“西番莲梢簪”、“犀玉大簪”、“点翠卷荷”、“珠翠鬓边花”及“金累丝镶嵌青红宝石珍珠长春花头面”等名目。（图 4-1-10）

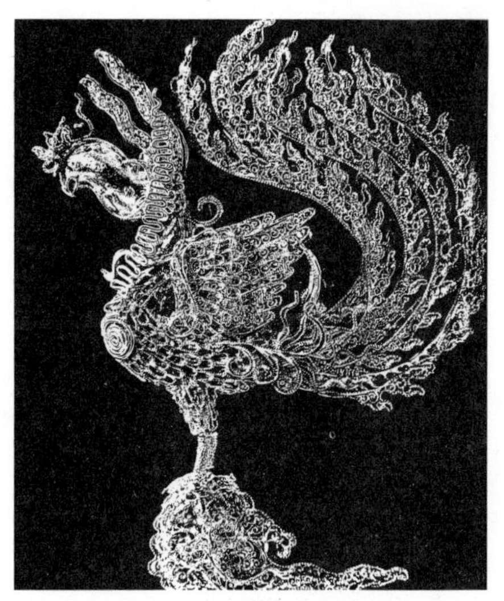

图 4-1-10
明代的金凤钗

除此之外，明代妇女也常用假髻做装饰。这种假髻一般用铁丝织圜，外编以发，做成一种固定的装饰物，当时称其为“鼓”，比原来的发髻大概要高出一半，戴时罩在髻上，以簪绾住头发。明末，这类发饰的样式更加丰富，有“罗汉鬏”、“懒梳头”、“双飞燕”、“到枕松”等各种不同名称，甚至还有成品出售。

## 六、明代的丝绸衣料

明代民间衣料，冬以棉布为主，夏以纻布为主，在少数民族地区，也穿毛织物。但上层社会高档次的服装，均以丝绸为面料，中间也有少量丝棉交织物和毛织物。

皇廷及百官冠服，由工部所设织染所和内府监所设内、外织染局负责监制，此外在浙江杭州、绍兴、严州、金华、衢州、台州、温州、宁波、湖州、嘉兴等府，江西布政司，福建福州、泉州府，四川布政司，河南布政司，山东济南府，直隶镇江府、苏州府、松江府、徽州府、宁国府、广德州都设有织染局。其中以苏州、杭州两府的织染局规模最大。

明朝政府对各织染局规定织造常额，除常额外，又有奉旨加派织造的任务，叫作“坐派”。此外因朝廷一时急缺，命令各织染局向民间机户买办充用，叫作“召买”。坐派和召买都让民间机户生产，但发给价钱比工料或成本还低。这种加派，对民间机户造成极大困扰。

明王朝存在的 270 多年间，传世实物及史籍记载明代丝绸品种较多。简述如下：

（一）缎类

缎的经或纬丝中，只有一种显露于织物表面，相邻的两根经丝或纬丝上的组织点均匀分布，但不相连，故外观光亮平滑，质地柔软，是最富丽的高级衣料。

明代缎织物已取代锦的地位成为最主要的高级衣料。明朝皇帝及重臣权贵都喜用各种缎类织物。嘉靖皇帝宠信严嵩的家业被查抄没收，在丝织品中就有 63%是金彩提花的缎类，品种包括素缎、暗花缎、织金缎、两色缎、闪缎、遍地金缎、妆花缎、织金妆花缎、妆花遍地金缎、云缎、补缎、暗花云缎、暗花补缎等。万历皇帝穿用的黄地云龙折枝花孔雀羽妆花缎，是用片金线和十二种彩丝及孔雀羽线合织而成的。（图 4-1-11）

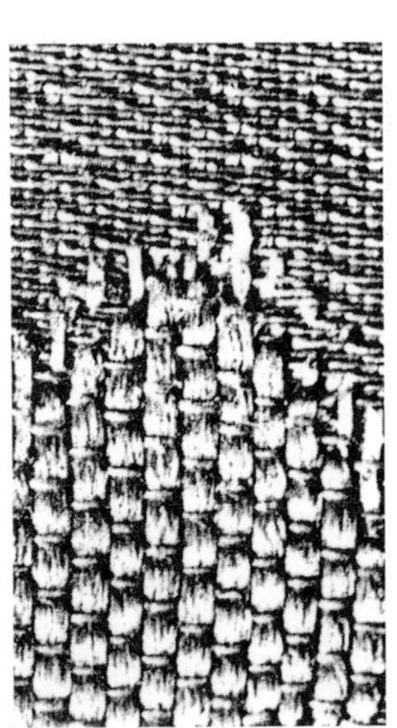

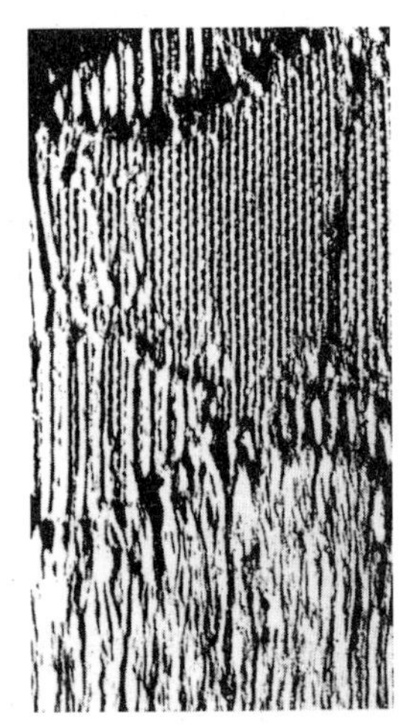

图 4-1-11　明代梅花彩绦纹妆花缎及其组织放大图

（二）绢类

绢有素绢和提花绢，明朝制度规定素绢一般商贾也能穿。提花绢品质高贵，有云绢、云熟绢、妆花绢、织金绢、织金妆花绢、遍地金女裙绢和各种服装织成料，如补子花纹、过肩花纹、通袖花纹的织金绢、妆花绢、织金妆花绢。

（三）罗类

罗是利用纠经组织织出罗纹的中厚型丝织品。皇帝、皇后的大带、皇后常服、郡王长子朝服、文武官朝服、祭服，都常用罗制成。庶人、农人、商贾是不能穿罗的。有素罗、云罗、遍地金罗、闪色罗、织金罗、青织金过肩蟒罗、青妆花过肩凤罗、青织金妆花飞鱼过肩罗、绿妆花过肩凤女衣罗等。

（四）纱类

明代纱织物有平纹假纱组织的方孔纱和经纬纠织呈现椒形纱孔的绞纱两类。有素纱、云纱、绉纱、闪色纱、织金纱、遍地金纱、妆花纱、织金妆花纱等品种。

（五）绸类

绸有花素之分，明初规定庶人、农民可以穿绸，自然是素绸。商贾为四民之末，素绸也不许穿。绸有云绸、补绸、潞绸、素绸、绵绸、潮绸、妆花绸、织金绸、织金妆花绸等品种。

（六）改机

改机大都为织成衣料，如大红妆花过肩云蟒改机、大红妆花斗牛补改机、大红织金麒麟补改机、青织金过肩蟒改机、青织金穿花凤补改机、闪色织金麒麟云改机、闪色妆花仙鹤改机等。

（七）绒类

绒是织物表面有耸立或平排的紧密绒圈或绒毛的丝织品，织时除织入纬丝外，更按规律织入用细竹竿或铜丝做的起绒竿，当经丝跨过起绒竿时，便在织物表面形成凸起的绒圈，如将凸起的绒圈割断，就变成耸立于织物表面的绒丝，外观既含蓄厚实又光艳富丽。明代丝绒品种有：剪绒、天鹅绒、双面天鹅绒、抹绒、织金绒、妆花绒、织金妆花绒等。

（八）绫类

绫是斜纹或变化斜纹地起斜纹花的丝织品，唐代绫织技术已发展到高峰，绫织物为重要衣料。宋以后绫的花色单纯化。明朝的吴绫，松江为上，杭州次之。一般用无捻丝织造，质地稀薄，只作内衣、刺绣底料及装裱用。

（九） 丝布

丝布是丝与棉的交织物。

（十） 锦类

锦创始于西周，兴盛于汉唐，到明代各种缎纹织物的流行，取代了锦的传统地位，这是明代丝绸品种结构的重大变化。

## 七、明代的服饰纹样

明代织物的纹样，主要有祥云纹、万字纹、如意纹、龙凤纹和以百花、百兽等各种纹样组织起来的“吉祥图案”。

人们常将几种不同形状的图案配合在一起，或寄于“寓意”，或取其“谐音”，以此寄托美好的愿望，抒发自己的感情。这些富有浓厚民族色彩的传统艺术，在明代的织物纹样上体现得相当充分：如福从天来、丹凤朝阳、青鸾献寿、喜上眉梢、金玉满堂、宜男多子、连年有余、平升三级等等。此外，还有“八仙”、“八宝”、“八吉祥”等名目。尽管这些图案的形状各不相同，结构也比较复杂，但在一幅画面上，被组织得相当和谐，常在主体纹样中穿插一些云纹、枝叶或飘带，给人以轻松活泼的感觉。（图 4-1-12A、B）

与图案纹样相适应，刺绣技术也有很大进步，除了传统方法之外，还创造了平金、平绣、戳纱、铺绒等特种工艺技巧，针脚细密工整，色彩鲜艳华丽，富丽堂皇。（图 4-1-13，4-1-14）

A 正面

B 背面

图 4-1-12 明万历皇帝孝靖皇后洒线绣百子戏女夹衣纹样

图 4-1-13　明代斗牛纹洒线藏式长褂（背部）

图 4-1-14　明嘉靖洒线绣蹙金正龙方补

## 第二节 清代的服饰艺术

### 一、　清代的文化背景

清代是我国最后一个封建王朝，也是继元代之后第二个由少数民族统治的朝代。清为金的后裔，原是女真族，长期的游牧生活，使其服饰文化与汉民族差异较大。加上在南下入关的长期征战当中，紧身、简洁、便于骑射的服饰的确发挥了优越性，因此，清王朝的最高统治者一直对自己的民族服饰有着特殊的理解，他们不仅把民族服饰看成是祖上的遗存，同时也视为能屡战不败，创建大清帝国的一个重要因素。入关前后，满族统治者始终把在汉族中改服易制作为巩固政权、降服民心的大事，采取了一系列硬性措施强制推行。其时间之久，手段之残酷都是空前的。这引起了汉族人民的强烈抵制。后来，为了缓解民族矛盾，清廷采纳了明朝遗臣金之俊“十从十部从”的建议，在服饰方面，像结婚、死殓时女性都可以保持明代服式，未成年儿童、官府隶役以及民间庙会等传统节日的穿戴也都可用明代服装，优伶戏装、和尚道士的装束也不用更改。这大大缓解了因强行剃发易服而引起的民怨。清朝中后期，由于统治者的腐败，国力渐衰，1840年的鸦片战争，帝国主义列强开始瓜分中国领土，大清帝国封闭的国门被迫打开，开始向国外派遣留学生，引进西方的洋枪洋炮强化军队，从此，西式的学生操衣、操帽和西式的军装，开始在中国学生和军人中出现，这是后来的服装改革的一个铺垫。

从整个服装发展的历史来看，清代服饰在中国历代服饰中最为庞杂和繁缛，条文规章也最多。由于时间去今不远，保存下来的文献记录及实物资料也比较丰富。总的看来，清朝政府制定的服饰制度，既保留了汉族服制中的某些特点，又不失其本民族的习俗礼仪。如以中国传统的十二章纹作为衮服、朝服的纹饰，以绣有禽兽的补子作为文武官员职别的标识，以金凤、金翟等纹样作为后妃命妇冠帽服装上的装饰。废弃了历代以衮冕衣裳为祭祀之服，以通天冠、绛纱袍为朝服的传统制度。具有浓厚民族色彩的冠冕衣裳，自创始开始，经历了两千多年变迁，至此遂告终止。

### 二、清代的冠服制度

清朝的冠服制度是以满族的传统服饰为基础来制定的。自清太宗皇太极于崇德元年开始初步定制，历经变动修改，直到清高宗乾隆帝时才基本确定下来，以后变动不大。

清代冠服，制度浩繁，除箭袖、蟒服、披肩、翎顶为王公大臣朝服所必具，四季色彩质料、当胸补子、朝珠等级、翎子眼数、顶子材料都有严格区别。

（一）冠帽

清代男子的冠帽，有礼帽、便帽之别。礼帽，俗称“大帽子”，可分为两种：一种是冬天戴的暖帽，一种是夏天戴的凉帽。暖帽的形制，多为圆型，周围有一道檐边。材料多用毛皮，也有用呢子或缎子以及布制的，视气候变化而定。颜色以黑色为多。毛皮之类也有区别，最初以貂鼠为贵，次则海獭，再次则狐，其下则无皮不用。由于海獭价格昂贵，也有以黄狼皮染黑而替代的，名曰骚鼠，当时人们争相仿效。

凉帽无檐，圆椎状，又叫喇叭式，最初流行扁而大的，后来又流行高而小的。用藤、竹、篾席或麦秸编成，外裹绫罗，多用白色，也有湖色、黄色等。上缀红缨顶珠，制同暖帽。

凡戴礼帽，一般在顶珠之下都装有一支二寸长短的翎管，这翎管用白玉或翡翠制做，也可用料器代替，主要用来安插翎枝。冠帽上插装翎枝的习惯，来自明朝。清朝的翎子有花翎、蓝翎之别，以花翎为贵。蓝翎以鹖羽为之，无眼。花翎则用孔雀翎毛，又称孔雀翎，有一眼、二眼、三眼之分。所谓“眼”，即指翎毛尾梢的彩色斑纹。孔雀翎中，以三眼最贵，只有宗室中的贝子可戴。明清两朝的翎子差别，主要在它的装法：明朝是将翎子插在帽顶中间，呈直竖状，而清朝却将翎子拖至脑后。

图 4-2-1　清高宗夏朝冠

便帽，也称“小帽子”。以六瓣合缝，俗称瓜皮帽。创自明太祖洪武年间，取其六合一统之意。其质料夏秋用纱，春冬用缎，颜色多为黑色，里子用红色。富者用红片金或石青锦缎滚边。这种小帽形式很多，有平顶、尖顶、硬胎、软胎之别。平顶大都是硬胎，内衬棉花；尖顶大都为软胎，取其便利，不戴时可折起来藏入衣袋里。据说咸丰初年，人们称这种瓜皮毛为“盔衬”，意思是头盔里的衬帽。便帽上有“结子”，结子一般是用红色丝线编成的，有丧则用黑色或白色。结子的大小，也随流行而变，一度崇尚樱桃般的小结，转而又流行大结。清末也有不用帽结而以珊瑚、水晶、料珠等代替的。帽缘正中，另缀一块四方形的帽准作为装饰；这种帽准一般多用玉，更有用碧霞珠宝以炫其富贵者。

除以上两种帽子以外，冬天还有风帽。风帽过去只作出外御寒之用，后来也有居家戴的。风帽的材料，一般多用绸缎呢绒，中间塞有棉花，少数用皮。颜色以红为贵。此外，还有“毡帽”、“拉兔帽”、“安克帽”等，多属民间便帽，主要用于北方人。

1. 皇帝冠帽

(1) 冬朝冠：冠体为圆顶呈斜坡状，冠周围有一道上仰的檐边。冬用薰貂制作，十一月初一至正月十五用黑狐毛皮制作，顶上加金缧丝镂空金云龙嵌东珠宝顶。宝顶分为三层，底层为底座，有正龙四条，间饰东珠四颗；第二、三两层各有升龙四条，各饰东珠四颗；每层间各贯东珠一颗，共饰东珠十五颗。顶部再嵌大东珠一颗。

(2) 夏朝冠：冠形作圆锥状，下檐外敞呈双层喇叭状。用玉草或藤丝、竹丝作成，外裱以罗，在两层喇叭口上镶石青色织金边饰；以红纱或红织金为里，外层缀朱纬，内层安帽圈，圈上缀带。冠前缀金缧丝镂空金佛，宝顶形式与冬朝冠相同。(图 4-2-1，4-2-2)

图 4-2-2　清高宗夏朝冠冠顶

(3) 吉服冠：冠形似朝冠，分冬夏两种，冬用海龙、薰貂、紫貂，上缀朱纬，冠顶满花金座，上衔大珍珠一颗；夏吉服冠用玉草或藤丝、竹丝编织，红纱绸裱里，石青织金缎或织金绸、纱缘边。上缀朱纬，冠顶满花金座上嵌大珍珠一颗。(图 4-2-3)

(4) 常服冠：分冬夏两种，冬为有折檐的圆形帽，用皮或青绒制作，满缀红缨，红绒结顶；夏常服冠形同夏朝服冠，以玉草或藤丝、竹丝编织，红纱或红绸作里子，石青织金缘边，上缀朱纬、红绒结顶。

(5) 行服冠：也分冬夏两种，冬行服冠形如冬常服冠，用黑狐、黑羔皮或

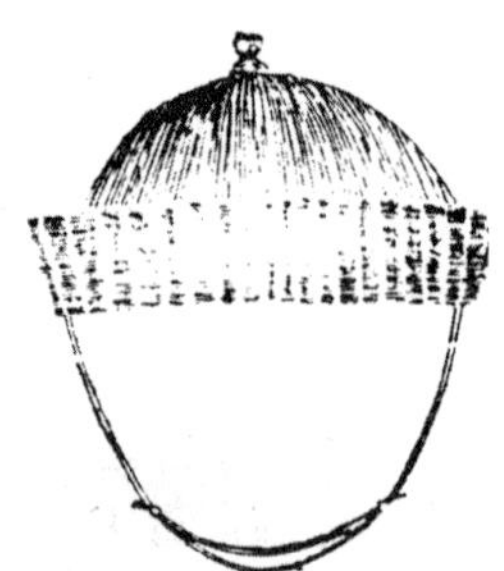
清皇帝冬吉服冠

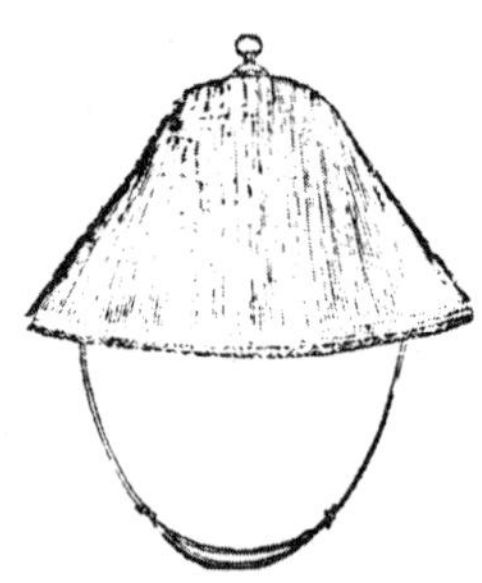
清皇帝夏吉服冠

清皇帝冬行冠

清皇帝夏行冠

图 4-2-3

青绒为之，满缀红缨，红绒结顶；夏行服冠形同夏常服冠，用藤丝、竹丝编织，红纱裱里并缘边，上缀朱纬。冠顶及梁皆黄色，前缀珍珠一颗。(图 4-2-3)

(6) 雨冠：冬季冠形为高顶式，前有深檐。夏季为平顶式，前檐展敞，按不同季节用明黄色毡、油绸或羽缎制作，用月白色缎子作里子。

2. 皇子、亲王的冠帽

(1) 皇子冠帽：朝冠，造型与皇帝冬、夏朝冠相同，十一月初一至正月十五用青狐制作，冠顶只有两层，夏朝冠用玉草或藤丝、竹丝为之，顶如冬朝冠。

皇子吉服冠，红绒结顶。行冠、常服冠与吉服冠相同。雨冠，红色，按季节用毡、雨纱或油绸制做。

(2) 亲王冠帽：朝冠与皇子同。亲王吉服冠，冬用海龙、薰貂、紫貂。夏吉服冠只是冠顶改用红宝石。曾获赏赐红绒结顶的可以使用。其他的冠帽与皇子相同。

(3) 亲王世子冠帽：冬朝冠顶金龙二层，饰东珠九颗，上衔红宝石。夏朝冠前缀舍林，饰东珠五颗，后缀金花，饰东珠四颗。其余冠帽与亲王相同。

(4) 郡王冠帽：冬朝冠，顶金龙二层，饰东珠八颗，上衔红宝石；夏朝冠前缀舍林，饰东珠四颗，后缀金花，饰东珠三颗。吉服冠、行冠、常服冠与亲王世子相同。

3. 百官冠帽

帽子的最高部分，装有顶珠，原料多为宝石，颜色有红、蓝、白、金等。顶珠是区别官职的重要标志。按照清朝礼仪：一品官员顶珠用红宝石，二品用珊瑚，三品用蓝宝石，四品用青金石，五品用水晶，六品用砗磲，七品用素金，八品用阴文镂花金，九品用阳文镂花金。无顶珠者，即无品级。

4. 皇后、太皇太后、皇太后、皇贵妃、皇妃、妃、嫔冠帽

(1) 皇后、太皇太后、皇太后朝冠：冬用薰貂为之，冠体为圆顶呈半圆坡状，上缀朱纬，冠顶呈宝塔形，分三层，冠后饰一金缧丝翟（雉鸟），翟鸟下垂珠结，由五行珍珠平排垂挂，每行有 64 颗珍珠串联，这种装饰称作“五行二就”。冠后从冠檐里边下垂倒葫芦形护领，护领下端垂明黄色丝绦两条，末缀宝石，冠左右缀青色缎带。皇后夏朝冠以青绒为之，其他造型与冬朝冠相似。(图 4-2-4)

(2) 皇贵妃朝冠：与皇后朝冠相同，差别的只是金凤上没有猫睛石，翟鸟下所垂珠结不是五行二就，而是“三行二就”。(图 4-2-5，4-2-6)

(3) 妃、嫔朝冠，顶都是二层而不是三层，装饰珠宝数量不同，其他与皇贵妃相同。

5. 皇子福晋及命妇冠帽

皇子福晋、亲王福晋、固伦公主朝冠：顶镂金三层，饰东珠 10 颗（而没有金凤），上衔红宝石，朱纬。上周缀金孔雀，饰东珠、小珍珠，后饰金孔雀一只，垂珠三行二就，冠后护领垂两条金黄绦，绦末缀珊瑚。吉服冠顶用红宝石。

一品命妇、镇国将军夫人朝冠，顶镂花金座，上衔红宝石。吉服冠薰貂为之，顶用珊瑚。二品命妇、辅国将军夫人朝冠，顶镂花金座，中饰一颗红宝石，上衔镂花珊瑚。吉服冠顶用镂花珊瑚。

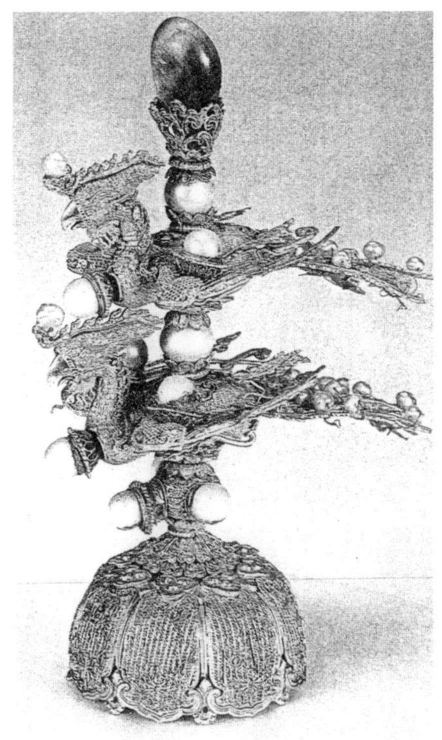

图 4-2-5　清嫔朝冠顶

图 4-2-4　清乾隆帝孝贤纯皇后朝服像，头戴朝冠与金约。

图 4-2-6　清皇贵妃夏朝冠

（二）清代男服

1. 端罩

是清代皇帝、皇族、及近臣、侍卫所穿的一种毛朝外穿的宽松式裘皮衣服。圆领、对襟、平袖，袖长至腕，衣长至膝下，对襟上有五个纽扣。

2. 衮服

皇帝在祭祀、祈雨等场合穿的礼服，圆领、对襟，长与坐齐（晚清时衣长达膝以下），平袖，袖与肘齐，石青色面，石青色扣鼻，钻金圆纽扣。春秋为棉或夹衣，冬用裘，夏用纱。

3. 补服

是清代的礼服。皇帝穿衮服、皇子穿龙褂时，王公大臣和百官则要穿补服。补服穿用的时间和场合很多，所以是清代文武百官的重要官服。补服的造型特点为：圆领，对襟，平袖，袖与肘齐，衣长至膝下（比袍短一尺许）。门襟有五颗纽扣，是一种宽松肥大的石青色外衣，当时也称之为“外褂”或“外套”。补服以装饰于前胸及后背的补子的不同文饰来区别官位的高低。亲王、郡王、贝勒、贝子等皇室成员用圆形补子；固伦额驸、镇国公、辅国公、民公、侯、伯、子、男以及各级品官均用方形补子。清代补子从形式到内容都是对明朝官服的直接承袭，在此基础上进行修改而来的。

清代补服的补子纹样举例如下：

亲王补服：前后和双肩补五爪金龙，前后为正龙，双肩为行龙。

郡王补服：前后和双肩补五爪行龙各一。

贝勒的补服：前后各补一团四爪正蟒。

贝子的补服：前后各补一团四爪行蟒。

固伦额驸、镇国公、辅国公、和硕额驸、民公、侯、伯的补服：前后各一四爪正蟒方形补子。各品级文武官员均为前后各一方形补子，其纹样为：文官一品用仙鹤，二品用锦鸡，三品用孔雀，四品用雁，五品用白鹇，六品用鹭鸶，七品用鸂鶒，八品用鹌鹑，九品用练雀。武官一品用麒麟，二品用狮子，三品用豹，四品用虎，五品用熊，六品用彪，七品和八品用犀牛，九品用海马。

4. 朝服

皇帝朝服：是皇帝在登基、大婚、元旦、祭祀等重大典礼和祭祀活动时所穿的礼服。其基本款式由披领和上衣下裳相连的袍裙相配而成。上衣的袖子分袖身、熨褶素接袖和马蹄袖端三个部分，腰间有腰帷，下裳在与上衣连接处有襞褶装饰，其右侧有正方形的衽。朝服分冬、夏两类：冬朝服为明黄色，使用衣料为妆花缎或缎子。形式上分为两种，其一，在两肩和前胸、后背各绣一条正龙，上衣前后装饰着十二章纹样，下裳襞褶上绣行龙六条，下裳的其余部位以及披领领面为紫貂，马蹄袖端为薰貂。其二，在上衣的两肩及前胸后背绣正龙各一，腰帷绣行龙五，衽绣正龙一，襞褶处前后身各装饰团龙九，下裳装饰正龙二，行龙四，披领装饰行龙二，袖端装饰正龙各一，十二章纹样中的日、月、星辰、山、龙、华虫、黼、黻八种纹样绣于衣，宗彝、藻、火、粉米四种纹样绣于裳。披领、袖端、下裳侧摆和下摆用石青色织金缎或织金绸镶边，再加镶海龙裘皮边。考虑到人穿上衣服活动时，袍子下襟常常会暴露出来，因此，在衣服里面掩襟的襞褶部位加绣四个团龙，在掩襟的裳部加绣一条兴龙。全袍总共装饰龙纹 43 条（图 4-2-7）；夏朝服也是明黄色，唯独在南郊祈谷、求雨时用蓝色，朝日用红色，夕月用月色（即浅蓝色、月白色），衣料为纳纱绣或妆花纱、缂丝等。夏朝服的形式和纹饰与冬朝服的第二种完全相同，只是在披领、袖端、下裳侧摆和下摆等处不再加镶海龙裘皮边饰。春秋两季的棉、夹朝服，样式与夏朝服相同，衣料为绸缎上绣花或妆花缎、缂丝等。（图 4-2-8）

5. 龙袍

清代只有皇帝才能穿十二章龙袍，龙袍为圆领，右衽大襟，窄袖加综袖、马蹄袖端，四开裾式长袍，明黄色，用缂丝或妆花、刺绣作金龙九条，再装饰十二章纹样，间以五色云幅纹，下幅装饰八宝立水。领前后饰正龙各一条，左右及交襟处饰正龙各一条，马蹄袖端饰正龙各一条。领和袖均用石青色镶织金缎边饰。随季节变换棉、纱、夹、裘。

6. 皇子、亲王的朝服

皇子朝服有两种形式，均为金黄色。一种在披领和裳部具表紫貂，马蹄袖端薰貂，两肩及前胸后背绣正龙各一条，襞褶上绣行龙六条，这是十一月初一至正月十五穿的；另一种为披领和袖子均用石青色织金缎镶边，冬天再镶一层海龙缘边，两肩及前胸后背绣正龙各一条，腰帷绣行龙四条，裳绣行龙八条，披领绣行龙两条，马蹄袖端绣正龙各一条。

亲王、亲王世子、郡王朝服：可以随便用蓝色和石青色，若赐金黄色也可用之。其余和皇子相同。

贝勒、贝子等朝服不许用金黄色，其余颜色可以随便用，纹样为四爪蟒纹。

此外还有蟒袍、常服褂、常服袍、行褂行袍等各种名目，仅皇帝穿的雨衣就有六种形式。

（三）清代妇女冠服

1. 朝褂

皇后、太皇太后、皇太后、皇贵妃朝褂，有三种款式，均为石青色，有织金缎或织金绸镶边。

其一：圆领对襟，有后开裾的无袖长背心，自胸围线以下作襞积（褶裥），其纹饰在胸围线以上前后绣立龙各二条，胸围线以下则横分为四层，第一层和第三层分别织绣行龙前后各两条，第二和第四层分别织绣万福（蝙蝠纹）万寿（团寿字纹）纹饰，各层均以彩云相间。

其二：圆领对襟，无袖，后开裾，腰下有襞积的长背心，纹饰前胸后背各织绣正龙一条，腰帷织绣行龙四条，下幅织绣行龙八条。三个装饰部位下面均有寿山纹，平水江牙。

其三：为圆领，对襟，无袖，无襞积，左右开裾至腋下的长背心，前后身各织绣两条大立龙相向戏珠纹饰。下幅为八宝寿山江牙立水。

这三种朝褂领后均垂明黄色绦，绦上缀饰珠宝。朝褂穿在朝袍外面，穿时胸前挂彩帨，领部有镂金饰宝的领约，颈挂朝珠三盘，头戴朝冠，脚踏高底鞋，非常华美。

2. 朝袍

皇太后、皇后朝袍，分冬夏两类，均为明黄色，其基本款式均由披领、护肩与袍身组合。开领和袖子另有特点，开领是从领口右缘向右方斜着成 S 形，

图 4-2-7
清皇帝夏朝服小样

清乾隆皇帝冬朝服

清康熙皇帝夏朝服

图 4-2-8

因此与斜领或圆领右衽的一般款式不同。袖子是由袖身与接袖（约 12 厘米宽）、综袖（又称中接袖）、袖端（即马蹄袖）相接而成，并在腋下至肩部加缝一段上宽下窄的装饰性护肩，领后垂明黄色绦，绦上缀珠宝。穿朝袍时必须与朝褂配套。（图 4-2-9）

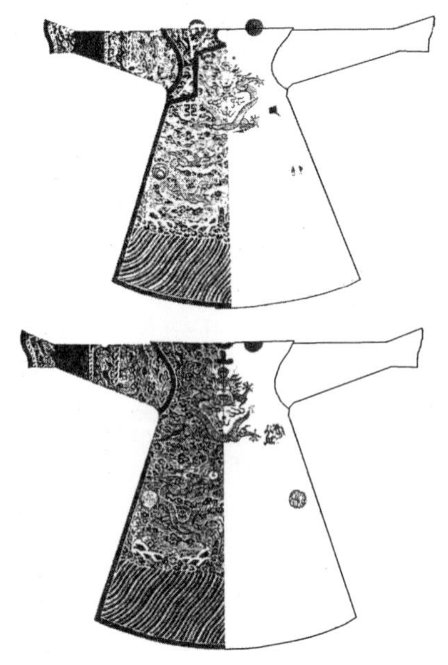

图 4-2-9　慈禧太后有十二章纹样的女朝袍小样

3. 龙褂

龙褂为圆领，对襟，左右开衩，平袖口，衣长与袍相应。只能由皇后、皇太后、皇贵妃、贵妃、妃、嫔穿用。皇子福晋、亲王福晋、守郡王福晋、固伦公主所穿的就不叫龙褂，而叫吉服褂。

4、朝裙

皇后、皇太后、皇贵妃朝裙，款式为右衽背心与大摆直褶裙相连的连衣裙，在腰线有襞积，后腰缀有系带两根可以系扎腰部。

冬用片金加海龙缘边，膝以上用红织金寿字缎面料，膝以下用石青行龙妆花缎面料，均以正幅裁制。贵妃、妃、嫔均相同，皇子福晋朝裙膝以上用红缎。民公夫人、一品命妇朝裙，冬以片金加海龙缘，上用红缎面料，下用石青行蟒妆花缎面料。夏缎或纱随所用。下至三品命妇均同。

（四）清代冠服配饰

1. 朝珠

朝珠原是佛教数珠的发展，清代皇帝祖先信奉佛教，因此，清代冠服配饰中的朝珠也和佛教数珠有关。按清代冠服制度，君臣、命妇凡穿朝服或吉服必于胸前挂朝珠。朝珠由 108 粒珠贯穿而成。每隔 27 颗穿入 1 颗材质不同的大珠，称为“佛头”，与垂于胸前正中的那颗“佛头”相对的 1 颗大珠叫“佛头塔”，由佛头塔缀黄绦，中穿背云，末端坠一葫芦形佛嘴。背云和佛嘴垂于背后。在佛头塔两侧缀有三串小珠，每串 10 颗小珠。一侧缀两串，另一侧缀一串，男的两串在左，女的两串在右。朝珠的质料以产于松花江的东珠为最贵重，只有皇帝、皇太后、皇后才能戴。此外有翡翠、玛瑙、红蓝宝石、水晶、白玉、绿玉、青金石、珊瑚、绿松石等。贯朝珠的丝绦，皇帝用明黄绦，往下为金黄绦、石青绦。（图 4-2-10）

图 4-2-10
慈禧太后头戴钿子，穿宽袖大裾氅衣，外套如意云头领，对襟排穗下摆坎肩，胸前挂念珠，手戴金护指。

2. 朝带、吉服带、常服带、行带

（1）朝带

清代的朝带是君臣穿朝服时所用，其版饰有严格规定。皇帝朝带有两种，皆明黄色，但祀天用纯青色。朝带以丝绦制成，一头从带端开始，装龙纹金版四具，其第二和第四这两具龙纹金版下面有挂环，可以挂一些小物件。

（2）吉服带

清代吉服带是君臣穿龙袍、蟒袍等吉服时所用。吉服带的形式与朝服带大致相同。皇帝吉服带用明黄色，皇子、亲王、亲王世子、郡王的吉服带金黄色，佩绦金黄色。贝勒、贝子、镇国公、辅国公、固伦额驸、郡主额驸的吉服带也用金黄色，但佩绦用石青色。

（3）常服带

清代常服带为君臣穿常服时所用，与吉服带同制。

（4）行带

行带是穿行袍时所用，皇帝的行带用明黄色，有线纽带、里边带子、黄线软带等多种。左右佩系用红香牛皮所制，饰金花银环各 3 个，中约也用香牛皮束来做，缀有银质花纹佩囊。明黄色绦、上面装饰着珊瑚。挂环上系挂刀、荷包、罗盘、牙签筒、火镰袋之类。

3. 金约

金约是妇女朝冠的配件，在戴朝冠时需先戴金约，再戴朝冠。起着约发的作用。金约由十来片弧形长条的金托连接成一个圆圈，外面饰金云、青金石和东珠，里面以织金缎衬裱。每片金托中嵌青金石，两片之间以金云和东珠相隔。金片数和金云、东珠的多少反映地位高低。在金约后面系金衔绿松石结和串珠数行，珠的行数和粒数也反映地位的高低。

4. 领约

领约是清朝妇女穿朝服时佩戴于项间压于朝珠和披领之上的饰物，以所嵌珠宝的质料和数目，及垂于背后的绦色区分品级，其形状等于圆形项圈。用金丝作托，上面分段嵌珊瑚，间以点翠金片，每片上嵌东珠一粒，两端饰金瓜形，末段有金轴在悬戴时可向外打开。每端垂两条丝绦，中间有珊瑚结将两绦相联，末饰坠角。

5. 耳饰

清朝满族妇女传统风俗，一只耳朵上戴三件耳饰，他们称环形穿耳洞式的耳环为“钳”，故后妃们穿朝服时一耳戴三钳。宫里选秀女，也要先派人验看耳上是否戴三钳。乾隆十四年选秀女，发现有的满族女子仿效汉俗一耳戴一坠子，乾隆帝曾明谕立行禁止。

清代耳饰分两大类，有流苏的为耳坠，无流苏的为耳环。不仅质料高贵，色彩华美，而且形式千变万化，有的以体现珠玉材质本身的自然美为主，有的以显现珠翠宝石的色泽为准则，有的以繁褥工巧的工技为特色，有的将珠翠珊瑚组合成万寿字、方胜、福在眼前等吉祥如意的图样。

6. 彩帨

彩帨是清朝妇女穿朝服时挂在朝褂的第二个纽扣上垂于胸前的饰物，以色彩及有无纹绣来区分品级。彩帨长约一米上下，是上窄下宽，下端呈尖角形的长条，上端有挂钩和东珠或玉环，挂钩可将彩帨挂在朝褂上，环的下面有丝绦数根，可以挂针管、小袋子之类的物件。再下面为一圆形金银丝或画珐琅、或镂金嵌宝的结，彩帨通过此结下垂。

7. 钿子

满清八旗贵族妇女，平日梳旗头，穿朝服时戴朝冠，穿吉服时戴吉服冠，还有一种类似冠的头饰，是在穿彩服的日子里戴的，叫作钿子。钿子实际等于是一种珠翠为饰的彩冠。戴在头上时，顶往后倾斜。前后均以点翠珠石为饰。（图 4-2-11）

图 4-2-11　清点翠嵌宝石福寿绵长钿子

钿子的材质有金、玉、红、蓝宝石、珍珠、珊瑚、琥珀、玛瑙、绿松石、翠羽等。

8. 遮眉勒

清代妇女在天气稍冷时常在额间系遮眉勒，这是一种头饰，又具御寒功能，由明代妇女所用的额帕（又名头箍）演变而来。八旗贵族妇女所用的遮眉勒，往往在银镀金座上，通体点翠嵌珠宝或作成花卉，或以“吉祥如意”、“福”、

"寿"、"喜"等吉祥文字作装饰，下垫红绒，极其奢华。

平民百姓妇女所戴的遮眉勒，在北方叫"勒子"或"脑箍"，南方叫作"兜"，以黑绒制作为多，也有加缀一些珠翠或绣一点花纹的，套在额上，两边用带系于髻下。

9. 簪、钗、步摇、耳挖簪、扁方

簪、钗、步摇、耳挖簪都有簪首和挺两部分，在簪首以珠翠、宝石、点翠等工艺制成华美的花饰。清代的簪花追求精工写实，尤其工细复杂的是镀金点翠镶嵌珠宝翠玉的花簪，内容有九子玩花、蝴蝶闹春、双龙闹珠、五福捧寿等等。

清代的耳挖簪一般在簪挺的中段施加纹饰，有珊瑚珠嵌成万寿平安如意文字、金点翠嵌东珠寿喜盘长等等各种花式。扁方一般为长方条形，有沉香木嵌珠翠碧玺花鸟，玳瑁嵌金、珠花凤等繁缛精工的花式，也有平素光洁，以呈现玉质为主的翠玉扁方，显得晶莹高贵。

10. 手镯

清代宫廷所用手镯不仅讲究工技精巧，纹饰华丽，而且巧用各种材料。款式多为一端有开口，或有一节是带活纽可以开闭的。如叶纹金嵌珠镯、双联金镶珠翠钳、双联金嵌珠花镯、金双龙戏珠镯、灰玉镂空卷草纹联珠镯、象牙贴金四季花卉钩等，造型新颖，华贵大方。

11. 指甲套（护指）

以凤仙花或指甲花染指甲的风习由来已久，贵族女子留长指甲，用金片或白银铸成的指甲套来护指。清代用金银作成的指甲套，纹饰极为华丽，在慈禧留下的许多照片中，就能看到两手都戴指甲套的形象。（图 4-2-10）

12. 搬指与戒指

搬指原是古代射箭钩弦的演变而来，清代的搬指是贵族男子戴于右手拇指上的饰物（也有左右拇指都戴的），多以翡翠、碧玺、玛瑙、珊瑚、水晶、金、银、铜、铁、瓷等制作。有的刻有御题诗词，有的巧制纹饰，或朴素无纹。

戒指又叫指环、约指、手记，清代的戒指用各种不同珍贵材质，精工巧作。有金龙赶珠、金凤戏珠、镂空嵌珠梅花、镂空花卉草虫、平安如意等精美绝伦的纹饰。西洋进贡的戒指表等，也是新奇的珍玩之物。

13. 荷包香囊

按满族的祖先女真人的传统生活习俗，外出行猎时都在腰间系挂皮囊，里面可装食物，便于在远途中充饥。后来，女真族仿效汉人用绫罗绸缎等丝织品制作荷包、香囊、褡裢、火镰袋、扇套等既实用又有装饰美化意义的小挂件，佩挂在腰带两侧。而女子则把荷包、香囊等挂在大襟嘴上或旗袍领襟间的第二个纽扣上，年岁大的妇女也有在腋下与巾子挂在一起的。后来又有镜套、牌套、表套等织绣小件。

14. 披领

披领又名披肩。穿朝服时用披领，是清代的定制。有冬夏两种，冬天用紫貂或用石青色加海龙缘边。夏天用石青加片金缘边。

15. 硬领

清代礼服无领，另于袍上加以硬领，其料春秋两季用湖色的缎，夏天用纱，冬季用皮毛或绒。有丧者用黑布。

16. 领衣

领衣是连结于硬领之下的前后二长片，讲究的用缎或绣花，也称“牛舌头”。领衣之外则加外褂，或穿于行服袍的里面。

17. 霞帔

霞帔是宋以来妇女的命服，随品级高低而不同。清演变为阔如背心，中间缀以补子，下施彩色流苏，是诰命夫人专用的服饰。

18. 鞋、靴、袜子

清代满族人承继祖先骑射生活的习惯，男人一般都穿靴。平时穿尖头式的，入朝时穿方头靴。夏用素缎，冬用青建绒，服丧者用布制作。

妇女受女真人削木为履的风习影响，穿木底鞋，称为“旗鞋”。其特点在鞋底中间脚心部分有一个高出 10 厘米许的高底，高底的形状有的像花盆，称为“盆底鞋”，有的像马蹄，称为“马蹄底鞋”。鞋跟都用白细布裱蒙，鞋面用刺绣、穿珠绣等工艺施加纹饰，

在广东，因高温多雨，妇女常穿绣花高底拖鞋，这与“旗鞋”的高底不是同一种传统。上海除绣花鞋外，还流行画屐，青楼女妓特制一种香底鞋，将鞋底镂空作小抽屉形以放香料，或放进一个小金铃，走时发声，可谓别出心裁。

清代袜子一般用布制作，贵族用绸缎等制作，有的以织金缎缘口边，有的通绣纹彩，有的将袜统上段施加彩绣，下段以素色丝绸缝接。(图 4-2-12)

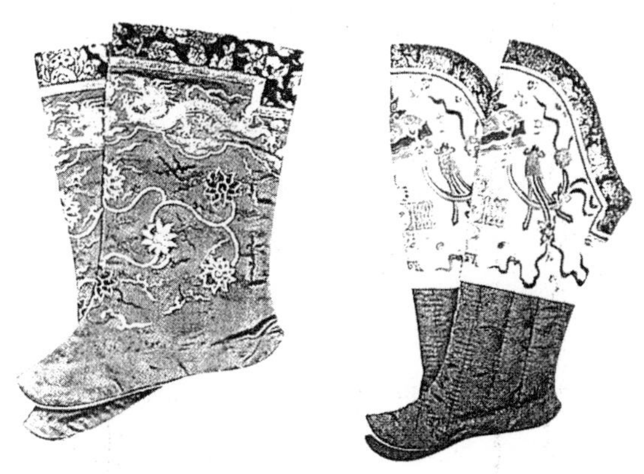

图 4-2-12　夹袜和棉袜

## 五、清代一般服饰

（一）清代男子一般服饰

男子服装有袍、褂、袄、衫、裤等，袍褂是最主要的礼服。

1. 马褂

长袍或长衫配马褂、马甲，腰束湖色、白色或浅色长腰带，后系手巾，是清代男子一般通穿的服装。马褂长仅及脐，左右侧缝和后中缝开衩，袖口平直(无马蹄袖端)，有的袖长过手，有的袖长仅至手腕，开襟形式有对襟、大襟、琵琶襟等。对襟马褂多当作礼服；大襟马褂多当作常服，一般穿在袍服之外；琵琶襟又叫“缺襟”，多用作行装。

对襟马褂，最初流行天青色，至乾隆中期流行玫瑰紫，乾隆晚期流行深绛色，称为福色。嘉庆时，流行香色、浅灰色，夏天则流行综色纱制的马褂。深青色大袖对襟马褂，则可作为一般场合的礼节性服装。嘉庆年间，马褂有如意头镶边。至咸丰、同治年间流行蓝、驼、酱、油绿、米等色，用大沿镶边。至清末光绪、宣统时，用宝蓝、天青、库灰色铁线纱、呢、缎等做短到脐部以上的马褂，在南方尤为风行，甚至用大红色的。马褂的面料一般用团花、折枝大花、整枝大花以及喜字等为纹饰的暗花（本色提花）缎、暗花宁绸以及漳缎、漳绒等，冬天流行用翻毛裘皮。

2. 马甲

马甲即背心、坎肩，也叫紧身。有一字襟、琵琶襟、对襟、大襟和多纽式等几种款式。除多纽式无领外，其余均有立领。多纽式的马甲在前身腰部有一排横列的纽扣，这种马甲穿在袍服之内，如果觉得热，穿脱很方便。马甲四周和襟领处都镶异色边缘，用料和颜色与马褂差不多。

3. 袍、衫

清初的袍、衫，款式流行长的，顺治末减短至膝，不久又加长至脚踝。在清中后期流行宽松式，有的袖子宽达尺余。甲午、庚子战争之后，受合体的西方服饰文化的影响，中式袍、衫的款式也变得越来越紧瘦，长盖脚面，袖仅容臂，形不掩臂，穿了这种袍衫连蹲一蹲身子都会把衣服挣破。

4. 衬衫

衬衫穿于袍衫之内，衬衫的形状与长衫相似，也有上面不用二袖，上半截用棉布，下半截用丝绸，在腰部相缝接而成的，称为“两截衫”。颜色最初流行白色，后一度流行玉色、蛋青色、油绿色，或白色镶倭缎、漳绒边的。

5. 短衫短袄

短衫、短袄与裤子相配，外束一条腰裙，是一般劳动人民的衣服。有立领右衽大襟与立领对襟两种样式，长裤在裤脚镶一段黑边。北方人穿长裤，为了防寒和防尘，常在脚踝处用带子将裤脚扎紧，冬夏都如此。

6. 瓜皮帽

瓜皮帽是沿袭明代的六合统一帽而来的，又名小帽、便帽、秋帽。帽作瓜棱形圆顶，下有帽檐，红绒结顶。帽胎有软硬两种，硬胎用马尾、藤竹丝编成。帽檐用锦，或用红色、青色锦线缘以卧云纹，顶后有的垂有红缨尺余。清中期还在帽上用捻金线施绣、加缀珠玉。到清末，帽顶结子收小如豆大，用蓝色。戴时将帽向前额倾斜。帽檐作多层重叠，有的重叠至七八层之多。

7. 毡帽

毡帽为农民、商贩所戴，有以下几种形式：①半圆形、顶部较平；②大半圆形；③四角有檐反折向上；④帽檐反折向上作两耳式，折下时可掩耳朵；⑤帽后檐向上，前檐作遮阳式；⑥帽顶有锥状者。

8. 风帽

风帽又名风兜、观音兜。多为老年人所用，或夹或棉或皮，以黑、紫、深青、深蓝色居多。清末上海等地用红色绸缎或呢料作风帽，有的再加锦缎为缘。风帽戴于小帽之上，老太太、老和尚、尼姑戴黑色风帽。

9. 拉虎帽

拉虎帽即皮帽，脑后分开而以二带系之。帽身用毡，左右两旁用毛，下翻可以掩耳，也叫耳朵帽，原为皇帝、王公所戴。

10. 孩童帽

帽顶左右两旁开孔，装两只毛皮的狗耳或兔耳朵，以鲜艳的丝绸制作，镶嵌金钿、假玉、八仙人、佛爷等，帽筒用花边缘围，称狗头帽、兔耳帽。有的前额绣上一个虎头形，两旁与帽筒相连，帽顶留空，称虎头帽。

（二） 清代女子一般服饰

清朝初期，统治者严禁满族及蒙古族妇女仿效汉族妇女服饰，所以满族妇女的一般服装，也和汉族妇女的有所不同。

1. 旗髻

旗髻指“两把头”、“大拉翅”等满族头髻。（图 4-2-13）

两把头的梳法是先将长发向后梳，分为两股，下垂到脖后，再将两股头发分别向上折，折叠时一边加粘液，一边覆压使之扁平，微向上翻，余发上折，合为一服，反复至前顶，随用头绳（红丝线或棉线绳）绕发根一圈扎结固定，其上插扁方，余发绕扁方上，使扁方与发根之柱状合成“T”字形。前戴大花卉及珠结，侧面垂流苏。清咸丰以后，旗髻逐渐增高，两边角也不断扩大，上面套戴一顶形似扇形的冠，一般用青素缎、青绒、青直径纱做成，称为“旗头”或“官装”，俗称“大拉翅”。

2. 马褂

款式有挽袖（袖比手臂长的）、舒袖（袖不及手臂长的）两类。衣身长短肥瘦的流行变化，与男式马褂差不多。但女式马褂全身施纹彩，并用花边镶饰。后妃穿用的也是由宫廷画师先画样，由内务府发交各地制作，有的画样是按原大尺寸画的，有的是按比例缩小画成小样，再附原大的纸样的。（图 4-2-14）

大拉翅

一字头

图 4-2-13

图 4-2-14 晚清刺绣对襟女褂

3. 坎肩

坎肩又名紧身、搭护、背心、马甲，为无袖短上衣，式样有一字襟、琵琶襟、对襟、大捻襟、人字襟等数种，多穿在氅衣、衬衣、旗袍的外面。工艺有织花、缂丝、刺绣等。花纹有满身洒花、折枝花、整枝花、独棵花、皮球花、百蝶、仙鹤等等，内容都寓有吉祥含意。清中后期，在坎肩上施加如意头、多层滚边，除刺绣花边之外，加多层绦子花边、捻金绸缎镶边，有的更在下摆加流苏串珠等装饰。

4. 褂襕

褂襕为妇女们在春秋天凉时穿于袍衫之外的长坎肩，圆领，对襟，直身，无袖，左右及后身开衩，两侧开衩至腋下，前胸及开衩的上端各饰一个如意头。周身加边饰，两腋下各缀有两根长带，衣长至膝下。

5. 衬衣

衬衣是妇女的一般日常便服。清代女式衬衣为圆领，右衽，捻襟，直身，平袖，无开衩，有五个纽扣的长衣，袖子形式有舒袖（袖长至腕）、半宽袖（短宽，袖口加接二层袖头）两类，袖口内再另加饰袖头。以绒绣、纳纱、平金、织花的面料为多。周身加边饰，晚清时边饰越来越多。

6. 氅衣

氅衣与衬衣款式大同小异，衬衣无开衩，氅衣则左右开衩高至腋下，开衩的顶端必饰云头；且氅衣的纹饰也更加华丽，边饰的镶滚更为讲究，在领托、袖口、衣领至腋下相交处及侧摆、下摆都镶滚不同色彩、不同工艺、不同质料的花边、花绦、狗牙等等，尤其是江南地区，更以多镶为美。这种装饰风尚，一直到民国期间仍继续流行。

7. 围巾

妇女穿衬衣和氅衣时，还在脖颈上系一条宽约二寸、长约三尺的丝绸围巾，其围法是将围巾从脖子后面向前围绕，右面的一端搭在前胸，左面的一端掩入衣服捻襟之内。围巾一般都绣有花纹，花纹与衣服上的花纹配套。讲究的还镶有金线及珍珠。

8. 裙子

清代裙子有百褶裙、马面裙、鱼鳞裙、凤尾裙、红喜裙、月华裙、墨花裙、粗蓝葛布裙等等。

百褶裙：前后有 20 厘米左右宽的平幅裙门，裙门的下半部为主要的装饰区，上绣各种华丽的纹饰，以花鸟虫蝶最为流行，边加缘饰。两侧各打细褶，细褶上也绣有精细的花纹，上加围腰和系带。底摆加镶边。

马面裙：前面有平幅裙门，后腰有平幅裙背，两侧有褶。裙门、裙背加纹饰。上有裙腰和系带。

鱼鳞裙：形式与百褶裙相同，因百褶裙的细褶日久容易散乱，后来以细丝线将百褶交叉串联，若将其轻轻掰开，则褶幅展开如鱼鳞状。

凤尾裙：有三种类型，第一种是在裙腰间下缀绣花条凤尾。第二种是在裙子外面加饰绣花条凤尾，每条凤尾下端垂小铃铛。第三种是上衣与下裙相连，肩附云肩，下身为裙子，裙子外面加饰绣花条凤尾，每条凤尾下端垂小铃铛。第三种凤尾裙，在戏曲服装中称为“舞衣”，在生活服装中也作为新娘的婚礼服用。

红喜裙：为新娘的婚礼服，以大红色地绣花，与大红色或石青色地绣花女褂配套。在民国时期仍为民间普遍使用的新娘婚礼服。

月华裙、墨花裙：每一裥中五色俱备，似皎月晕耀光华，可能为喷染而成。清代用喷染法“弹墨”制作的“墨花裙”，也非常别致。

粗蓝葛布裙：为满族下层劳动者所穿的裙子，裙式有蔽膝裙、中短裙、长裙等。

9. 云肩

云肩为妇女披在肩上的装饰物，清代妇女多在婚礼服上穿用。清末江南妇女梳低垂的发髻，恐衣服肩部被发髻油腻沾污，故多在肩部戴云肩。贵族妇女所用云肩，制作精美，有剪彩作莲花形，或结线为缨络。慈禧的云肩，曾有一件用 3500 颗珍珠穿织而成。（图 4-2-15）

10. 一口钟

又名斗蓬。为无袖、不开衩的长外衣，也叫大衣，有长短两式。领子有抽口领、高领和低领三种，男女都穿，官员可穿于补服之外，但蟒服外不许穿用。行礼时须脱去一口钟，否则视为非礼。妇女所穿一口钟，用鲜艳的绸缎作面料，上绣纹彩。冬天为御寒还有以裘皮为里子的。

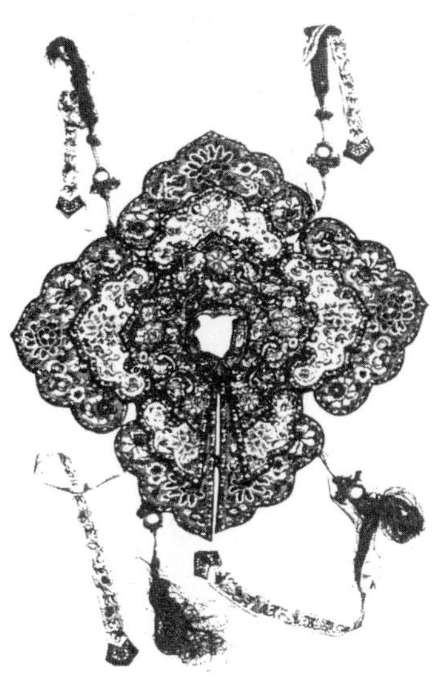

图 4-2-15　清代的各式云肩

## 六、清代的铠甲

崇尚武功，是清朝初期的传统，当时确立了大阅、行围制度，作为倡导骑射之风的措施，此后每三年举行一次大检阅，由皇帝全面检阅王朝的军事装备和军队的武功技艺，八旗军队各按旗分，披铠戴甲，依次在皇帝面前表演火炮、鸟枪、骑射、布阵、云梯等各种技艺。康熙皇帝把围猎、大阅的礼仪、形式、地点、服装等都列入到典章制度中去。清朝皇帝和宗室大臣，凡参加这种活动的，也都要穿盔甲。

清代一般的盔帽，不论是用铁或用皮革制成，都在表面髹漆。盔帽前后左右各有一梁，额前正中凸出一块遮眉，其上有舞擎及复碗，碗上有形似酒盅的盔盘，盔盘中间竖有一根插缨枪、雕翎或獭尾用的铜管或铁管，后垂石青等色的丝绸护领、护颈及护耳，上绣纹饰，并缀以铜或铁泡钉。

铠甲分甲衣和围裳。甲衣肩上装有护肩，护肩下有护腋；另在胸前和背后各佩一块金属的护心镜，镜下前襟的接缝处另佩一块梯形护腹，名叫“前挡”。腰间左侧佩“左挡”，右侧不佩挡，留作佩弓箭囊用。围裳分成左、右两幅，穿时以带系于腰间。在两幅围裳之间正中接缝处，覆有质料相同的虎头蔽膝。以上这些配件除护肩用带子联结外，其余均用纽扣相联。穿时自下而上，先穿围裳，再穿甲衣，待佩上各种配件后，再戴盔帽。

现存清代盔甲，以大阅甲制作最为精美，乾隆皇帝的大阅铠甲胄，特点是不用金属，而用金线在黄缎上绣出金版纹，代替甲上的金属叶。胄（盔帽）用牛皮制，髹以漆，嵌以东珠，并饰有金梵文。甲衣的护领、护肩、护腋、前胸后背、前挡、袖端上都绣有串珠绣的龙纹和彩云、寿山福海纹。下有两幅围裳，无蔽膝。围裳内幅横分为四段，各饰行龙戏珠，以金版纹间隔，行裳侧边及底边饰升龙和行龙。护心镜亦以云龙纹板围护。富丽威严，精美无比。

北京故宫博物院还保藏着一套乾隆二十六年制成的金银珠云龙纹甲胄，这套甲胄通身闪烁着金龙，衣领上嵌有“大清乾隆御用”金色铭文。胄以皮胎髹黑漆，镶有金、珠装饰，周围饰龙纹，并以梵文与缨络相间。胄顶以金缧丝为座，嵌红宝石及大珍珠 70 余颗。胄的护颈、护耳、护项各饰龙纹一条。这套甲自乾隆二十六年开工，至乾隆二十九年完成。用材有芜湖钢、金叶、银叶、红铜叶、黑漆。这件珍贵的甲胄，既非皇帝戎装，也非大阅礼时穿戴，不过是提供皇帝赏玩的珍品。其工技之精巧，可谓稀世无双。

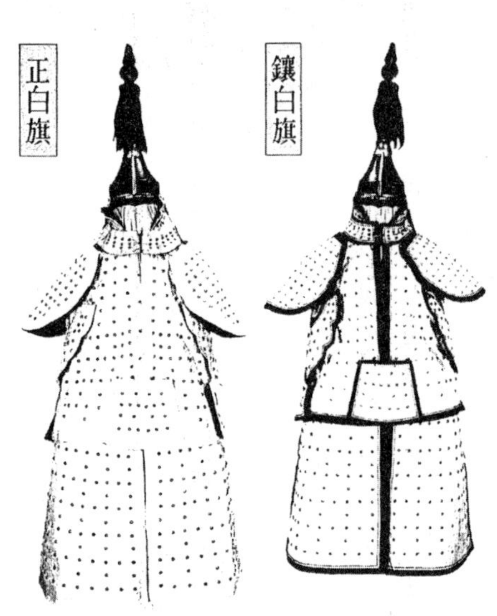


图 4-2-16　八旗甲胄

清代八旗兵的甲胄，胄用皮革制成，加漆黑漆，显得坚实厚重。甲衣正黄旗统身黄色，镶黄旗黄地红边，正白旗统身白色，镶白旗白地红边，正红旗统身红色，镶红旗红地白边，正蓝旗统身蓝色，镶蓝旗蓝地红边，全身一律镶有铜质泡钉。甲以棉布为里，以绸为面，中实丝绵。乾隆间两次由杭州织造局织造，达数万套，供大阅时穿用，平时则贮藏于西华门城楼内。清代除满八旗外，在蒙古设蒙古八旗，在汉人设汉八旗，参加大阅的实为满蒙汉二十四旗，人员多达数万人。皇帝亲辖镶黄旗、正黄旗、正白旗，称为上三旗，其余称为下五旗。（图 4-2-16）

## 七、清代的纺织业

清代纺织工业规模宏大，创历史最高水平，纺织业在手工业生产中占主要地位。政府在江宁（今南京）、苏州、杭州设置织造衙门，并派遣要员掌管，大批技术优秀的能工巧匠被征入官营做工，为皇家织造丝绸锦缎。与此同时，民间纺织业也有了很大发展，从明代开始，中国出现了资本主义萌芽，并有了丝纺工业的专业化地区。到了清代，江、浙、湘、赣、粤诸省都出现了大的纺织工场，一些地方性的工场，已具有几百架织机，拥有几千名工人，工场之间不断开展竞争，从而更促使了丝纺绣染的进步。

清代的织物生产，在前代的基础上有很大发展，而且不断创新。以绣工而言，清代除承继明代传统技法之外，还增加了堆绫、钉线、打子、穿珠等品种。顾绣、湘绣、苏绣、粤绣四大名绣誉满天下。织工方面，清代注意适应服饰要求，如将一组图案织造在一件衣服的彩缎或漳绒上，经过裁制便可直接成衣，省去了许多绘刻刺绣工序。装饰纹样也新颖别致，仅一般小型作坊，就能染出几百种颜色。

清代织物纹样，多以写生手法为主，龙狮麒麟百兽、凤凰仙鹤百鸟、梅兰竹菊百花以及八宝、八仙、福禄寿喜等都是常用的题材，色彩鲜艳复杂，图案纤细繁缛，层次丰富。

**思考题**

1. 试述明代文武官常服的形式和纹样内容。
2. 试述明代服装的几种基本款式。
3. 清朝皇帝的朝服与常服 形式有何不同？
4. 清代的男式马褂和马甲有哪几种形式？
5. 试述旗髻的形式及其变化。

**课时量**

12 课时

**本章考试要点**

1. 明代的官服制度。
2. 清代的服制改革。
3. 清代的冠服。

# 第五章
# 近代的服饰艺术

1840 年鸦片战争以后，中国进入了近代。帝国主义的侵略，逐步使我国沦于半封建半殖民地的地位。同时，西方资本主义文化的影响也日益扩大，衣冠服饰随之发生变化。1911 年孙中山先生领导的辛亥革命，推翻了中国最后一个封建王朝，废除了帝制，建立了民国，历来具有意识形态作用的服饰文化也不可避免地面临一场革命。

## 第一节　西风东渐与近代服装的变革

1894 年甲午战争的失败，在全国引起极大的震动。西洋文化东渐，对国内生活的影响也越来越大。19 世纪末，一批资产阶级改良主义者联名上书，建议清廷变法维新，其中包括改革服装制度。如要求“皇上身先断发易服，诏天下同时断发，与民更始。令百官易服而朝，其小民一听其便。则举国尚武之风，跃跃欲振，更新之气，光彻大新。”但由于积习过深和保守势力的阻挠，这些建议没有能够实行，只在军警服装及学生操练用的服饰上作了一些改革，其他仍和原来一样。

戊戌变法虽然失败，但对社会震动很大。清末，大批青年出国留学，受到国外进步思想的影响，掀起剪辫易服风潮。在这种进步思想感召下，广大留学青年纷纷剪去辫发，穿起西服。但国内官民服饰却依然如旧，因此，学生留学期满回国，还须穿着清装，在脑后装上假辫。

宣统初年，外交大臣伍廷芳，再次奏请剪辫易服。清朝政府迫于全国人民的压力，不得不为此事“立案议会”，然而终究是纸上谈兵，未能付诸实施。

辛亥革命的爆发，推翻了清王朝的统治。革命成功之后，除清代冠服一律被送进了历史的博物馆之外，满族的剃发梳辫习俗和汉族妇女的缠足陋习，也被逐渐革除。衣冠服饰发生巨大的变化。首先，废弃了千百年来以衣冠“昭名分、辨等威”的传统习惯及规章制度。民国元年七月，参议院公布男女礼服，男礼服一种为西式，一种为中式。分大礼服与常礼服，大礼服分昼、夜两种。昼礼服长与膝齐，袖与手脉齐，前对襟，后下端开衩，黑色，穿黑色过踝的短靴；晚礼服类似西式燕尾服，穿短靴，前缀黑结。

穿大礼服戴高而平顶有檐的大礼帽。

西式常礼服与大礼服大同小异，惟戴较低的有檐圆顶帽。

此外，又先后公布过地方行政官公服，外交官、警察、律师、推事、检察官、陆军、海军、矿业警察等的制服以及学生的操衣（即现在的校服和学生服）。

女子礼服为上衣长与膝齐，有领、对襟式，左右及后下端开衩，周身加锦绣。下着裙子，前后中幅（即裙门，也称马面）平；左右打裥，上缘两端用带，基本上为清代汉族女装的发展。

但是由于这些条例不切合当时中国国情，所以没有能够实行下去。

总之，自辛亥革命以后，中华服饰从整体上摆脱古典服制的束缚。在20世纪20年代，男装长袍马褂或长袍坎肩，西服、中山装、学生装，都是城市及乡间上层人士流行的服装。而中式衫袄和中式抿裆裤则是劳动人民的主要服饰。这种情形，是由不同的经济条件和生活方式决定的。女装在这一时期以上衣下裙最流行，上衣有衫、袄、背心，式样有对襟、琵琶襟、一字襟、大襟、直襟、斜襟等变化，领、袖、襟、摆多镶滚花边，或加刺绣纹饰，衣摆有方有圆，宽瘦长短的变化也较多。当时的大家闺秀，则保持端庄大方的风貌，高领窄袖式长袄配长裙是她们一般的装束。女学生的上衣下裙，大都以朴素雅洁的上衣和绕膝裙为主。上衣下裙的女式服装后来一直流行，但裙式不断简化，前后有中幅的马面裙（特别是绣花的马面裙）逐渐在生活中自然淘汰。斜裙、绕膝裙、喇叭裙、百褶裙、塔裙等逐渐流行。

20世纪20年代末，民国政府重新颁布《服制条例》，这次规定的服饰，主要是男女的礼服和公务人员制服，对于平时便服，则不作具体规定。进入30年代，男子服饰的变化已不太显著，而妇女的装饰之风却越来越盛。再加上海禁开放，外国衣料源源涌入，更起了推波助澜的作用。尤其是人口集中、工商业和文化事业都比较发达的上海，逐渐成了妇女服装中心。各大报刊杂志，都开辟了“服装专栏”，约请著名画家为其设计新装。各大百货公司、纺织公司及服装公司纷纷举办“时装表演”，妇女服饰品种越来越多，日新月异，渐渐步入高峰。

## 第二节　西装革履与长衫马褂并行不悖

这一时期的男子服饰，初期仍如清代之旧，后受西方国家的影响，也开始穿着西装。但并不排斥原来的服饰，长衫、马褂仍被用作礼服，与西装革履并行不悖。这些服饰的具体形制，因为时间距今不远，大部分还有实物传世，照片资料更加丰富，所以比较容易明了。

礼帽，分冬夏二式，冬用黑色毛呢，夏用白色丝葛。其制多用圆顶，下施宽阔帽檐。穿着中西服装都可戴此帽，为男子最庄重的服饰。至于其他便帽，样式也比较丰富，一般都以各人的身份、地位及职业而定，没有统一的制度。

男子的服装，主要有长袍、马褂、中山装、学生装及西装等。其中长袍、马褂是《服制》中规定的服饰，一般多用于交际。据记载，上海社会上穿西装的男人很多，不过大多是青年人，其中以各学校的学生、教师、公司洋行和各机关的办事员为主，老年人、商店中的店伙计以及一般市民很少穿着西装。所以，上海的男式服装，虽然以穿西装为时髦，但从数量上看，仍不及穿中式服装的多。

民初的中式裤子，多以宽松为尚，裤脚以缎带系扎。20世纪20年代中期，曾一度废去扎带，裤管也比较宽大。至20世纪20年代后期，裤管逐渐收小，并恢复了扎带的方法，带子是以本色质料缝制在裤脚上的。

## 第三节　从梳髻到剪发和烫发

妇女的发饰，随着社会风气的转变而不断变化。自光绪末年至民国初年，曾经时尚的发髻有螺髻、包髻、连环髻、朝天髻、元宝髻、鲍鱼髻、香瓜髻、空心髻、盘辫髻、面包髻、一字髻、东洋髻、堕马髻、舞凤髻、蝴蝶髻、散心髻等等，散见于各种文史记载之中。年轻的妇女，这时除了梳髻以外，又留一缕头发于额上，俗称“前刘海”。前刘海的式样，也不完全一样，最早流行“一字式”，长达二寸，一般都盖在眉间，也有遮住两眼的。继而流行“垂丝式”，将发剪成圆角，梳成垂丝形。以后，又将额发分成两绺，并修剪成尖角，形如燕尾，时称“燕尾式”。到了民国初年，更风行一种极短的刘海发，远远看去若有若无，名叫“满天星”。

中国妇女的剪发，始于民初，但很快就不流行了，许多剪去了发髻的妇女，又都重新蓄起。直到民国十二年左右，才重新流行剪发。妇女剪发以后，一般多用缎带束发，也有用珠翠宝石做成各种发箍套在发上的，多见于贵族妇女。

烫发流传到中国，大约是 20 世纪 30 年代的事情。从大量画迹来看，1933 年以后，中国大城市的妇女，发饰大都模仿西式，有的还把头发染成红、黄、棕、褐等各种不同颜色，以此为时髦。

## 第四节　中山装和旗袍的普及和演变

孙中山先生是中国近代史上反帝反封建的资产阶级民主革命的杰出领袖，他领导的辛亥革命，推翻了在中国存在了 2000 多年的君主制度，使民主共和的观念深入人心。在服装改革方面，孙中山先生也以身作则，使中国服装与封建王朝的冠服制度彻底决裂。他亲自创导的中山服，就是在尊重我国广大劳动人民穿短衣长裤的习惯的基础上，指示奉帮裁缝洋服商人黄隆生吸收南洋华侨中流行的“企领文装”为上衣的基样而设计的。这种综合了西式服装和中式服装各自特点为革命党人设计的新款服装，孙中山先生又率先穿着，故称中山装。

民国十八年制定宪法时，将中山装定为礼服。其原式样为前身六粒扣，后身贯通背缝，上衣兜为胖裥袋。到了 20 世纪 30 年代，中山装的造型被赋予了革命及立国的含义，寓意如下：依据立国之四维（礼、义、廉、耻）而定前襟有四只口袋，袋盖为倒笔架形，寓为以文制国；依据国民党政府的五权分立（行政、立法、司法、考试、监察）前襟改为五粒扣子；依据国民党立国的三民主义（民族、民权、民生）袖口定为三粒扣，封闭的衣领显示了“三省吾身”、严谨治身的理念。也有的中山装的前门襟有六个纽扣直线均匀排列，上下口袋为暗袋，背有背缝，后背中腰处加上腰节的省缝，穿起来收腰挺胸，舒适自然。裤子则把中国传统的抿裆裤改变为前后各两片组成，两侧缝上端均有直袋，前片腰口有平行与钉字形的折裥各两个，有腰口装表袋一只，以前挡裤缝为开门。后片双侧均有双省，做有后袋。腰头有上腰头和连腰头，腰上装五至七个串带，脚口带卷脚的西裤式样。中山服夏用白色，其他季节用黑色。结构合理，功能性强，既可用高档衣料制作，也能使用一般布料制作，外观轮廓端正，线条分明，有严肃、庄重、朴实的美感，既能作日常便服，又可作上班服或出客服装，既能适应不同地区气候条件的需要，又能适应青、中、老年的穿着，不受社会阶层、地位、等级的限制。孙中山先生亲自带头穿这种服装，受到广大群众热烈欢迎。直到现在，中山服仍然作为代表中华民族气魄的一种服装，继续在人民生活中流行。随着半个多世纪时间的变迁，中山服的外形和制作工艺、色彩等方面也都有所改进，如今的中山服后背无背缝，后背中腰无腰带；前门襟有纽扣五个而不是六个，左右上下有四个大小明袋均衡对称，领为立领与反领相结合的关闭式八字形领口；色彩则或蓝、或灰，米黄、咖啡等色都各随所好。但基本造型结构，仍然保持原来特色。

妇女服装，在 20 世纪 20 年代以前，一般仍然保持着上衣下裙的形制，和清代服饰没有太大的区别。民国初年，留日学生甚多，由于受日本女装的影响，青年妇女多穿窄而修长的高领衫袄，下穿黑色长裙，裙上不施绣文，衣衫也比较朴素，簪钗、手镯、耳环、戒指等首饰一概不用，时称“文明新装”。

以后，因受到西方生活方式的影响，服饰日趋华丽，并且出现了各种奇异服装。中国妇女领悟到“曲线美”的道理，才改变了自唐朝以后，中国妇女服装一直是采用直线，胸、肩、腰完全呈平直状态，没有明显的曲折变化的传统习惯，衣服裁制得更加称身适体。这个时期的妇女上衣腰身都比较窄小，领子缩得很低，袖子长不过肘，衣服的下摆制成弧型，并在领、袖、襟、裾等各个部位缘以不同的花边。裙子也略有缩短，但不曾缩到膝上（在这以前裙子下垂及足），裙褶完全取消而任其自然下垂。裙子的边缘也绣有各种花边，有的还加上五彩珠宝，使之闪闪发光。

这个时期妇女服饰中的最大特点，是普遍穿着旗袍。旗袍本是满族妇女喜爱的服装，20 世纪 20 年代以后，汉族妇女也模仿穿着，并在原来基础上推陈出新，不断改进，终于变成了具有民族特色的中国主要妇女服装。

旗袍之所以能够赢得广大妇女的普遍喜爱，主要有两个原因。一是经济便利。以前妇女从上到下一套服装，需要置办衣、裤、裙等很多名堂，而旗袍一袭就能代替。它不用口袋、带袢等附件，造型简洁，用料节省，做工简便，而且能与背心、中式女褂、女袄、女西服上衣、女西式外套、女西式大衣、毛线背心、毛线衣、翻毛绒外套、翻毛绒大衣、翻毛裘皮大衣等各式服装配套。而且旗袍本身也可以用纱、绉、绸、缎、毛呢、棉布等面料制作成单、夹、棉、裘。形式可变化成高领、低领、西式翻领、一字形平口领、方口领、圆领、U 字领、V 字领。袖子宽可盈尺，窄可束臂，长可过手，短可无袖，甚至做成背心式、背带式。下摆可方可圆，还可加折裥边饰。纹饰可加彩绣，上缀串珠亮片，镶滚锦绣花边。加戴胸花、围巾，也可朴素无纹，能够雅俗共赏。况在用料、做工方面也大大减少工本。二是美观适体。造型与人体紧密结合，穿着舒适方便，适合我国女性的体态特征，上下连属，合为一体，容易衬托出妇女的形体，加上高跟皮鞋的衬托，更能体现出女性的秀美身姿。

旗袍的款式，从形成到普及，经过了无数次的变化。发展到 20 世纪 30 年代，已经完全脱离了原来的形式，而变成一种具有独特风格的妇女服装样式。

清末满族旗女穿的旗袍，特点是宽大、平直，下长至足，材料多用绸缎，衣上绣满花纹，领、袖、襟、裾都滚有宽阔的花边。

20 世纪 20 年代初，旗袍开始普及。其样式与清末旗装没有多少差别。但不久，袖口逐渐缩小，滚边也不如从前那样宽阔。至 20 世纪 20 年代末，因受欧美服装影响，旗袍的式样也有了明显改变，如缩短长度、收紧腰身等等。

到了 20 世纪 30 年代，旗袍已经盛行。当时的样式变化主要集中在领、袖及长度等方面。先是流行高领，领子越高越时髦，即使在盛夏，薄如蝉翼的旗袍也必配上高耸及耳的硬领。渐而又流行低领，领子越低越摩登，当低到实在无法再低的时候，干脆就穿起没有领子的旗袍。袖子的变化也是如此，时而流行长的，长过手腕；时而流行短的，短至露肘。至于旗袍的长度，更有许多变化，在一个时期内，曾经流行长的，走起路来无不衣边扫地。以后，又改成短式，通常的时装长度都在膝盖以上。

从20世纪40年代起，旗袍的式样趋向于取消袖子、缩短长度和减低领高，并省去了繁琐的装饰，使其更加轻便、适体。

除了旗袍以外，这个时期的妇女服饰还有许多名目，如大衣、西装、马甲、长裙、围巾、手套、胸花、别针、耳环、手镯、戒指等等，因时间距今较近，又有大量实物可见，所以很容易明其形制，不再赘述。

与旗袍同时流行的，还有西装及西式连衣裙。连衣裙从20世纪20年代就有一部分留学生及文艺界、知识界人士穿着，至20世纪30年代穿着渐多，当时年轻姑娘只在夏天穿用，至天凉就不穿了。其特点是上衣和下裙相连，在腰间缩紧，或于腰间加带袢，可束腰带，能够显示腰身的纤细，但至天凉，因需加夹衣棉衣，就失去这种显示细腰的特点。连衣裙多为直开襟，有开在前面的，也有开在背后的。袖子长袖和中长袖者有袖头，短袖者为平袖，也有作泡泡袖、喇叭袖的。领有长方领、方领、尖领、圆角领、水兵领、飘带领、蝴蝶结领、铜盆领，及无领座的圆领、一字领、U字领、方口领、V字领等，下裙有作宽波式如斜裙、喇叭裙的，有作褶裥的，有作节裙的，其中以社会上层女士及电影名星最为入时。一般市民则较朴素，女学生穿一种上衣无领无袖，颈下前后作方形大缺口，形如搭背的连衣绕膝裙，开始是教会学校规定的制服，以后在社会上流行。

## 第五节　改革开放后中国服装事业的发展

“十年浩劫”当中极左思潮压抑着人民群众的爱美情绪，人们只敢穿灰色、蓝色的制服，青年学生只穿草绿色军便衣，“四人帮”的头头出于政治欺骗，炮制了一种所谓“仿宋式”的不伦不类的连衣裙，美其名为“国服”，强令京、津、沪等大城市以半卖半送或强行摊派的方式进行兜售，结果是无人问津。这说明服饰艺术平民化、现代化的历程，有自己的客观规律性，不能脱离经济发展的基础以行政命令去强行完成。

20世纪80年代中国在采取了改革开放、搞活经济的方针政策以后，在较短的时间内就使八亿人民走上脱贫致富之路，彻底改变了“新三年、旧三年、缝缝补补又三年”的穿衣情况。中国已经发展成为世界上最大的棉布生产国，棉布已经敞开供应。中国的高分子化学纺织品正在突飞猛进，并已成为高科技纺织产品的大国。为了提高纺织品的艺术质量，中国于1981年成立“丝绸流行色协会”，积极参加国际流行色预测活动，使中国纺织品的花色和服装款式进入国际先进行列。中国传统的服装制作行业，除少量宫廷冠服由官办作坊集体生产外，一向以个体手工缝纫为主，师徒相传，传授技艺，缺乏理论指导和设计。20世纪80年代后期，中央工艺美术学院，首先设立服装设计专业，接着，各地美术学院、纺织工学院、丝绸工学院、纺织大学相继设立服装设计专业及服装技校，北京设立全国第一所服装学院。中国书画函授大学实用美术部则编辑出版了我国第一套系统的服装设计函授教材和教学辅导录像带，在全国各分校开设服装设计函授教学，这样一来，就很快形成了正规大、中专教育与业余函授教育相结合的教学体系。在中央和省、市、自治区，相继设立服装研究设计中心或研究所、服装协会等学术组织，定期出版了《流行色》、《中国服装》、《时装》、《现代服装》、《服装设计师》、《中国服饰报》等专业报刊，传递国内外服装、色彩、面料的流行信息，介绍流行式样，指导流行趋势、交流设计经验。每年均有时装节活动，春夏季和秋冬季，均有时装信息发布会和时装表演。1993 年 4 月，北京举办了首届国际服装博览会，著名国际服装设计大师瓦伦帝诺、费雷、皮尔卡丹等亲临参加服装发布，使中国服装与世界高级时装有了沟通与交流的机会，这是中华服饰文明雄风重振的标志。1997 年，北京举办第一届时装周，与受到冲击博览会一起，构筑了中国服装业横向合作交流的崭新平台。

20 世纪后半叶，世界由信息网络化进入到知识经济时代，对服装的需求开始趋向于个性化，服装设计也应该从"以形进行思考"过渡到"从造型和服用者的意识来思考"的时代。中华服饰既有重材质之珍贵，工艺之精巧，形式之华美的优秀传统，又有以服用者意识为设计思想之主导的传统习尚。吸收世界先进科技，强化时代意识，发扬我国国土资源特别是光辉灿烂的民族服饰艺术传统的优势，继往开来，推陈出新，是我们面对新世纪的共同心愿。

### 练习题

1. 试述中山服的特点及其起源。
2. 试述旗袍的特点及其起源。
3. 试述连衣裙的特点。
4. 试述 20 世纪 80 年代以来中国服装事业的发展。

### 课时量

10 课时

### 考试要点

1. 西方服饰对中国现代服饰的影响。
2. 中山装与旗袍的演变。

### 参考书目：


1.《中国服装史》，黄能馥、陈娟娟编著，中国旅游出版社，1995 年 5 月第一版。
2.《中华历代服饰艺术》，黄能馥、陈娟娟著， 中国旅游出版社，1999 年 10 月第一版。
3.《中国历代服饰》，上海戏校中国服装史研究组编著，学林出版社，1984 年 4 月第一版。
4.《中国古代服饰研究》，沈从文著，商务印书馆香港分馆，1981 年 9 月第一版。

# 第一章
# 外国古代服装

在历史上，一般把公元前 3000 年到公元 400 年前后这段时间称作古代。西洋服装史上的古代服装，即指在这个历史阶段中古埃及、美索不达米亚、古希腊、古罗马等不同地域，由不同民族和人种创造的服装文化。这些服装文化是后来的欧洲服装文化的基础。

## 第一节 古埃及

### 一、古埃及的文化背景

非洲东北部的尼罗河流域，孕育了古埃及文明。

每年 7 月，尼罗河上游暴雨引起山洪倾泻，含有大量矿物质和腐殖质的泥沙随流而下，在两岸逐渐沉积下来，成为肥沃的黑色土壤，这是尼罗河给古埃及人的赠礼。早在公元前 5000 年前后，由非洲东北的哈姆人和西亚的塞姆人长期融合而形成的古埃及人，在这里排干沼泽，开沟筑坝发展起农业、畜牧业、渔业和手工业。大约在公元前 4000 年前后，埃及人已经会制造铜器。生产力的发展，使古埃及很早就形成了专制的奴隶制国家。

古埃及的社会结构呈金字塔形，国王称为法老，处于金字塔顶端，作为太阳之子支配整个国家。其次是王族、贵族、神庙祭司等上层权贵，中层是自由民中的商人和职业工匠，最底层是农民和奴隶。

古埃及人崇拜的神很多，有些是自然现象，有些是动物、植物。其中太阳神最受崇拜，埃及的许多神庙都是为敬奉太阳神而修建的。古埃及人相信死后灵魂不灭，因此要把死者遗体很好地保存起来，举世闻名的金字塔就是法老的陵墓。

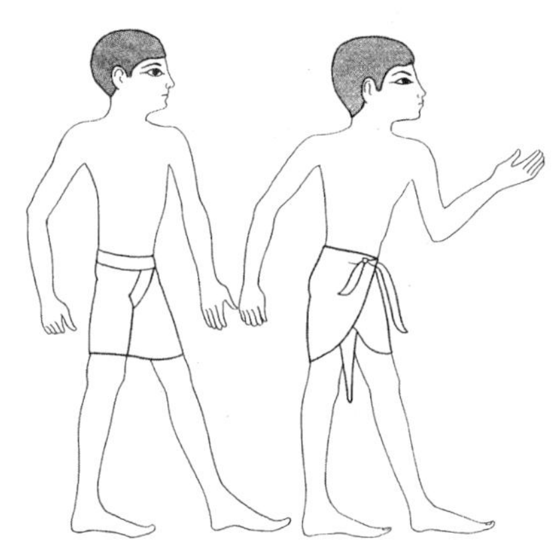

### 二、古埃及的男子服装

亚麻布是古埃及人主要的衣料，古埃及的纺织技术当时已经达到极其精巧的程度，尽管如此，由于衣料并不那么充足，所以衣服在古埃及都是非常贵重的物品。正因为如此，衣服就成了身份、地位的象征。

古埃及男子的衣服主要是用一块白色亚麻布缠裹在腰上的“罗印 • 克罗斯”（Loin Cloth，缠腰布）。其形式、种类较多，有缠裹后系腰带的，有兜裆的，也有用带子斜挂在肩上的 (图 1-1-1)。色彩除了白以外，还使用有白色条纹的蓝、黄和绿色。罗印 • 克罗斯作为一种最古老、最基本的衣服形态，普及于古埃及所有阶层。在穿用形式上，上层阶级常用浆糊把布固定出很密的普利兹褶（Pleat, Plait，压折或熨烫定型的直线褶），并在罗印 • 克罗斯外系一件三角形围裙，围裙上常装饰着金银饰物或刺绣，镶嵌着宝石，以示特权。

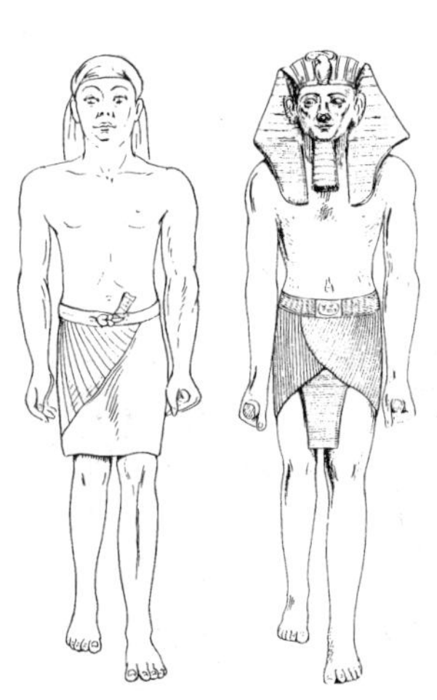

图 1-1-1　罗印 · 克罗斯

到新王国时期，由于第 18 王朝的第三代法老向东方进军，一种宽大的贯

图 1-1-2　卡拉西里斯

头衣“卡拉西里斯”（Kalasiris）从西亚引进埃及（图 1-1-2）。同时还出现一种叫做“多莱帕里”的卷衣 (Drapery，类似袈裟一样缠卷披挂在身上，有许多悬垂衣褶)。

与此同时登场的是有袖子的丘尼克 (Tunic)，有点像现在的短袖睡袍，其长度从膝到脚各种各样。

## 三、古埃及的女子服装

衣服对于古埃及人并非仅仅为了遮体，强调衣服的象征意义和价值才是着装的主要目的。因此，奴隶和舞女们常为裸体，或在腰臀部系一根细绳。这被称为“绳衣”、“纽衣”或“腰绳”。(图 1-1-3)

妇女们一般穿丘尼克。丘尼克是一种从胸到脚踝的筒形紧身衣，形式种类较多 (图 1-1-4)，是古埃及妇女的正式服装。女性把卡拉西里斯当作礼服穿用，而在穿法上与男子略有区别。

古埃及中期以后，女服中出现了上衣和裙子（Skirt）组合的两件套式。这时的上衣是凯普（cape，披肩），有两种类形：一种是把长方形的布披在肩上在前面系起来；另一种是在椭圆形的布中间挖个洞，把头套进去披在肩上，其长度遮住肘部。裙子也有两种：一种是用长方形的布缠在腰里，在前面把两个头系起来，与男子的罗印 • 克罗斯相同; 另一种是把布缝成圆筒，在其上部挖几个小洞，用细带子穿进这些小洞然后系紧，形成许多碎褶，很像现在的碎褶裙。(图 1-1-5)

女用的多莱帕里是一块长方形的布，有大小之分，大的长边是短边的 3 倍，小的长边是短边的 1.5 倍。短边长度为腋下到脚踝的距离。以大块布为例，其缠裹方法如下：

1. 拿起长边的一角放在右腋下，使短边从腋下到脚踝垂直悬挂着；
2. 把长边从右腋下向后缠过去，再从左腋下回到前边来；
3. 通过前胸再回到有腋下；
4. 从右腋下向后绕至左腋下；
5. 从左腋下斜向上缠到右肩上（形成领子的一侧）；
6. 从右肩经过后颈到左肩；
7. 再从左肩斜着向下回到右腋下（形成 V 字型衣领），最后把两个角在右乳房下系起来。(图 1-1-6)

## 四、假发、假须、冠帽、头饰

自古以来，埃及人就留短发，后来又时兴戴假发，男子还有戴假胡须的习惯 (图 1-1-7)，上下埃及统一后，法老戴红白两层王冠。王冠上的鹰和蛇的装饰分别是上、下埃及法老王权的象征，王后戴秃鹰冠。(图 1-1-8)

## 五、服饰品、化妆、鞋履

古埃及人的衣服非常朴素，但服饰品却相当华美，其中最突出的是围在颈部和胸前的宽宽的颈饰。几乎现代人使用的首饰，古埃及人都已使用，而且当时的工艺技巧相当高超。

图 1-1-3　绳衣

化妆术在古埃及很发达，古埃及人用青绿色来涂眼影、画眼线，把眼角描画得很长，眉也画得很重。另外，还涂腮红、口红和染手脚指甲。

古埃及人一般不穿鞋，把鞋看作一种十分贵重的饰品，用纸莎草、芦苇、棕榈和皮革制作的凉鞋“桑达尔”（Sandal）是身份高的人的专用品。

## 思考与练习

1. 解释名词：

罗印·克罗斯、丘尼克、卡拉西里斯、多莱帕里。

2. 简述古埃及服饰文化特点。

图 1-1-4 丘尼克

图 1-1-5 凯普与斯卡特

图 1-1-6 多莱帕里

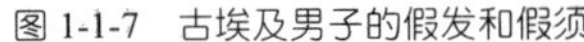

图 1-1-7　古埃及男子的假发和假须

图 1-1-8　古埃及的王冠及头饰

## 第二节　古代西亚

### 一、古代西亚的文化背景

几乎在古埃及文明产生的同时，西亚也出现了古代文明，这个古代文明的西端包括叙利亚、腓尼基和巴勒斯坦，延伸到地中海东南角，经西奈半岛与埃及相连；东端沿底格里斯河向南，直到波斯湾，包括两河流域的南端地区；中部包括亚述、米丹尼，北倚高山，南面叙利亚、阿拉伯沙漠。这个半圆形的地区在历史上被称为“肥沃的新月形地带”，其中底格里斯河和幼发拉底河中下游所挟地带称作“美索不达米亚”（Mesopotamia），即两河流域。

与古埃及同时期，这个地区也因生产力的发展和私有财产的增长而产生了古代奴隶制国家。从苏美尔人的城邦国家，到巴比伦王国，从亚述帝国到古波斯帝国，在公元前 3500 至前 330 年这漫长的历史时期内，这里频繁地进行着王国和朝代的更替。

最初居住于这个地区的是一些畜牧种族，因此，畜牧业很发达，由于两河的溶雪使河水泛滥，形成肥沃的土地，从而产生了灌溉农业。活跃于这个大陆入口处的种族较多，再加上频繁的战争和国家兴亡、朝代更替，使这一地区文化混杂，表现在服装上也是南北混用，既有南方型的缠腰布，又有北方型的贯头衣和长裤。这些对后来的西欧服饰文明的形成具有很大影响。

### 二、苏美尔人的服装

约从公元前 3500 年起，苏美尔人在此先后建立了一系列城市国家。苏美尔人服装的最大特征是非常单纯，男女同型同质，基本样式是用叫做卡吾那凯斯（Kaunakes）的面料缠裹在腰部的罗印・克罗斯 (图 1-2-1)。关于这种卡吾那凯斯到底是什么面料，说法不一。有人认为是把成束的毛线固定在毛织物或皮革上；有人认为是把经纬线抽成环状留在织物表面上；还有人认为那就是羊的毛皮。卡吾那凯斯既是这种特殊面料的名称，也是这种缠腰布的衣服的名称。

## 三、巴比伦人的服装

约在公元前 20 世纪，巴比伦人取代苏美尔人支配两河流域。服装上最明显的转变是在衣服上创造优美的垂褶。当时的服装是一种卷衣（图 1-2-2），①这种卷衣本是一块长 3 米、宽 1.3 米的毛织物，先把一角搭在左肩上，后边斜着绕过背部到右腋下，经右腋下再回到胸前；②再次搭在左肩上，斜着经后背回到右腋下；③在右腋下把布折叠起来掖进右腋前；④把最初搭在左肩上的一端垂披在左臂及左手腕上，裸露着右臂和右肩，布边都有流苏。女子的卷衣常把双肩双臂都包裹起来。

巴比伦王朝较注重衣服用色，常用色有红、绿、青、紫，还常用红、金、灰、白色的流苏做装饰，配色很协调。后来还产生了织纹技术和刺绣。

图 1-2-1　苏美尔人的卡吾那凯斯

## 四、亚述人的服装

公元前 14 世纪亚述国兴起，后来征服了整个美索不达米亚地区。亚述人的服装十分华美，最大特征是大量使用流苏装饰，刺绣和宝石装饰技巧也很发达。所使用的面料主要是羊毛织物，同时，亚麻、棉、丝绸也进入了亚述人的生活。亚述人一般内衣用麻织物，外衣用毛织物。

男子外出服有三种基本样式：丘尼克+卡夫坦型外衣（中近东诸国以及伊斯兰教文化圈中出现了长袖，前开型的直线裁剪的长袍）；丘尼克+贯头衣；丘尼克+披肩式卷衣。其中，丘尼克和披肩式卷衣并用是亚述男女着装的共同特征。一般男子的卷衣较女子的短（图 1-2-3）。亚述女子的社会地位很低，完全是男子的奴隶，亚述贵族妇女不得让外人看见自己的颜面，常在头上披一块薄布遮面。

## 五、波斯人的服装

公元前 6 世纪初，居住于伊朗高原西南部的古波斯人推翻米底人的统治，消灭了新巴比伦王国，建立起版图宏大的波斯帝国，其服装文化对后来的西方服饰文明影响很大。波斯人是游牧民族，受高原寒冷气候的影响，其服装是北方型的。他们会糅制皮革，有裁制合体衣服的优秀技术。服装的基本样式是上身穿紧身合体的长及膝的丘尼克，下穿紧身长裤（图 1-2-4）。后来穿一种叫亢迪斯（Candys）的贯头衣，其构成极为简单，把两块像双人床单大小的布在肩部缝合，留出伸脖子的领口，再从两侧低腰处到下摆缝合，留出两个很大的袖口。穿时用带子在高腰身处一系就行了。（图 1-2-5）

波斯人非常喜欢用紫色，其染料是以地中海的一种贝的内脏为原料制成，每个贝的紫色含量极少，据说每 400 个贝才可得到 0.007 克的染料粉末。因此，紫色是高贵的象征。当时紫染料的主要产地是腓尼基的推罗，所以当时的“推罗紫”名扬世界。

图 1-2-2　巴比伦人和卷衣

## 思考与练习

1. 解释名词：卡吾那凯斯、亢迪斯。
2. 巴比伦人卷衣的缠裹方法。
3. 亚述男子的三种外出服装样式。
4. 以古代西亚的服饰文化为依据进行设计训练。

图 1-2-3　亚述人的服装

图 1-2-4　波斯人的丘尼克与长裤

图 1-2-5　波斯人的亢迪斯

## 第三节 爱琴文明中的克里特人的服装

### 一、文化背景

爱琴文明首先产生于克里特岛，从公元前 2400 年起，位于地中海的克里特岛进入青铜文化时期，出现了一个个奴隶制城邦，其农业、手工业和海外贸易相当发达。

克里特人性格开朗，是一个开放的海洋民族，他们喜欢音乐和户外体育运动，这种乐天派的民族特性明确地反映在其服装上，形成了与其他古代民族截然不同的独特样式。

### 二、男子服装

克里特男子服装为造型单纯的罗印·克罗斯。克里特男子的罗印·克罗斯下摆有边饰和富有装饰味的施加了某种填充材料的腰带。当时，细腰是个关键，无论男女，腰都被人为地勒细。(图 1-3-1)

图 1-3-1 克里特男子的罗印·克罗斯

### 三、女子服装

克里特女子服装完成度极高，与后来 19 世纪的流行女装惊人地类似，其基本造型为上衣和裙子组合的上下分离式。上衣很短，立领，领口开得很大，整个乳房全部裸露在外，衣襟在乳房下系合，从下面托起那丰硕的双乳。腰部用很宽的腰带勒得很细。裙子为一段一段接起来的下摆宽大的吊钟状“塔裙”，每段都捏有很多褶襞。除此外，臀部还裹着围裙式的小型罩裙。(图 1-3-2)

克里特人以其天才的裁剪技术创造了紧身合体的体形型服装，这在同时期和其后相当长的一个历史时期内都极为罕见。

图 1-3-2 爱琴文化中的女装

### 四、帽子和服饰品

克里特男女都留长发，帽子造型也很独待，男帽上多有羽毛装饰。女帽分两种类型：一是两层或三层的无檐筒状的塔邦式；另一种是贝雷帽式。男女皆喜欢淋浴。鞋只在外出时才穿，居家为裸足。

公元前 1400 年，克里特文化毁于火山后，位于希腊南部的迈锡尼人继承了克里特文化，到公元前 1200 年前后，因多利安人入侵，该文化被摧毁。

### 思考与练习

1. 克里特—迈锡尼文化中男女服装特征。
2. 以克里特岛女装造型为依据进行设计训练。

# 第四节 古希腊

## 一、古希腊的文化背景

古希腊是位于巴尔干半岛南部、爱奥尼亚海、爱琴海诸岛及小亚细亚西岸一带奴隶制城邦的总称。公元前 2000 年到前 1200 年，陆续从北方迁入希腊诸岛的亚加亚人、爱奥尼亚人、伊奥利亚人和多利安人毁灭了高度发达的爱琴文化，于公元前 8 世纪到前 6 世纪建立了许多奴隶制城邦。公元前 5 世纪到前 4 世纪中叶，希腊经济和文化高度发展，达到鼎盛期。此后进入希腊化时期，于公元前 146 年并入罗马版图。

在古希腊众多的城邦国家中，南希腊伯罗奔尼撒半岛的斯巴达和中希腊亚提加半岛的雅典很具代表性。居住于斯巴达的主要是多利安人，居住于雅典的主要是爱奥尼亚人，这两个民族作为古希腊代表性的民族，在美术、建筑和服装上创造了成为后世规范的两种文化样式，即多利安式和爱奥尼亚式。

多利安式具有简朴、庄重的男性特征，爱奥尼亚式则具有纤细、优雅的女性特征。

## 二、古希腊的服装

古希腊的服装构成极为单纯、朴素，仅为一块长方形的布料，不需任何裁剪，通过在人体上披挂、缠裹或系扎固定来塑造出具有优美的悬垂波浪褶饰的宽松型服装形态。最具代表性的品种是希顿和希玛纯。

（一）希顿（Chiton, Khiton，古希腊语，意为“麻布的贴身衣”。）是古希腊人男女皆穿的一种衣服。从着装方式和着装状态上分为多利安式和爱奥尼亚式两种：

1. 多利安式希顿（Doric Chiton）

多利安式希顿，衣料为一块长方形的白色毛织物。其一般用量为长边等于伸平两臂后两肘之间距离的 2 倍，约 6 英尺（183 厘米左右），短边等于从脖口到脚踝的长度再加上脖口到腰际线的长度 (图 1-4-1)。着装方法是：先把长方形的一条长边向外折，折的量等于从脖口到腰际线的长度，这段折返叫做“阿波太革玛”。然后把两条短边合在一起对折，把身体包在这对折的布中间，在左右肩的位置上从后面提起布，在前面用大约 10 厘米长的别针固定起来。多余的布料自然地垂挂在身上，形成优美的垂褶。走动时，宽敞的长裙随风摇曳，右侧敞开处，健美的肉体时隐时现，十分潇洒; 为了强调优美的衣褶和便于行动，希腊人在这希顿上系一条腰带。系扎腰带时，要把布向上提一提，使腰带上方多余的布能垂下来盖住腰带，并在腰带处随意调节纵向垂褶的疏密。

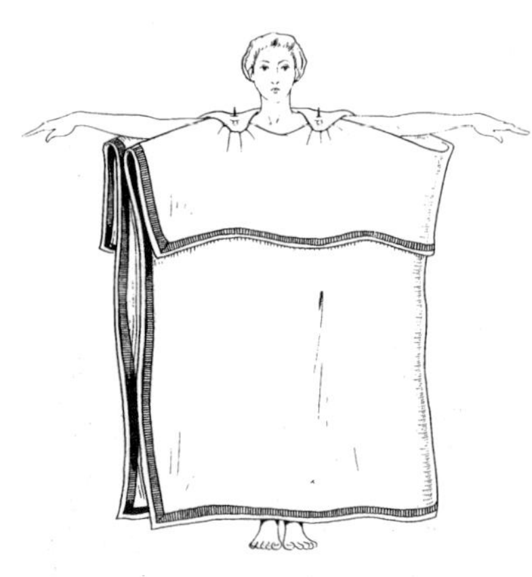

图 1-4-1 多利安式希顿的着装方法

折返下来的阿波太革玛还可从后面竖起来包头，阿波太革玛的量除了齐腰际线外，还可长及下腹，甚至可长达大腿中部，这时腰带系在阿波太革玛上面，形成犹如上下分离的两件套装的形态。斯巴达女子还常在高腰和低腰处各系一条带子以便于活动。还有一种穿法，把一条带子系住阿波太革玛下面的高腰身处，另一条带子系在低腰身处，在上半身创造两层纵向的衣褶，使这种垂褶的形状更加复杂。(图 1-4-2)

后来，右侧敞开的部分也有自腰际以下缝合的。

图 1-4-2　多利安式希顿

多利安式希顿的特征是没袖子，造型单纯、粗犷，白色毛织物是根据使用需要织出的整块衣料，据说是用竖机由两个人同时织出来的，在布的边缘还织着色线装饰，毛织物厚重，垂感好，很适合表现这种悬垂褶饰的服装造型。

多利安式希顿也称作“佩普洛斯”（Peplos），在公元前 6 世纪以前，古希腊人都穿这种样式的衣服。

2. 爱奥尼亚式希顿（Ionic Chiton）

爱奥尼亚式希顿原是小亚细亚西岸的爱奥尼亚地区人们穿的衣服，最初是男子的衣服，后来男女共用。公元前 6 世纪前后传入雅典被普遍采用，其材料为薄麻织物、皱布或加工成普利兹褶（Plait, Pleat，熨烫成形的直褶）的织物。白色为主，还有绿、茶、金、黄等色，其中黄色多为女子使用。因多利安式衣服上的别针曾刺死过人，因此多利安式衣服被禁止穿用，爱奥尼亚式取而代之。

爱奥尼亚式希顿展开时也是一块长方形的布。其长边等于两手平伸时两手腕之间距离的 2 陪，短边等于脖口到脚踝的距离再加上系腰带时向上提的用量，穿法如图 1-4-3 所示，两短边对折，侧缝除留出伸手的一段外，其余部分缝合，成筒状。从双肩到两臂用安全别针一段一段固定起来，约需用 8~10 个别针。后来改用扣子固定或全部缝合。系腰带时把衣服向上提出一定的量。其结果看起来很像有宽袖子的连衣裙。劳作时为了方便，有时从肩到腋下用绳子扎上，有时把绳子在胸前交叉扎起来。(图 1-4-4)

多利安式与爱奥尼亚式相比，区别如下:

多利安式希顿用毛织物，衣褶厚重、粗犷，具有简朴、庄重的男性特征; 爱奥尼亚式希顿用麻织物，衣褶细而多，具有柔和、优雅的女性特征。

多利安式有折返下来的阿波太革玛; 而爱奥尼亚式没有。

多利安式用别针在双肩固定两点; 爱奥尼亚式用安全别针自肩到两臂固定多处。

多利安式的侧缝一般不缝合; 而爱奥尼亚式的侧缝必须缝合。

多利安式没有袖子的构成；爱奥尼亚式有袖子的构成。

这两种希顿的流行虽然有先后，但在很多地区是并用的，一般年轻人喜用多利安式，而中年以上的人喜用爱奥尼亚式。

（二）希玛纯（Himation）

这是古希腊男女都穿的一种披风，一般把希顿作为内衣，把希玛纯作为外衣来理解，因为它是披在希顿外面的。希玛纯没有固定的造型，从用途上可分为有里子的外出用的和没里子的平常用的两种，其大小种类也很多，但一般情况下为宽等于身长，长是宽的 3 倍的一块长方形布，其材料应季节分别选用毛织物或麻织物，其颜色一般多为白色或本白色，也有茶色和黑色等)。(图 1-4-5

希玛纯披法很多，最常见的是首先把布披在左肩上，使前边部分长及地，后面从右腋下松松地绕回到前面来，再一次通过左肩、左臂垂在后面。在上层阶级的女子中，希玛纯的用量较大，常把遮盖左肩、左臂的布展开，把头和手都包起来。

从希玛纯的着装状态上，可分为：

几乎把全身都包裹起来；

包裹多半个身体，在一个肩上固定；

包裹上半身一个肩；

包裹双肩后垂下来。

（三）克拉米斯（Chlamys）

这是比希玛纯小的一种斗篷，可单独穿，也可穿在希顿外面，是年轻人非常喜用的室外衣服。一般为 1 米左右见方的矩形或椭圆形织得相当结实的毛织物，多采用红、土红等色，两端织有白色带状边饰。穿法也相当单纯，把布往身上一披，在一侧肩上或胸前用别针固定即可。(图 1-4-6)

## 三、冠帽、发型、鞋履

古希腊帽子主要品种有旅行者、传令使和狩猎者戴的宽檐毡帽、圆锥型的毡帽和球形便帽。(图 1-4-7)

古希腊男女都非常注重发型。贵夫人们经常洗发，烫发，把头发染成金黄色，扎成各种各样的发髻，用缎带、串珠、发网等把发型装饰得十分华丽。男子后来流行短发，剃胡须。当时已有了专门的理发店。

古希腊的鞋子是木底或皮革底的凉鞋，还有一种用皮条编成或皮革透雕的凉鞋。

古希腊女子无论老幼都化妆，她们把橄榄油涂在身上，涂口红、白粉，描眉，洒香水，镶牙，使用金属制的各种服饰品装饰自己，其中固定衣服用的别针、安全别针造型十分讲究。服饰品中还有各种造型的扇子和遮阳伞。

图 1-4-7　古外希腊的帽子

## 思考与练习

1. 解释名词：
   希顿、希玛纯、克拉米斯
2. 多利安式希顿与爱奥尼亚式希顿的区别是什么？
3. 试以古希腊服饰文化为依据进行现代服装设计。

图 1-4-3　爱奥尼亚式希顿的着装方法

图 1-4-5　希玛纯

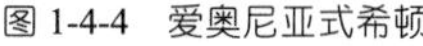
图 1-4-4　爱奥尼亚式希顿

图 1-4-6　克拉米斯

## 第五节 古罗马

### 一、古罗马的文化背景

古罗马发祥于意大利半岛，公元前 3 世纪初，罗马统一了意大利半岛，成为地中海的一大强国。罗马版图达到最大规模时，在亚洲包括小亚细亚半岛、美索不达米亚北部，直到西奈半岛一带; 在非洲直抵北非西部; 在欧洲伸入不列颠和多瑙河以北的达西亚等地。地中海成为罗马的内湖。古埃及、古西亚的一部分，古希腊等古代文明发祥地尽归罗马帝国的疆域。到君士坦丁在位时，皇帝权力加强，统治中心东移至拜占庭 (君士坦丁堡)。自公元 1 世纪兴起的基督教由长期受迫害转而于公元 313 年 (米兰赦令) 取得合法地位，被统治阶级利用，定为国教。公元 395 年，罗马皇帝狄奥多西死后，帝国正式分裂为东西两部分。东罗马帝国即拜占庭帝国 (至 1453 年)。西罗马帝国在公元 476 年灭亡。西罗马帝国的灭亡，标志着西欧和北非奴隶制社会历史终结。

古罗马的文化，大体上承袭了发达的古希腊文化，同时也融合了古代东方文化和伊达拉里亚人特有的民族文化。

### 二、古罗马的服装

古罗马的服装文化受希腊文化影响很大，在服装上几乎没有什么创新，基本形态是贯头型的内衣和宽敞的缠裹式外衣的组合。但是，与希腊相比，罗马是古代最有秩序的阶级社会，所以，服装作为表示服用者身份的标志和象征物发挥着重要作用。

(1) 男子服装

古罗马男子服装的代表是托加 (Toga)。这不仅是世界上最大的衣服，同时也是古罗马人的身份证。“托加”是拉丁语，意为“和平时的衣服”。

托加初期还只有希腊的克拉米斯那样大，而且男女都穿，后逐渐变大，到共和制时代，托加成为男子的衣服，形状接近圆形; 到帝政时代，托加变成长达 6 米宽 2 米的椭圆形，被作为一种仪礼服。使用这么大块的布料，穿时需别人帮忙。因此，持有这种托加者需有三个条件: 很富有; 有空闲时间; 使用着众多奴隶。实际上是有权有势的上流阶级的专用品。

托加一般为白色毛织物，最初直接裹在罗印 • 克罗斯外面，后来裹在丘尼卡 (Tunica，拉丁语，内衣的意思) 外面。形状为椭圆形，竖长为身长的 3 倍左右，横宽为身长的 2 倍。其穿法是：先把这个等于 3 个多身长的椭圆形布以长轴为中心对折；把直线的一边作为内侧，把全长的 1/3 留在前面，其余的 2/3 经左肩披向身后；把身后的布松松地从右腋下穿过，回绕到前面来；再次把布搭在左肩上，使其剩余部分垂在后边；把最开始从左肩垂在前面的布在胸部处提出来一些，适当地形成松坦舒适的衣褶。

以上把布对折起来的穿法是比较豪奢的，一般人的托加多是一块半圆形(椭圆形的一半) 的布。(图 1-5-1)

托加和单纯的罗印 • 克罗斯一起，是罗马男子的“组合套装”。但当罗马人穿上丘尼卡这种袋状的内衣之后，托加即被赋予社会性的象征意义，并分化出许多种类，以表示各社会阶层的不同身份、地位和职业。

托加 • 普莱泰克斯塔 (Toga praetexta) 是一种有紫色条状缘饰的白色托加，

图 1-5-1　托加

是司政官、领事、检察官等官员的制服，紫色的条饰非常醒目。出身名门的未成年男子有时也穿这种托加。

托加·佩克塔（Toga picta）是凯旋的将军或皇帝才能穿用的紫色托加，绣有金色纹样。

托加·亢迪达（Toga candida），亢迪达是拉丁语“闪光的”、“雪白的”意思，专指古罗马的官吏候补者穿用的经漂白处理的白色托加。因此，也称为“候补者托加”。据说候选人常以裸身直接穿这种托加，以表示谦逊。其实这样做还有另外一层含意，因为候选人多是身经百战的军人，浑身都留有负过伤的光荣疤痕，裸体穿这种托加。可以把这些“战功”显示给人们而获得选票。

托加不仅在大小、形状、配色上有用途区别，而且在材料上也有等级区分，一般庶民多用毛织物或麻织物，贵族、官吏和皇帝常以丝绸为素材。

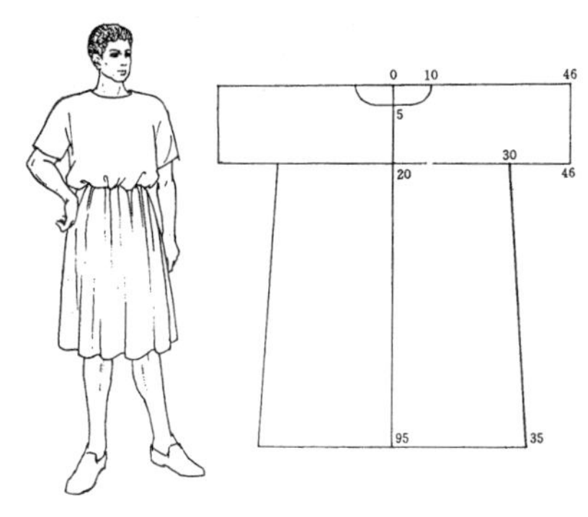

图 1-5-2　丘尼卡

罗马男子的另一代表性的衣服是作为内衣穿用的丘尼卡。这是一种宽大的睡袍一样的袋状贯头衣，最初为伊达拉里亚人穿用，罗马人统一了意大利半岛后，接受了希腊的服饰文化，这种丘尼卡被作为内衣，男女皆穿，男子与托加组合，女子与斯托拉（stola）、帕拉（palla）组合穿用。丘尼卡构成很单纯，用两片毛织物，留出伸头的领口和伸两臂的袖口，在两侧和肩上缝合，袖长及肘部，衣长男的及膝，女的及踝，一般腰部系带子，形成自然而优美的衣褶，腰带有宽有窄，在室内穿一般不用系腰带，一般为白色（图 1-5-2）。一直到共和制末期，罗马人的主要外衣是托加，但由于托加过于庞大，日常穿用极不方便，所以许多人平常就只穿丘尼卡，因此，丘尼卡逐渐具备平常的外衣的功能，到帝政时代，丘尼卡被重叠穿用，套在外面的丘尼卡完全具备外衣的特性，为了给这种外衣化的丘尼卡赋予标识作用，贵族或官吏的丘尼卡上在前后各装饰两条红紫色条饰，这种条饰叫做“克拉比”（Clavi），其宽窄表示官阶大小。到公元 3 世纪，克拉比完全成了一种装饰，失去了象征意义。

男子服装中还出现了一种很实用的防寒用斗蓬——拉塞鲁那（Lacerna）。一般为毛织物，除紫、红色外，还有许多明快的色彩，下摆呈圆形，衣长略长于腰际线。穿时在右肩或前胸用别针固定。可穿在当时所有的衣服外面（图 1-5-3）。其中，带风帽的拉塞鲁那叫做“库库鲁斯”（cucullus）。

另外，还有一种叫“佩奴拉”（paenula）的外套，最初也是下层阶级的人们作为防寒、防雨或旅行时男女都穿用的一种实用的贯头衣，用毛织物或皮革剪成椭圆形，在中间挖个洞伸头，有袖子，也有的做成从左边开门的，用扣子固定。衣长及腰、及膝不等，还有像库库鲁斯一样带风帽的。（图 1-5-4）

（二）女子服装

公元前 4 世纪前后，罗马女子服装在希腊文化的影响下，出现了模仿雅典女人的爱奥尼亚式希顿的“斯托拉”（stola）和模仿希玛纯的外衣——“帕拉”（palla）。斯托拉用毛织物、亚麻织物、棉织物或中国丝绸来做。这时罗马已有专门的染色店，在那里把面料染成罗马女人喜用的红、紫、黄、蓝等色，有的还用金线刺绣有纹饰。斯托拉通常穿在丘尼卡外面，腰里系一条带子，有时在乳下和低腰处各系一条带子。

帕拉是一块长方形的毛织物或麻织物，缠裹的方法如同希玛纯，通常缠裹在丘尼卡或斯托拉外面，色彩有紫、红、蓝、黄、绿等。公元 2 世纪，帕拉还常打

开包头兼用作面纱（veil），或另外使用小型的面纱覆面。(图 1-5-5)

在公元 3—4 世纪，罗马女子参加体育竞技时穿斯托罗菲吾姆(Strophium)和帕纽（pague）。斯托罗菲吾姆是缠在胸乳上固定乳房的布带，可以说是后世出现的乳罩——“布拉加”（brassiere）的“鼻祖”。帕纽是一种缠腰布，从造型上，也可说是现代女用三角裤衩——潘蒂兹（panties）的鼻祖。这种斯托罗菲吾姆与帕纽的组合很像本世纪 50 年代出现的“比基尼泳装”(bikini style)。

## 三、发型、化妆和服饰品

古罗马人对美的关心与古希腊人一样，比起衣服的外在美，更加注重肉体本身的魅力。因此，在重视锻炼健美的肉体的同时，在发型、化妆水和各种服饰品的开发上很下功夫。

公元前 2 世纪，罗马出现了理发店，上流阶级有专职美容的奴隶，一般市民均在这些理发店理发。男子发型主要是烫成卷的短发，而且不论武士还是运动员都时兴洒香水。秃头被视为残疾，为了加以掩盖，秃头者常戴帽子或假发，而古罗马人使用的假发是用浆糊之类把头发粘在头皮上。

除一些哲学家外，男子一般不留胡须，但未成年之前是不剃须的。罗马男子不仅剃须，而且拔须。当时很盛行脱毛剂的研究，但这些药物多为女性使用。

女子发型更为讲究。共和制初期，流行把发辫盘在头上的伊达拉里亚式发型。贵夫人们都使用着技高手巧的女奴隶每天为自己设计新的发型。(图 1-5-6)

罗马的男女一般都不戴帽子。罗马人的鞋在造型设计和配色上都具有一定的社会意义。一般庶民的鞋是用未鞣制的生牛皮的皮条制成的凉鞋，另一种男女平时都穿的皮条编的短靴禁止奴隶穿用；元老院的成员穿的靴子是用小牛皮做的，比较柔软；皇帝的鞋是用红色皮条编成的。如此等等，古罗马人在鞋上也区分出等级。另外，实行帝制以前，一般鞋的颜色都是黑色，后来被染成白色。(图 1-5-7)

罗马人很注重化妆，开发了很多供女性用（有时男性也用）的化妆品，现代化妆品中的润肤剂、洗面奶、增白剂等，在古罗马均已被开发和研究。

罗马女人用蜡或石膏拔汗毛，用黑色眉粉描眉，为了掩盖脸上的斑点，还用月牙型的小片（类似中国的螺钿）贴在脸上。

罗马人的服饰品也很发达，其中宝石的使用量很大，这是罗马人夸耀自己富有和身份的重要标志。在各种服饰品中，最受器重的是戒指。结婚戒指就是罗马人的创造。

### 思考与练习

1. 解释名词：

   托加、丘尼卡、拉塞鲁那、佩奴拉、斯托拉、帕拉。
2. 古罗马男装的特色是什么？
3. 试以古罗马服饰文化为依据进行设计训练。

### 课时量

7 课时

### 考试要点

1. 名词解释：

   罗印·克罗斯、卡拉西里斯、丘尼克、希顿、希玛纯、托加。
2. 简答：

   古希腊时期服装的特点。

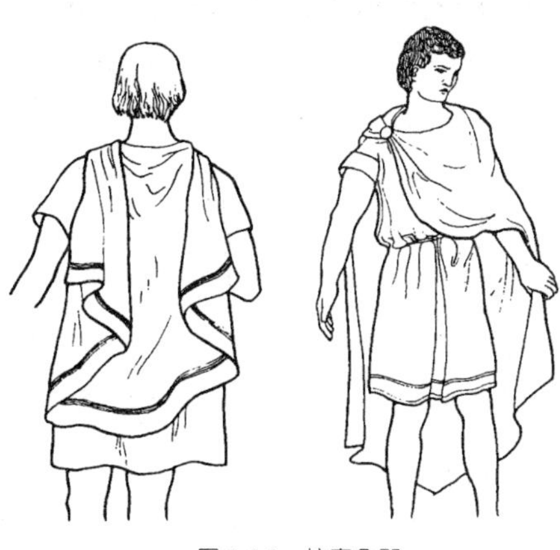

图 1-5-3　拉塞鲁那

图 1-5-4　佩奴拉

图 1-5-5　穿斯托拉和帕拉的古罗马女子

图 1-5-6　古罗马女子的发型

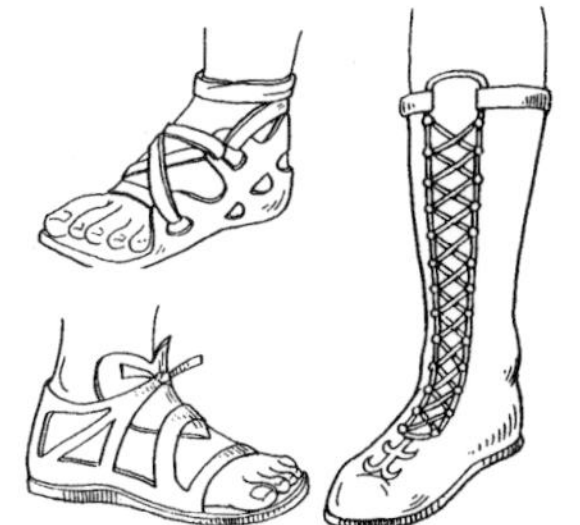

图 1-5-7　罗马人的鞋靴

# 第二章 中世纪服装

历史上一般把公元 5~15 世纪称为中世纪。中世纪的服装史从地域上分为东欧和西欧，从时间上西欧又分成“文化黑暗期”(5~10 世纪)、“罗马式时期”(11~l2 世纪) 和“哥特式时期”(13~15 世纪) 三个历史阶段。自从 395 年罗马帝国分裂后，西罗马帝国因北方日尔曼人的入侵于公元 476 年灭亡，与此相对，以拜占庭为首都的东罗马帝国却非常繁荣昌盛，在整个中世纪一千余年间创造了独特的文化。这种集古罗马文化、古代东方文化和新兴的基督教文化于一体的拜占庭文化，对同时期以及后世的西欧文明影响甚大，因此，中世纪的服装史一般从拜占庭讲起。

中世纪服装文化受基督教的影响十分强烈。自从罗马帝国末期基督教被定为国教以来，在东罗马帝国顺利流传，于公元 9 世纪前后也普及于日耳曼民族。由于基督教的影响，中世纪的社会推行禁欲主义道德观。在这种以神为中心的社会环境中，中世纪的西欧人苦恼于精神与肉体、理性与情感、理想与现实相克的矛盾心理中，服装上也出现了否定肉体 (掩盖体形) 和肯定肉体 (显露体形) 两种矛盾的现象。从具体服装形态上看，中世纪服装是从古罗马那种南方型的宽衣文化经拜占庭文化的润色和变形，经罗马式时期和哥特式时期的过渡，最后落脚到以日尔曼人为代表的北方型窄衣文化。从此，西洋服装脱离古代服装那种平面性的单纯结构，进入追求三维空间的立体构成的时代。虽然后世也不时回首复兴古代或东方服装的古典特色，但一直到现代，基本上是北方型窄衣文化的发展和延伸。现代与古代，西方与东方，服装文化以哥特式时期为交点分道扬镳。

## 第一节 拜占庭时代

### 一、拜占庭的文化背景

拜占庭 (Byzantine) 曾是希腊人的殖民城市，公元 330 年罗马皇帝君士坦丁一世迁都这里后，改名为君士坦丁堡 (Constantinople)，即现在土耳其的伊斯坦布尔，后世的史学家习惯用这个古都的古典名来称呼东罗马帝国为“拜占庭帝国”。拜占庭帝国的版图包括巴尔干半岛、小亚细亚、爱琴海诸岛、叙利亚、巴勒斯坦、黑海北岸一带和埃及等。当西罗马帝国走向没落的时候，这里却比较稳定和繁荣。首都君士坦丁堡位于欧亚大陆和地中海与黑海的连接点上，是古代东西方交通要冲，三面环海，形势险要，不仅是拜占庭帝国政治、经济的中心，也是当时欧亚大陆的文化中心，在东西方经济和文化交流中起着很重要的作用。发达的经济和文化使拜占庭帝国在中世纪的欧洲遥遥领先。

拜占庭帝国以 6 世纪查士丁尼 (Justinianus，公元 527—565 年在位) 统治时期为鼎盛期，查士丁尼王朝时期，独特的拜占庭文化通过来朝拜进贡的西欧贵族带回西欧，影响着西欧文明的进程。

拜占庭文化是希腊、罗马的古典理念、东方的神秘主义和新兴基督教文化这三种完全异域的文化的混合物。尤其是拜占庭发达的染织业，是以华美著称的拜占庭文化的重要组成部分。其中拜占庭的丝织物对于欧洲文明的进程具有里程碑意义。6世纪中叶以前，中近东一带已通过丝绸之路与远东的中国进行着频繁的交流，进口了大量中国丝绸。公元552年，查士丁尼派遣两个熟悉东方情形的基督教僧侣潜赴中国，将当时中国对外保密而禁运的蚕卵藏在竹杖中偷运回君士坦丁堡，从而使生丝的生产在拜占庭兴起，加速了拜占庭的经济繁荣。同时，又从叙利亚的纺织工匠那里引进机杼的使用和织花技术（一说把埃及的纺织工匠带到君士坦丁堡或把生丝运到埃及进行织造），使拜占庭的丝织业迅速发达起来。拜占庭织物的一大特色是绚丽丰富的色彩。与古埃及、希腊、罗马以及爱琴文明相比，那些简朴的、色调单纯的织物延续了数千年之后，到拜占庭帝国突然进入一个令人眼花缭乱的五彩缤纷的世界。拜占庭有一种叫做萨米太（samite）的丝织物，其特点是与金线银线混织，十分豪华。同期的织锦还有以麻为经线，以染成纹样的毛线为纬线的织锦，更加豪华的是把宝石和珍珠织进织物，足见当时纺织技术之高超。在色彩万千的丝织物中，宫廷最喜用的色彩组合仍是红紫色地上有金色刺绣。织花和刺绣纹样的题材也十分广泛，有从古典理念继承下来的几何纹样，有中近东一带特有的神话空想动物，也有令人耳目一新的基督教仪式场面。几何纹样常用做织物的地纹。而且，几乎所有的纹样都有其象征意义，如圆象征无穷，羊是基督教的象征物，鸽子表示神圣的精神，十字形表示对基督的信仰。色彩也被赋予宗教的含义：白象征纯洁；蓝象征神圣；红象征基督的血和神之爱；紫象征高贵和威严；绿象征青春；金黄色象征善行；深紫色表示谦德；亮黄色意味着丰饶。拜占庭的金属工艺也很精巧，宝石、玻璃也常用做服饰品，象牙、毛皮类的加工技术相当发达，这些不单只是满足拜占庭贵族和高级僧侣之所需，还因当时的君士坦丁堡是个世界性的毛皮市场，高级的毛皮能通过西欧的大商人向西欧出口。

## 二、拜占庭的服装

拜占庭初期的服装，基本上沿用罗马帝国末期的样式。随着基督教文化的展开和普及，服装外形慢慢变得呆板、僵硬，把表现的重点转移到衣料的质地、色彩和表面装饰纹样的变化上，与基督教文化的影响一起，使人感到有一种否定人的存在的抽象的、绝对的宗教性。其主要品种有从罗马帝国末期就与基督教一起出现并逐渐普及的“达尔玛提卡”，取代托加和帕拉的外衣“帕鲁达门托姆”、“帕留姆”、“罗鲁姆”以及受东方影响而穿用的裤子“霍兹”等。内衣仍沿用古罗马的丘尼卡。

（一）达尔玛提卡（Dalmatica）

古罗马时代，把现在南斯拉夫的亚得里亚海沿岸地区（意大利半岛对岸）称为“达尔玛提亚”，这一地区居民的衣服很早就传往罗马。391年，狄奥多西大帝把基督教定为国教，这些富有宗教色彩的服饰文化也开始在罗马市民中普及，被称为达尔玛提卡。达尔玛提卡是一种没有性别区分的平常服，构成单纯、朴素，是把布料裁成十字形，中间挖洞（领口），在袖下和体侧缝合的宽松的贯头衣，从肩到下摆装饰着两条红紫色的条饰克拉比。罗马时代的克拉比曾作为身份、地位的标志用于达官贵人的丘尼卡上，达尔玛提卡在罗马市民中流行后，克拉比作为基督血的象征，不再表示官阶，纯粹是一种带宗教色彩的装饰，所有的人都可以随便使用。

图 2-1-1 达尔玛提卡

初期的达尔玛提卡的用料有毛、麻和棉织物，一般不漂白，很纯朴。穿时不系腰带，宽敞是其特征。男用的衣长及膝，女用的衣长及脚裸。(图 2-1-1)

公元 4 世纪以后，女子的达尔玛提卡袖口变宽，胸部多余的量被裁掉，渐渐能显出身体的自然形。与此相对，男子的达尔玛提卡袖子则显著变窄，向便于活动的方向转化。这是从裁剪方法上使衣服合体的第一步，也是向开始追求裁剪技法的中世纪服装迈进的先兆性举动，它暗示着衣服脱离了古代，进入一个新的发展时期。

（二）帕留姆（Pallium）和罗鲁姆（lorum）

公元 6 世纪以前，拜占庭的衣服基本上沿袭罗马末期的品种和样式。女子用的帕拉到罗马末期逐渐变窄，称为“帕留姆”，与达尔玛提卡一起作为外出服使用。穿法与帕拉相同，只是把自左肩垂在前面的部分折叠成二三层，折叠后的宽度为 30 厘米左右。用料为无花纹的素色织物，有时在边缘缝上或织进与地色相对的色条边饰，偶而也使用满地花纹织物。(图 2-1-2)

图 2-1-2 帕留姆

到拜占庭时代，帕留姆演变为宽 15~20 厘米的表面有刺绣或宝石装饰的带状物，叫做“罗鲁姆”。穿时把一端自右肩垂至脚前，剩余部分自后颈搭回左肩，再经胸前交叉至右腋下，用腰带固定后，再从有腋下拉回到左侧搭在左手腕上。还有一种穿法是做成套头式披肩状，从头上往下戴。(图 2-1-3)

（三）帕鲁达门托姆（Paludamentum）

拜占庭时代最具代表性的外衣是帕鲁达门托姆。其实这并非什么新品种，早在罗马时代就曾被使用于军队高级指挥官和皇帝的甲胄外面，是一种方形的大斗蓬。穿法是披在左肩，在右肩用安全别针固定，面料为毛织物，通常染成紫色、红色或白色。到拜占庭时代，作为皇帝及高级官员的外衣，衣长变长，面料改用丝织物，方形变成梯形。为了表示权贵，在胸前缝了一块四边形的装饰布，叫做“塔布里昂”（Tablion），上面常刺绣有金色纹样。其典型的例子是意大利拉韦纳的圣维塔列教堂内壁上马赛克壁画中的皇帝查士丁尼一世和皇后泰奥多拉穿的帕鲁达门托姆。查士丁尼的帕鲁达门托姆为深紫色，里子是其它颜色的面料，右肩上用一个很大的宝石制成的饰针（安全别针）固定，胸前的塔布里昂是金色地上刺绣着被红圆圈围着的绿色鸟纹。泰奥多拉的帕鲁达门托姆也是紫色，下摆处装饰着“东方三博士”一样的人物图案，颈部装饰着埃及风格的大项链。(图 2-1-4)

（四）佩奴拉（Paenula）

罗马时代象征身份、地位的、仪礼性很强的托加和帕拉随着时代的变化逐渐被简略化，最后演变为一条细长的带状饰物残留于衣服的局部。与此相对，原来为一般庶民出于防寒等极为实用的目的穿用的佩奴拉却逐渐升格，最后变成象征性极强的仪礼服。拜占庭时代的佩奴拉，完全脱离防寒等实用的朴素性格，变成一种象征威严的礼服，贵族们使用特大型的佩奴拉，以示权贵，僧侣

图 2-1-3 罗鲁姆

们则把它作为对神虔诚的谢意之象征物，甚至连皇帝、王妃也用它做礼服，这种风习持续了整个中世纪。

(五) 丘尼卡 (Tunica) 和霍兹 (Hose)

从图 2-1-4 中可以看出，查士丁尼皇帝穿着从臀围线往下侧缝开衩的白色丘尼卡，从开衩处到下摆前面都刺绣有纹样，两肩上装饰着徽章一样的纹样，这叫做塞葛门太 (Segmentae)，这也是拜占庭特有的装饰。通常是在圆形或方形中刺绣动、植物纹佯。塞葛门太本是片断、局部、缘饰的意思，拜占庭帝国初期用紫色。后来用各种沉着的颜色刺绣或织出纹样，再把其剪下来缝补到衣服上。这种装饰不仅是在丘尼卡上，也是达尔玛提卡上不可缺少的。另外，拜占庭贵族的衣服中最为突出的是下半身的裤子，这在罗马时代曾被视为东方蛮族的风习，一般贵族特别是统治阶级是拒绝使用的。但是，与许多东方人混住的开放的拜占庭，不仅接受了这种文化，而且连皇帝都穿上了裤子。当时裤子有紧身和宽松的两种，查士丁尼皇帝就穿着紧身的裤子，这裤子称作“霍兹”(Hose)。

图 2-1-4　查士丁尼皇帝和泰奥多拉皇后的帕鲁达门托姆

## 三、鞋履、冠帽、服饰品

拜占庭的鞋履明显受东方文化的影响，男子一般都穿长及腿肚子的长统靴。贵族女子穿镶嵌着宝石的浅口鞋。

拜占庭的男女几乎都不戴帽子，只有皇帝和农民例外，皇帝戴王冠，农民戴宽檐毡帽。男子一般均蓄短发，女子则原封不动地继承了罗马帝国末期的女子发型，偶尔也有女子用塔邦把头发扎起来的。喜欢绚丽色彩的拜占庭人在宝石领域发挥了卓越的才能，黄金的加工技术也很高明，最有拜占庭特色的是其发达的珐琅技术。各种服饰品在设计上受罗马的影响，在题材上则是东方与西方的结合。珠光宝气、绚丽多彩的服饰品是独特的拜占庭文化的重要组成部分。

### 思考与练习

1. 解释名词：
   达尔玛提卡、帕留姆、罗鲁姆、帕鲁达门托姆。
2. 简述拜占庭时期的服饰特色。
3. 中国的丝绸是什么时候怎样传入拜占庭的？
4. 以拜占庭服饰文化为依据进行设计训练。

## 第二节　欧洲文化黑暗时代

### 一、欧洲封建社会初期的文化背景

以意大利的罗马为首都的西罗马帝国于公元476年因奴隶起义和日耳曼人入侵而灭亡，从此欧洲结束了奴隶制社会，步入封建社会，日耳曼人也以此为契机成为欧洲历史舞台上的主要角色。

日耳曼人自公元前5世纪起分布在欧洲斯堪的纳维亚半岛南部、日德兰半岛、波罗的海和北海南岸一带，自称德意志人，克里特人及罗马人则称他们为日耳曼人（蛮族、野蛮人的意思）。他们在北欧寒冷的未开发地区，过着以狩猎为主的原始生活。公元1世纪前后，他们分为东、西、北三支向南辗转迁移。向东的一支迁移到南俄罗斯一带，称为东日耳曼，向西的一支迁移到高卢（现法国）一带，称为西日耳曼。公元4世纪，受来自东亚的匈奴势力的威胁，东日耳曼人开始向西移动，与斯拉夫人联合罗马奴隶、隶农起义，推翻了西罗马帝国，先后建立了东哥特（意大利地区）、西哥特（西班牙地区）、汪达尔（北非地区）等王国；西日耳曼也于5世纪末建立法兰克王国、盎格鲁·撒克逊王国。法兰克王国最后分裂为德意志、法兰西、意大利等王国；北方的一支日耳曼人留居北欧，社会发展较缓慢。8世纪后分出诺曼人，9世纪，诺曼人沿海南下，在英国建立诺曼王朝。从而形成了西欧社会封建割据的新局面。狭义上的西洋服装史，应该从这里讲起。

公元5—10世纪，欧洲处于各新兴封建王国长年混战不休，民不聊生，政治混乱、文化落后的动荡时期，一般把这个历史时期称为欧洲文化的黑暗时代。这时，基督教已成为封建社会的精神支柱，教会发展成为强大的封建势力，与封建统治者勾结，垄断了教育，推行愚民政策，向人们灌输迷信思想，宣传虔诚、禁欲、恭顺、服从，以及死后升入天堂的来世观和以神为中心的神秘主义。

图2-2-2　日耳曼人的装束

### 二、日耳曼人的服装

处于严寒地带的日耳曼人，从御寒这个生存目的出发，其服装是封闭式的、窄小紧身的、四肢分别包装的体形型样式。为了便于活动，这种体形型自然分成上衣和下衣二部式结构（图2-2-1），而且，从一开始就要裁剪，这是与其原始的狩猎生活相应的。衣料多为动物的毛皮和皮革，后来才出现了粗糙的毛织物和麻织物。

图2-2-2是根据发掘资料整理的复原图，据推定是公元前3世纪前后的衣服，女子上身穿短小紧身的丘尼克，筒袖袖长及肘部。裙子为筒形，用带穗的带子系扎固定，带子上装饰着用青铜或金做的饰针，据说这种饰针是妇女们用来护身的武器。男子上身穿无袖的皮制丘尼克，下穿长裤，膝以下扎着绑腿。

随着日耳曼人与罗马人的接触和交流，服装上也明显受罗马文化影响，男子在丘尼克和长裤外披上了罗马式的萨古姆（sagum，斗篷）。这本是罗马战士和一般市民在战争时穿的非常实用的外衣，方形或三角形的毛织物，穿时把织物披在肩上，在右肩前用别针固定或把两个布角系上，以暗色为主，有时也用红色。日耳曼人的萨古姆多是有红色或紫色缘饰的绿色毛织物。有的布料上还有醒目的条饰，可以看出拜占庭文化的影响。为了防寒，常在头上戴皮帽或毡帽，战士打仗时戴头盔。（图2-2-3）

图2-2-3
披萨古姆的男子和穿两层达尔玛提卡的女子

日耳曼女子服装也沿用了罗马末期的达尔玛提卡，只是把克拉比装饰变成沿领围一圈后中心一条的形状。为了御寒，常把两件达尔玛提卡重叠穿用，内层的达尔玛提卡为窄袖口的紧身长袖，外层为宽松的半袖或喇叭状的长袖，袖口上还装饰有带状刺绣纹样。系腰带。头上包着头纱（veil），这种长及下摆的头纱不仅包头后披在身后，还常像披肩似地包住双肩，贵族妇女还常在头纱上面戴冠。

## 三、发型与服饰品

日耳曼人以留长发为荣，男子头发长齐肩头，女子把长发编成发辫垂在身后，也有用羊毛制成的假发的，常喜欢把头发或假发染成红色。对于日耳曼人来讲，长发是自由的象征，短发则意味着屈从。但随着时代的变迁，他们也开始接受罗马文化，男子开始留短发，女子也有把头发盘成像拜占庭妇女那种塔邦式发型的。

日耳曼人的鞋子很简单，是鹿皮靴或扣襻便鞋，也有木底生皮靴子，靴长几乎及膝，饰有美丽的花纹。

服饰品有别针、臂饰、项链、项圈、发夹、手镯、戒指等，特别是项圈，这是日耳曼人特有的服饰品，有金制的和铜制的，也有金铜混锻的，很重，是财富的象征。各种珍珠、宝石也常被镶嵌在别针、钩扣、手镯、戒指或项链上。

## 思考与练习

1. 日耳曼人的服饰待点。
2. 试以日耳曼人的服饰文化为依据进行设计训练。

图 2-2-1　日耳曼人的衣服（早期）

## 第三节 罗马式时代

### 一、罗马式时代与十字军东侵

在欧洲历史上一般把公元11~l2世纪称为“罗马式时代”(Romanesque)。这是欧洲中世纪出现的两大国际性时代中的第一个时代。所谓罗马式，是史学家对这一时期欧洲各国受罗马文化影响的建筑样式的称谓，后泛指这一时期的绘画、雕刻、建筑、音乐和文学等所有文化现象。实际上是日耳曼人在长期接触罗马文化及拜占庭文化的过程中，逐渐吸收其营养，再加上基督教的普及所产生的宗教精神之影响，而形成的南、北方和东、西方文化的混合物。建筑上表现得犹为突出：半圆形拱顶和十字形交叉拱顶，厚实的墙壁；狭小的窗户，到处都装饰着圣像和寓意人物雕塑，造型抽象，超自然，形成一种宏伟的、超世的神秘感觉。1075—1125年间，罗马式达到高潮，12世纪中叶以后被哥特式取代。

与此同时，罗马天主教会和西欧的封建主向地中海东岸各国发动了举世闻名的历时约两个世纪之久的侵略战争——十字军东侵。这是一场欧洲总动员式的、在宗教名义的掩饰下（为夺回被伊斯兰教徒占领的基督教圣地耶路撒冷）进行的大规模军事殖民战争，它严重破坏了西亚和东罗马的社会生产和文化。但另一方面，东方的珍宝、美丽的衣服和布匹被十字军带回欧洲，东方服饰那华美的魅力征服和影响了西欧人，模仿东方封建主的豪奢生活成了西欧封建主阶级的风尚。随着地中海交通的发达，东西方贸易更加活跃。与服装有关的材料，也从这时起打破了地方性的制约，服装文化从质和量两个方面都得到提高。

### 二、罗马式时代的服装

罗马式时代的服装文化也与其他文化现象一样，是南方型的罗马文化与北方型的日尔曼文化和由十字军带回的东方拜占庭文化的融合。在形式上，一方面继承了古罗马和拜占庭的宽衣、斗篷、风帽和面纱，宗教服、仪礼服原封不动地承袭了拜占庭样式；另一方面，保留了日耳曼那系腰带的丘尼克和长裤等紧身的窄衣样式。这个时期，既是日耳曼人吸收基督教和罗马文化后，逐渐形成独自的服装文化的过程，又是西洋服装从古代宽衣向近代的窄衣过渡时徘徊于两者之间的一个历史阶段。

罗马式时代的服装特征是男女同型，除男子穿裤子外，几乎没有明显的性差。其基本品种有内衣——鲜兹（chainse)、外衣——布里奥（bliaut)、斗蓬——曼特尔（mantel)。

图2-3-1 鲜兹

鲜兹和布里奥都是长长的筒形丘尼克式衣服，鲜兹是白色麻织物的内衣，有窄长的紧身袖子，袖口装饰着精美的刺绣和带子，领口多以数排丈绳或金银线滚边作缘饰，衣长及地。布里奥是从达尔玛提卡演变来的这个时代特有的外衣。用料有丝织物和毛织物。领口、袖口和下摆都有豪华的滚边或刺绣缘饰，可以看出拜占庭文化的明显影响。一般情况下，布里奥的衣长较鲜兹短，长及膝或腿肚子，女服略长于男服。袖子为七分袖或八分袖，袖口呈喇叭状，可从袖口、领口和下摆处看到里面的鲜兹。(图2-3-1)

布里奥的着装特征是一条长长的腰带，系法是先把腰带在腰围处自前向后绕，在后背交叉或系一下再绕回到前面，在前面低腰身处（腹部）系个结或松松地系一下，让有穗饰的两端垂于前面。到 12 世纪后半叶，布里奥更加优美，开始收腰身。但只是从两侧收，并非立体性构成，仍属平面的直线型裁剪。这时把衣服的前片和后片在两侧裁成像躯干的形，在后片的正中央从颈到腰开个口，这个口的两边挖许多气眼，穿衣时把绳或细带像穿鞋带似的穿进这些气眼，然后系紧。这样大体上可以得到与躯体的自然形相近的外形。

但这种方法有个缺点，即很容易出现许多难看的横褶。因此，还有一个方法就是在身体两侧开口，然后同样用带子系起来。这样比前一种较易于合体。与此同时，还在裙子部分帮接上三角形的布，使下摆量增大。裙子的后片底边呈扇形长长地拖在地上，整个大裙子盖住了双脚。

布里奥袖子的变化很多，成了这个时期服装上最具特色、最精彩的部分。这一时期最有代表性的袖形之一是从袖根到肘部紧身，肘部以下骤然变大。还有的袖窿很小，袖子自袖根到袖口曲线状地增大。总之，所有的袖子的共同特点都是袖口非常大。英国出现的大袖子，袖口宽得拖到地下，只好在中间打个结。（图 2-3-2）

图 2-3-2　布里奥

十字军东侵以后，男女服上都出现了许多纵向的褶 (图 2-3-3)，为了御寒，女子常在这满身纵向褶的布里奥外穿一件紧身背心一样的胴衣 ——科尔萨基 (corsage)，科尔萨基也在领口滚边。背后开口，穿时用绳或纽带系合。这种胴衣很结实，是用二三层布纳在一起的，纳的线有金、银线和各种包线，很有装饰效果。

另外，这时还流行在腰带上垂挂一个小口袋，这是用丝绸或皮革制作的，叫做奥摩尼埃尔 (aumoniere)，口袋里装着零钱、钥匙。有时也装食物。这大概是由于基督教的普及，为了向贫民施舍才形成的习惯。

男子下半身的衣服有裤子“布莱”（braies）和袜子“肖斯”(chausses)。布莱的裤腿较宽松，无裆，两条腿像穿袜子一样分别穿，上口用绳子系在腰里。用料有麻、毛织物或软皮革。到 14 世纪中叶，因原来的长统袜“肖斯”越来越长，最后变成紧身长裤，布莱随之变成短裤。

曼特尔是一种无袖的卷缠状或披肩状的长披风，是这一时期男女皆用的外出服，其形状有圆形和长方形，一般在胸前或肩上固定。也有套头式的。用料有缎子、织锦等，还常用金线、丝线做缘饰处理，衣料表面的颜色和里子的颜色形成对比。后来曼特尔也变成长及踝的有缘饰的豪华衣物。曼特尔上面还常带有风帽。(图 2-3-4)

## 三、发型、帽子、服饰品

公元 12 世纪中叶以前，女子的头发均深深地藏在头纱下面，12 世纪后半叶，女子出现明确的发型，即两条长长的发辫。

男子多留长发，到 12 世纪末，贵族们又把长发剪短，并烫成卷，用缎带系扎起来。

男子的帽子主要有曼特尔上的风帽，除此外还有叫做“夫里基昂・棒耐特”(phrygian bonnet) 的圆锥形尖帽和紧包头的连耳朵都盖住的无檐帽，这种帽子在造型上无贵贱之分，但在材料上有区别。

女子一般不戴耳环、项链和手镯。主要的服饰品有镶嵌各种宝石的戒指、饰针、别针和皮带的钩扣。

## 思考与练习

1. 解释名词：
   布里奥、鲜兹、曼特尔、科尔萨基、布莱、肖斯。
2. 罗马式时代的服饰特色。
3. 试以罗马式时代的布里奥为依据进行设计训练。

图 2-3-3 科尔萨基与奥摩尼埃尔

图 2-3-4 男女的曼特尔

## 第四节 哥特式时代

### 一、哥特式时代的文化背景

从公元 12 世纪中期开始，欧洲进入中世纪的第二大国际性时代——哥特式时代。所谓哥特式（Gothic，法语称 Gothique），是文艺复兴时期意大利人对中世纪建筑等美术样式的贬称，含有"野蛮的"意思，语源来自日耳曼的哥特族（Goth）。这是一种发祥于北法兰西、普及于整个欧洲的国际性艺术样式，包括绘画、雕塑、建筑、音乐和文学等所有文化现象。哥特式由罗马式发展而来，就建筑样式而言，一反罗马式建筑那厚重阴暗的半圆形拱顶，广泛采用线条轻快的尖形拱券，造型挺秀的尖塔，轻盈通透的飞扶壁。修长的立柱或簇柱以及彩色玻璃镶嵌的花窗，造成一种向上升华、渲染天国神秘的幻觉。垂直线和锐角的强调是其特征。反映了基督教盛行时代的观念和中世纪城市发展的物质文化风貌。

十字军东侵以后，随着东、西方贸易的加强，手工业得以发展，工种被细分化，如服饰业就被细分为裁剪、缝制，以及做裘皮、滚边、刺绣、做皮带扣、做首饰、染色、鞣制皮革、制鞋、做手套、做发型等许多工种和专业性独立的作坊。特别是纺织技术和染色技术的发展，使当时的衣料大为改观。新兴贵族的宫廷生活产生和形成的服装潮流表现出哥特式时代独特的服装文化特征。

### 二、哥特式时代的服装

哥特式初期的服装，男女性别区分仍不明显，以宽敞的筒形为主。但到公元 13 世纪，罗马式时代产生的那种收腰身的合体意识得到发展和强调，出现了立体化的裁剪手段，使包裹人体的衣服由过去的两维空间构成向三维空间构成方向发展。公元 14 世纪中叶，更出现了男、女衣服造型上的分化，与男子服短上衣和紧身裤组合这种上重下轻的、富有机能性的造型相对，女服上半身紧身合体，下半身的裙子宽大、拖裾，上轻下重，更富装饰性。

（一）衣服构成上古今、东西的交叉点

公元 13 世纪，受建筑风格的影响，衣服的裁剪方法上出现了新的突破，过去宽衣时代的衣服构成，有一种很强的平面性，其裁剪属于古典式或东方式的"直线裁剪"。虽然罗马式时代衣服也曾收腰，但那还只是从衣片两侧向里挖剪，仍未摆脱古代服装构成的框框。而这时新的裁剪方法则是从前、后、侧三个方向取掉了胸腰之差的多余部分（图 2-4-1），特别值得注意的是，从袖根到下摆，在侧面加进数条毽子板一样的三角形布，这些不规则的三角形布之间，在腰身处形成了许多菱形空间，这就是我们现在衣服上的"省"，英语称"达次"（Dart，投枪、梭标的意思，因捏起来的形呈菱形而得名）。这样就构成一个过去的衣片上所不曾有过的侧面。正是由于这个侧面的形成，才把衣服的裁剪方法从古代平面的两维空间构成的宽衣那里彻底分离出来，确立了近代三维空间构成的窄衣基型。而且也就在这时，西方的衣服和东方的衣服也在构成形式和构成观念上彻底分道扬镳。也就是说，无论从纵向（古代到近代）还是从横向（东方和西方）看，衣服构成上的分水岭都在这里。其中"达次"这种技巧的出现和利用发挥了关键作用。达次改变了只从两侧收腰时出现的不大合体的难看的横褶，毫不勉强地把躯干部分的自然形表现出来，优美的人体（特别

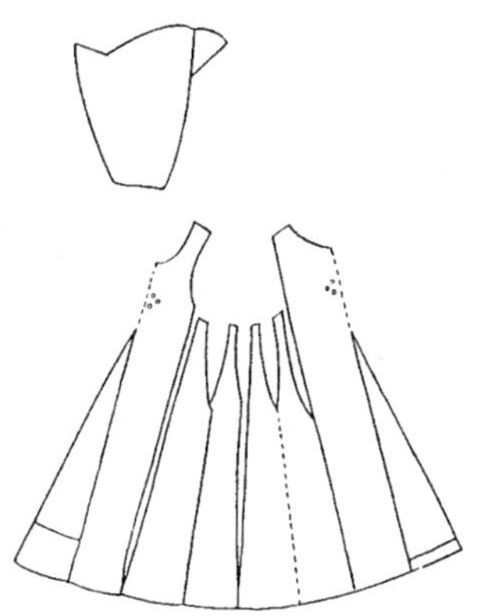

图 2-4-1 划时代的裁剪法

是女体）曲线美由此诞生。另一方面，下半身裙子的量因从四个方向加进许多三角形布而大大增加，形成许多纵向的长褶，强调了垂直线感觉，与哥特式建筑那向上升腾的垂直线之特征一脉相承。

（二）公元 13 世纪、14 世纪的男女服装

罗马式时代的布里奥，随着欧洲城市的发展带来的统治阶级生活形态的变化，逐渐被新式的外衣“科特”(cotte) 取代。内衣也改称“修米兹”(chemise)。下半身的内衣仍为男子穿布莱，女子穿肖斯。

修米兹用柔软的亚麻或丝织物制成，领口、袖口常有刺绣装饰，到 14 世纪改用丽丝（lace，网眼花边）装饰。

科特仍是一种男女同形的筒形衣服。女服收腰，强调曲线美，袖子与罗马式时代的布里奥不同，是宽松的多耳曼式连袖 (Dolmansleeve，土耳其人穿的外衣“多耳曼”上的宽松式连袖)，从肘部到袖口收紧，用一排扣子固定。男子的科特原是日耳曼人穿的丘尼克，13 世纪变长，一般为素色毛织物。

正式场合或外出时，人们在科特外罩一件“修尔科”(surcot，贯头式筒形外衣)。修尔科的袖子长短、宽窄变化很多，也有无袖的。男子修尔科的袖子常在腋下开口，胳膊可从这口里伸出来，让袖子垂挂在肩上。女子修尔科常系一条腰带。为了行走方便，或有意露出里面的科特，常把修尔科前摆提起来一些夹在腰带里。修尔科是一种装饰性的外衣，用料较华丽，法国贵族们特别喜用从意大利的威尼斯、卢卡进口的织锦缎，女服上还常用毛皮做边饰。

这时男女外衣中，还有一种叫做希克拉斯 (cyclas，因使用地中海的基克拉泽斯群岛产的豪华丝织物“希克拉斯”而得名) 的无袖宽松筒形外套，造型多种多样，共同特征是前后衣片完全一样。未婚女子的希克拉斯最为华美，两侧一直到臀部位置都不缝合，这种形式流行于 13 世纪末。最简单的希克拉斯呈梯形。希克拉斯分常用和礼用两种，礼用的衣长相当长，拖地，底摆边上常饰有流苏。这种衣服原是罗马的僧侣们穿的外衣，到 13 世纪就不再具有宗教含义。(图 2-4-2)

图 2-4-2　希克拉斯

盛装时，人们还在所有的衣服外披大型的曼特（manteau，斗篷），形状有半圆形、3/4 圆形、圆形、椭圆形等，还常带有风帽。用料为高档毛织物、丝织物或天鹅绒等，里、面颜色不同。还有近似椭圆形的曼特，穿时前面用带子系上。当时的姿态是一面用三个手指拉着胸前的带子，一面拖着长长的斗篷慢慢步行，里子的颜色时隐时现，其高雅的气质、神秘的色彩可想而知。

13 世纪的服装总的特点是尽可能把肌肤包藏起来，有时连脖颈、下颌也不让外露，要用颈布包起来。但到了 14 世纪就朝着大胆地裸露肉体的方向发展，领口开得很大，袒露着肩和胸。这在过去是宗教教规绝对禁止的。这种倾向一方面由于 13 世纪出现的新式裁剪法使人们用自己的体型来表现服装的美成为可能，另一方面，也显示着时代风尚向豪奢方面发展的趋势，宗教色彩逐渐从服装上退位，人性复归的潮流已见端倪。这种倾向突出地表现在 14 世纪出现的外衣“科塔尔迪”（cotnrdie，法语，意为“新奇的衣服”。英语为 cote hardi，）上。科塔尔迪起源于意大利，14 世纪越过阿尔卑斯山，流行于西欧。特点是从腰到臀即整个胴体非常合体，在前中央或腋下（女服也有在后背）用扣子固定或用绳系合，。形成显露体形曲线的优美外形轮廓；领口大胆袒露双肩；臀围往下的裙子上插入很多三角形布，加大了裙子的量，裙长拖地，行走时一定要用手提着长裙；袖子为紧身半袖。袖肘处垂饰着一条很长的别色布，布宽约三英寸（7.62 厘米），最长可达五英尺（152.4 厘米），这种垂饰叫做“蒂佩特”（tippet），用料有丝绸、织锦、呢绒、麻和毛皮等，白色为多，也有时左右不同色。平常为了不使蒂佩特起皱，还用特制的板夹起来保存（图 2-4-3）。另外，在臀围线附近装饰着一条缀有金属板和宝石的腰带。这里是合体的上半身和宽敞的下半身的分界线。男子的科塔尔迪是一种紧身合体的丘尼克型衣服，衣长在臀围线上下，一般为前开型，在前襟用扣子或绳子系合，袖口开得很大，最长可以及地。骑士们常穿在护胸外面或铠甲里面。

图 2-4-3　科塔尔迪

公元 14 世纪的女服中，还有一种罩在科塔尔迪外面的无袖长袍——萨科特(surcote)，这是修尔科的发展，因此，法语也称修尔科・托贝尔(surcotouvert)，即有开口的修尔科（图 2-4-4）。很像 13 世纪的希克拉斯。但无论造型还是色彩、花纹都比希克拉斯更讲究、更精美，其特点是袖窿开得很深，而且前片比后片向里挖得更多。从这个大洞里可以看到里面的科塔尔迪和那条装饰在臀围线附近的华美腰带，身体的运动在萨科特的里子的映衬下显得格外突出。因此，英语把这种衣服俗称塞德莱斯・嘎翁（sadelessgown），意为没有腋下部分的长袍。萨科特的面料常用鲜明的单色，里子用色、用料都与面料不同。因此，设计和着装时，不仅要考虑表、里的色彩搭配问题，还要考虑科塔尔迪与萨科特的色彩调和关系。萨科特胸前装饰一排扣子，这扣子常用金属或宝石制成，着装时，这排扣子与里面科塔尔迪装饰腰带上的宝石装饰，与穿在科塔尔迪里面的科特那紧袖口上的扣子相互呼应，格外光彩夺目。所以，人们认为萨科特是这一时期追求服装综合美的典范。

图 2-4-4　萨科特

（三）家徽图案的流行

公元 14 世纪，尊崇身份和门第的风习盛行，人们把自己家族的家徽图案装饰在衣服上。西方的家徽纹章，最早出现在 13 世纪十字军的军装、军旗上，因为当时的头盔把将士的面孔全盖住了，只留一条缝隙来观察。为了分清敌我，就在盾、旗帜、胴衣、外套、马披、马鞍、帐篷及其他器具上都画上、刺绣或雕刻上家族的纹徽，这种用于战场识别和贵族特权象征的家徽，到 13 世纪末，首先出现在法国的女装上，到 14 世纪，连一般市民和农民也流行使用家徽来装饰自己。家徽图案一般都在规定的盾形中表现，纹样题材以动、植物为主，虎和狮最为常见，也有天体（日月星辰）和人物图案。在衣服上的装饰方法是利用前中心和腰围线把衣服分割成上下、左右四个部分(一般多纵向分成两半)，左右各用不同色地，然后从肩到脚，无论前后，通身补上或刺绣上被放大的大型纹徽图案。为了配色需要，不仅衣服左右色地不同，而且也有两只袖子与衣身的色成对比状的。已婚女子要把娘家和婆家的家徽分别装饰在衣服的左右两侧（图 2-4-3)，门第高的一方在左侧。儿童一般继承父方家徽。家徽图案广泛地用于当时流行的所有衣服上。

（四）男装二部式的确立

公元 14 世纪中叶，男子服装中出现了来自军服的上衣——普尔波万（pourpoint）与肖斯组合的二部式形式，从此，这种富有机能性的上重下轻形二部式取代了传统的一体式筒形样式，使男装与女装在穿着形式上分离，衣服的性别区分随之在造型上明确下来。

图 2-4-5　普尔波万

普尔波万这个名称来自法国古语 pourpoindre，原意指“布纳起来的、绗缝的衣服”(在英国称基庞 gipon，15 世纪改称达布里特 doublet)。本来是穿在士兵的锁子甲里面或外面，为防止肉体损伤用数层布纳在一起的结实的上衣，最初衣长及膝。到 14 世纪中叶，衣长变短到腰或臀，在一般男子中普及，很紧身，前面用扣子固定。胸部用羊毛或麻屑填充，使之膨起来。腰部收细，袖子为紧身长袖，从肘到袖口用一排扣子固定。一般无领，后来出现立领（图 2-4-5)。绗缝是普尔波万的一大特点，两层布中夹上填充物，用倒针法绗缝，像我国的棉衣。绗缝的线迹本身即是一种装饰，左右对称，前开；以扣子固定是普尔波万的又一大特点，据说这种形式是从亚洲的衣服上引进的，很富有机能性。从此后，这种形式被固定在西欧人的服装生活中，扣子也正式进入欧洲历史。当时人们不仅把扣子作为固定衣服的道具，还把它作为装饰，因此，贵族们的扣子一般用贵金属或宝石来制作，使用的数量也远远超过实际所需，前门襟多达 38 个，袖口处多达 20 个。扣眼的锁法与现代相同。普尔波万的用料也很豪华，有天鹅绒、织锦、丝绸和高档的毛织物等。自 14 世纪中叶起，一直到 17 世纪中叶的路易十四时代，普尔波万作为男子的主要上衣延续了整整三个世纪之久。

与普尔波万组合穿用的下半身衣服肖斯（chausses），英语称霍兹(Hose)，中世纪初期是男女皆用的袜子，这时随着男子上衣的缩短向上伸长到腰部，依然左右分开，无裆，各自用绳子与普尔波万的下摆或内衣的下摆连接。从着装外形上看，很像紧身裤 (实际是长统袜)。过去男子穿的裤子布莱随之变成短内裤，穿在肖斯里面。肖斯在脚部的形状有的保持了袜子状，把脚包起来，脚底部还有皮革底; 有的已进化为裤子状，长及脚踝或脚踝。其用料有丝绸、薄毛织物、细棉布等，常常左右不同色。由于哥特式文化的影响，这时普尔波万与左右不同色的肖斯的配色和装饰在衣服及其他用具上的家徽图案的配色都像哥特式建筑的彩色玻璃画一样华丽多彩。

(五) 公元 15 世纪的男女服装

进入 15 世纪后，衣服的种类增加，如 14 世纪农民穿的科尔塞 (corset，法国男女农民穿的一种科特，在胸前用绳子系合)，这时被大富豪和贵夫人们采用。特别是 14 世纪末到 15 世纪中叶，在统治阶级和大商人中流行一种叫做吾普朗多 (Houppelonde) 的装饰性外衣，可说是哥特式后期服装样式的代表。最初（1359 年左右）这种衣服是作为对当时变短的男服的一种弥补而出现的室内衣，不久被女子采用，并逐渐发展为室外穿的盛装。造形特点是肩部较为合体，从肩部起向下衣身非常宽松肥大，男服衣长及膝，套头穿或前开，系腰带，下边与肖斯组合; 女服衣长及地，套头穿，高腰身，裙子部分非常肥大。初期的吾普朗多有很高的立领，把脖子遮住，极端者可以挡住耳朵。后来出现了无领和翻领。袖子很大，袖口呈扇形，很像我国的宽衣博袖或日本的和服袖子，女服袖口长垂至地面，后来随着上半身变窄，袖子也变成窄袖。各种锯齿形边饰装饰于袖口和下摆，因这种边饰形似花瓣或树叶，故被称为“达更”(dagging，意为花形、树叶形)。用料有花缎、天鹅绒、织锦以及方格毛花呢等，贵族们还喜用黑缎子上有金线或鲜艳的丝线刺绣的面料，有的还用毛皮做边饰或做里子。配色上常常左右不同色或从左肩到右下摆斜着分成两色。到 15 世纪后半叶，吾普朗多一词被嘎翁 (Gown) 和罗布 (Robe) 等词取代。(图 2-4-6)

图 2-4-6　吾普朗多

从整体造型上，女子的吾普朗多是一个高腰等边三角形，很稳定，这种上轻下重的造型感觉一直持续到后世。男子的吾普朗多上堆砌着各种装饰技巧，闪烁着耀眼的光辉。然而，无论男女，吾普朗多的最大特征是不显露体形，只注重衣服外表装饰，这就与同时期的科塔尔迪和普尔波万形成强烈的对比，即一方是对肉体的肯定，一方是对肉体的否定。反映出中世纪西欧人在神权统治下，在禁欲主义支配下被扭曲的矛盾心态。

## 三、哥特式时代的鞋、帽子和服饰品

与哥特式建筑的尖塔造型相呼应的是这时出现的尖头鞋波兰那 (poulaine) 和圆锥状的尖顶帽子汉宁 (hennin)。波兰那是男子的鞋，流行于 14 世纪至 15 世纪。据说这种尖头鞋始于当时波兰首都克拉科夫城，因此，法国人称波兰那，英国人称克拉科夫 (crakows)。早在 13 世纪，鞋头就变尖，到 14 世纪 50 年代，鞋尖向长发展，14 世纪末达到高峰，最长可达 1 米左右，而且鞋尖的长短依身份高低来定，王族可长到脚长的 2.5 倍，高级贵族可长到脚长的 2 倍，骑士则为 1.5 倍，有钱的商人为 1 倍，庶民只能长到脚长的一半。鞋很窄，紧紧捆着脚。材料为柔软的皮革，鞋尖部分用鲸须和其他填充物支撑。因过长，妨碍行走，所以，当时流行把鞋尖向上弯曲，用金属链把鞋尖拴回到膝下或脚踝处。1365 年，查理五世曾颁布禁令，但仍未能阻挡这种时髦，一直持续到路易十一世时期 (Louis XI， 1461—1483)。

在波兰那流行的同时，男子时兴戴一种叫夏普仑（chaoeron）的帽子，帽尖也呈细而长的管状，可以披在肩上或垂于脑后，也可缠在头上，最长可达地面。这种样式来自于当时的学者和宗教家的风帽 ——里里佩佩吾姆 (liripipium)。由此把这种又尖又长的帽尖和同时代女帽上长长垂下的装饰布也称作里里佩普 (liripipe)。

哥特式时代的女子头饰变化很多，最具特色的是艾斯科菲恩 (Escoffion) 和汉宁。艾斯科菲恩是在头上横向张开的两个发结上罩个网，在这个网外面套上金属丝折成的骨架，再在这个骨架上披纱。艾斯科菲恩的造型种类很多，主要有“U”字形和蝴蝶形。

汉宁是一种圆锥形的高帽子，可说是哥特式尖塔的直接反映。首先用浆糊把布粘成圆锥状高筒，然后在这高筒上裱一层华美的面料，如花缎、织锦、平绒等。帽口装饰有天鹅绒，披下来到肩部，帽尖装饰着很长的头纱——里里佩普。最长可垂至地面。帽子的高度以身份高低来定，据说最高可达 1 米以上。一般都把头发全部盖住，盖不住的除额头留有少量卷发外，其余全都剃掉。(图 2-4-7)

14、15 世纪，法国男女盛行在脖子或皮带上挂各种奇形怪状的小银铃，所佩戴的链带又大又重。女子的金、银、宝石项链、手镯和戒指也很令人注目。14 世纪，女子时兴戴无指手套，法国几个小镇专门制作这种手套，其中以紫罗兰香水手套最为时髦。15 世纪，男子时兴用手杖。扇子自 12 世纪从东方传来后，这时已成为妇女必备服饰品，贵夫人们的扇子都有象牙柄或金柄，饰有鸵鸟、鹦鹉和孔雀毛，还镶有宝石。14 世纪，威尼斯首次把制镜变成专门行业，从那时起，一直到能生产大镜子的 17 世纪为止，时髦的男女都把小镜子装在小绸袋里随身携带。

### 思考与练习

1. 解释名词：
   科特、修尔科、希克拉斯、科塔尔迪、萨科特、普尔波万、夏普仑、艾斯科菲恩、汉宁、肖斯、吾普朗多、波兰那。
2. 哥特式建筑样式是如何表现在服装上的？

3. 为什么说哥特式时期在衣服构成上是古今、东西方的交叉点？
4. 试以哥特式时期服饰文化为依据进行设计训练。

## 课时量

8 课时

## 考试要点

1. 名词解释：
达尔玛提卡、帕鲁达门托姆、布里奥、肖斯、科塔尔迪、普尔波万、吾普朗多。
2. 简答：
哥特式时代服装的特点。
3. 论述：
哥特式时期的服装文化对西方服装文化发展的历史作用。

图 2-4-7
A、B、C 艾斯科菲恩 D、E 汉宁 F 里里佩普 G 夏普仑 H 袋子 I、J 波兰那

# 第三章
# 近世纪服装

西洋服装史上的近世纪，一般指从文艺复兴时期到路易王朝结束这一历史阶段，也就是从 15 世纪中叶到 18 世纪末这三个多世纪。其中又从艺术风格上分为三个阶段，即文艺复兴时期、巴罗克时期和洛可可时期。15 世纪中到 17 世纪初，文艺复兴时期服装文化的特点是把衣服分成若干个部件，各部件独立构成，然后组装在一起形成明确的外形。因此，在构成上与中世纪截然不同，显示出鲜明的建筑一样的构筑性和铸型似的硬直性特征。与此相对，17 世纪的巴罗克样式则把这些部件完整地连接在一起，形成一种流动的、统一的基调，部件与部件间的界线消失了，整体感增强了，表现出强有力的、跃动的外形特色。进入 18 世纪的洛可可时期，巴罗克那种男性的力度被女性的纤细和优美所取代，在富丽堂皇的、甜美的波旁王朝贵族趣味中，窄衣文化在服饰的人工美方面达到登峰造极的地步。

从外观上看，近世纪服装有一个共同特征，即性别的极端分化，性差的夸张和强调，形成性别对立的格局。与男子服装以上半身的体积感变迁为中心相对，女子服装则以下半身的体积感变迁为中心展开各种外形。男子通过雄大的上半身和紧贴肉体的下半身之对比来表现男子的性感特征；女子则通过上半身胸口的袒露和紧身胸衣的使用与下半身膨大的裙子形成对比，表现出胸、腰、臀三位一体的女性特有的性感特征。男子服装重心在上半身，呈上重下轻的倒三角形，富有动感；女子服装重心在下半身，呈上轻下重的正三角形，很安定，是一种静态。这种两性绝对的对立形态是自哥特式以来，西洋窄衣文化发展的重大成果，不仅与古代服装截然区别开来，而且也与东方服装造型相去甚远。

## 第一节　文艺复兴时期

### 一、文艺复兴时期的文化背景

14 到 16 世纪，西欧国家先后发生了资产阶级文化运动，这就是人类文明史的上一次伟大变革——文艺复兴运动（Renaissance）。文艺复兴一词的原意是“再生”，即希腊、罗马古典文化的再生、复活，但实际上包含着更远为丰富的内容。文艺复兴开始于意大利，这一文化运动于 15 世纪后半期扩及欧洲许多国家，16 世纪达到高潮。

新兴的新文化具有反对封建神学的性质。许多知识分子以希腊、罗马的古典文化为武器，向封建意识形态展开斗争。他们以人为中心来观察问题，赞美人性的美好，反对神的权威，以人性代替神性，充分肯定了人的价值和尊严；他们提倡幸福就在人间，反对教会的禁欲主义，追求世间的财富、艺术和爱情的享受；他们尊重知识，崇尚理性，反对教会的蒙昧主义和神秘主义，相信自己的创造力，不相信神赐的力量；他们强调人生不应该消极遁世，而应该积极进取；他们反对教会的等级观念，提倡个性解放，树立仁爱、平等的观念；他们在政治上反对封建割据，拥护中央集权的君主制度等等，这些都体现了资产阶级反对封建主义反对教会的进步要求，这种新思潮叫做人文主义。这个时期造就了一大批对当时和后世都有很大影响的思想家、科学家和艺术家，如诗人但丁，戏剧家莎士比亚，艺术家列奥纳多·达·芬奇、米开朗基罗、拉斐尔等。

## 二、文艺复兴时期的服装

文艺复兴时期的服装文化，在上述文化背景下，受欧洲各国国力消长和文化重心移动等因素的影响，可大体分为三个阶段：

(一) 意大利风时代 (1450—1510)

意大利是文艺复兴的发祥地，早在 14 世纪就开始了文艺复兴运动。正当哥特式服装在西欧各国盛行期间，佛罗伦萨的艺术家们就在实力雄厚的梅迪契家族 (Medjci) 的支持和庇护下，开始研究罗马艺术，开创了注重人性的新艺术。这里的服装也与同期的西欧各国完全不同，具有开放、明朗、优雅的风格。

意大利服装的特色是从面料开始的。由于中世纪十字军东侵的影响，到文艺复兴时期，意大利的威尼斯、佛罗伦萨、米兰、热那亚、卢卡等城市都有高度发达的织物工场，大量生产天鹅绒、织锦缎以及织进金银线的织金锦等华贵面料。这些精美的面料本身就具有相当高的视觉欣赏价值。因此，人们在衣服上尽量展开面料，出现宽大平坦的平面，或整理成规则的普利兹褶饰。这时衣服上的另一大特色即在各个局部都可窥见白色亚麻内衣，这一方面是由于精美的亚麻织物本身的魅力和配色审美上的需要；另一方面，用厚地的织锦缎等做合体的衣服时，为了解决人体运动机能问题，即把关节处 (肩部、肘部) 留出缝隙，用绳或细带儿连接各个局部，内衣即从这缝隙处露出，形成一种装饰，这和后来德国出现的裂口装饰在形态上十分相像，也使衣服构成依人体结构分解，出现了可以摘卸的袖子。袖子从此开始独立剪裁，独立制作。(图 3-1-1)

图 3-1-1　意大利文艺复兴时期的女装

男装一般仍为普尔波万和肖斯的组合，内衣修米兹变短，英语称夏次(shirt，衬衣)。普尔波万衣长及臀底，系腰带，领子有圆领、鸡心领和立领。后来出现高立领，修米兹的领子也随之变高，并且有褶饰。衣身曾一度向横宽发展，后又稍稍收敛。肖斯很紧身，有时可配穿半长靴。重心放在上体。外出时在普尔波万外穿长及臀或膝的大翻领嘎翁 (Gown，大袍子) 和曼特。常在伸胳膊的地方装饰有假袖子，曼特上常有毛皮边饰。(图 3-1-2)

女服是在腰部有接缝的连衣裙，称作罗布 (Robe)，领口开得很大，呈口形或 V 形，也有一字形，胸口袒露很多，高腰身，衣长及地，袖子有紧身筒袖和一段一段扎起来像莲藕似的袖子，在肘部、上臂部、前臂部有许多裂口，从这裂口处可看到里面雪白的修米兹。值得注意的是，虽然胴衣与裙子仍然连在一起，但在裁剪上已经上下分离，显示出把整件衣服分成若干个部分构成的基本构想。这一点十分重要，后来女服外形变化丰富多样，都是以这种裁剪技术的急速进步为前提的。

女子的外衣是有华丽刺绣的曼特，色彩很明快，高腰身，拖裾，有袖子，但与男子一样，常不用此袖子，垂披在身上作装饰，而且这袖子是系在曼特上的，可以摘卸和更换。曼特领子也开得很大。女服的整体造型重心放在下半身，上轻下重，与之呼应，头饰也小巧玲珑，男女都戴一种无檐帽，女帽较男帽装饰多一些。但一般都不戴帽子，头发向后梳或中分，颈后挽髻，露出宽宽的额头，时兴在头上束缎带，在缎带的正前方 (额头中央) 装饰一颗珍珠。金色假发最为时髦，染金发也很盛行，耳环已成为普遍的装饰品，化妆一直到脖子和胸口，脸上贴黑痣，喷香水，金银首饰款式华美，喜用很重的金链子、念珠和金银细丝饰品。手绢、扇子、洒有香水的手套都是必备的。

由于裙子越来越宽敞肥大，为了在视觉上取得比例上的谐调，在威尼斯开始流行穿高底鞋——乔品（chopin，图 3-1-3）。乔品的底是木制的，鞋面是皮革或漆皮，一般做成无后踵部分的拖鞋状。因穿在大裙子里面，故鞋面上装饰并不多。鞋底的高度一般达 20~25 厘米，最高可达 30 厘米。

图 3-1-2　意大利文艺复兴时期的男装

图 3-1-3　乔品

（二）德意志风时代（1510—1550 年）

德意志风的主要特色是斯拉修（slash）装饰。斯拉修是裂口、剪口的意思，是指流行于 15 到 17 世纪的衣服上的裂口装饰。这是一种来自军服上的装饰，首先在德国发展和流行开来，并且很快传遍欧洲各国，成为文艺复兴时期男女服装上很具时代特色的一种装饰。斯拉修有横方向的、竖方向的，还有斜方向的，不仅用在上衣的胸部和袖子上，极盛期连裤子、鞋、手套、帽子等上面都有这种装饰，满身的裂口还错落有致地形成纹样。斯拉修也不只是从裂口处显露里面的异色里子和白色内衣，在裂口两端还缀饰有各色宝石、珍珠。

德国男服中，普尔波万与哥特式时代在构成上基本相似，有普利兹褶，立领很高，内衣领也很高，有细小的褶饰，这是后来大褶饰领的先兆。普尔波万这时改用英语的称呼: 达布里特（doublet）。达布里特外面穿带裙身的茄肯（jerkin，这是茄克 jacket 的直接语源），茄肯也常取代达布里特直接穿在内衣外面。最外面穿夏吾贝（schaube，相当于法语的曼特 manteau），这是当时男子的主要外出衣服，衣长及膝或及踝，衣身、袖子很宽松，有毛皮里子或毛皮边饰，大翻领，有假袖子。

男子的下半身衣服有所改变，在紧身的肖斯外面穿上了膨臌起来的短裤布里齐兹（breeches，即法语的奥·德·肖斯 haut de chausses），布里齐兹中间用一块楔形布遮挡住裆部，这块布叫做科多佩斯（codpiece）。男性的第一性特征被赤裸裸地表现出来。(图 3-1-4)

德国女服初期模仿意大利，方形低领口，裸露的脖子和胸口装饰着叫做科拉（koller）的带立领的小披肩。后来领口缩小，变成高领，科拉也变成有碎褶的小领饰，这小领饰也是后来大褶饰领的先兆。最初袖子很大，随着领口变小，袖子也变瘦，袖子上有斯拉修装饰。裙子部分用许多普利兹褶使量增大，再在上面罩上有普利兹褶的围裙。这时男女服装的腰节都较高。但从整体造型上，男子服装重心仍放在上体，衣身宽松，呈方形，与此相对，女子服装则把重心放在下体部，窄肩、细腰，丰臀大裙子，腹部尤其宽大，与细腰形成对比，裙子用色彩各异的厚地面料做成，镶有宽宽的刺绣花边或丝绒边。为了使裙子膨大，常在里面穿好几层亚麻布内裙。

图 3-1-4 英国、法国的男装

男女都戴宽檐大帽子，男子常在大帽里面再戴一顶软帽。女子的大帽子上绣有花纹，饰有珠宝或鸵鸟羽毛，帽边有斯拉修装饰。

这时的鞋头呈方形，向横宽发展，比脚的实际宽度宽得多，上面也装饰有斯拉修（图 3-1-5）。男子腰佩匕首和剑，剑鞘非常华美，女子也常佩带小匕首和装饰袋。男女都戴好几只戒指和项链。但德国女人不用化妆品，也不太喜欢用香水。

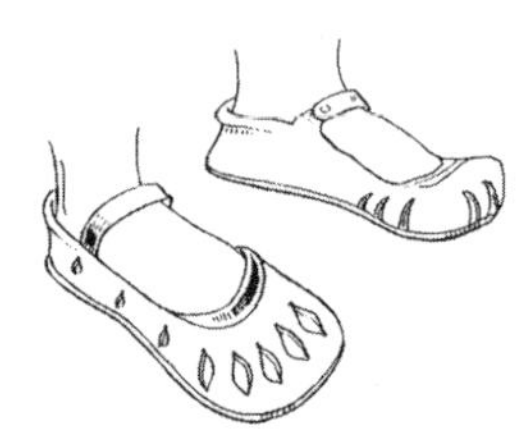

图 3-1-5 德国风时期的帽饰和鞋

（三）西班牙风时代（1550—1620 年）

公元 16 世纪是西班牙的世纪，国力强大的西班牙成了欧洲的流行中心。西班牙国王强制性地向欧洲各国推行西班牙服装，企图使人们顺应西班牙意志，因此，法国、英国、德国都受其影响，在服装上有许多相像之处。

西班牙服装的外观特征是威严、正统、沉着的单色，特别是黑色中洋溢着天主教的神秘主义和禁欲色彩。文艺复兴时期的服装特征主要表现于这第三个阶段，这个阶段被称为填充式（bombaststyle）时代。主要特色表现为：1. 男子上衣、短裤，男女袖子上施加填充物，表面装饰斯拉修；2. 独立制作、独立使用的褶饰领“拉夫”（Ruff）出现在男女服装上，成为一大流行风尚；3. 裙撑“法勤盖尔”（forthingale）的发明和使用，使女装下半身膨大化成为定型；4. 与下半身膨大化相对，女子在上半身盛行使用紧身胸衣“苛尔·佩凯”（corps pique）。

1. 填充物的使用

西班牙男子服装最大特点之一就是大量使用填充物，普尔波万的肩部用填充物垫得很平，胸部和腹部也塞进填充物使之臌起，形成像鹅一样的大肚子。袖子也塞进填充物，出现三种基本造型，一种是帕夫·斯里布（puff sleeve，泡泡袖），在袖山头上用填充物使之臌起来，上臂和前臂都很合体；另一种是“基哥”袖（gigot，羊腿的意思），袖根肥大，用填充物使之臌起，从袖根到袖口逐渐变细，其形状酷似羊后腿而得名；还有一种即前面意大利风时代出现的莲藕状的比拉哥斯里布 (virago sleeve)。这三种造型广泛用于当时的男女袖子上，由于袖子独立制作，为了掩饰袖根与肩头的接缝，男女袖山上还加了一个月牙状的翼形装饰。

填充物不仅用于上衣，这时还用于短裤布里齐兹上，过去男子使用的肖斯，到 16 世纪被分成上下两段，上部称作奥・德・肖斯 (haut de chausses，半截裤)，下部称作巴・德・肖斯 (basdechausses，长统袜)。下部的巴・德・肖斯是紧身的，与此相对，上部的奥・德・肖斯则是离体形的，各国造型相似，但不尽相同。(图 3-1-6)

2. 拉夫的流行

西班牙的男女服装是封闭形的，在那高高的立领上装饰着白色褶饰花边，这种皱褶花边是独立于衣服之外的一种领饰，叫做拉夫 (Ruff)，从 16 世纪一直流行到 17 世纪，是文艺复兴时期又一个独具特色的服饰部件。

拉夫呈车轮状造型。随着流行的展开，其形越来越大。制作这种领饰技术难度相当大，约需 3~4 米布，要用浆糊使布料变得硬挺，以便成形，使用的熨斗也是特制的。其制作方法是：首先需要领布和做褶用的带状长布，领布的宽度依拉夫的厚度来定，带布的长度依褶的密度来定，带布折起来成双层使用，所以宽度为拉夫宽的 2 倍，做时先把带布沿长边对折后缝合两折边，拉夫的宽度依当时的流行而定; 接着划分出褶的折痕距离，褶的厚度与领布的宽度一样，在领布上也做出褶的折痕顶点记号；把布折好，缝在领布上，再把褶的上下用线固定 (固定之前先用特制熨斗把褶烫圆)，即可做成车轮状造型。拉夫过于宽时，为了保持不变形、不耷拉下来，在拉夫底下还用金属丝做的撑圈托着。

拉夫又厚又硬，脖子上围上它之后，头就无法自由活动，吃饭时也极不方便，所以，后来又出现了把下颌处空出一个三角形的拉夫。拉夫不仅制作技术上难度大，而且穿戴也极不方便。

拉夫产生后，很快传遍欧洲各国。而且伊丽莎白一世时期还盛行“伊丽莎白领”，这种领饰不是圆盘式的，而是前边打开，后颈处高耸的扇形，用亚麻布或丽丝制作。高耸的扇面上使用了金属丝。(图 3-1-7)

3. 法勤盖尔的发明

16 世纪后半叶，西班牙贵族们创造了裙撑“法勤盖尔”(Farthingale)。这种法勤盖尔呈吊钟形或圆锥状，在亚麻布上缝进好几段鲸鱼须做的轮骨，有时也用藤条、棕榈或金属丝做轮骨。穿衣服时，先穿上这种法勤盖尔，然后再套上裙子，因此，裙子就呈现出过去所没有的优美造型来。(图 3-1-8)

比西班牙式法勤盖尔晚 20 年左右，法国人又创造了另外一种法勤盖尔，这是用马尾织物做成的像轮胎一样的东西 (图 3-1-9)，里面塞有填充物，用铁丝定型。这种裙撑穿在修米兹或衬裙外面，前面略低一些, 再在其外罩上裙子，形成腰部平着向四周伸出去，然后垂下来的独特外形。

英国人又在法国式的法勤盖尔上罩一个圆形的盖，盖的外沿用金属丝或鲸须等撑圆，内圈与下面的轮胎形法勤盖尔连接，穿时让身体靠近那圆轮的前侧。其外形特色与法国式法勤盖尔基本一样，只是向四周平伸的更大，而且，外沿的轮廓更加清晰，罩在这种裙撑外面的裙子，在腰臀部出现两层，上面一层自

图 3-1-6　普尔波万与肖斯的组合

腰部向四周放射伏地捏很多规则的褶饰。(图 3-1-10)

4. 紧身胸衣的出现

西班牙风女装在用法勤盖尔夸张下半身的同时，在上半身使用束腰的紧身胸衣“巴斯克依奴”(Basquine，嵌有鲸须的无袖紧身胴衣) 来整形，腰被勒得很细，胸也被包在那平整的倒三角形里面。早在 13 世纪，人们就开始强调女性细腰之美，但真正用紧身胸衣来束腰是在 16 世纪后半叶。从此，纤细的腰身成了表现女性性感特征的重要因素。为此，甚至出现了铁制的紧身胸衣（图 3-1-11)。1577 年前后，出现一种叫做苛尔·佩凯 (Corps Pique) 的紧身胸衣，其特征是用两片以上的麻布纳在一起，中间还常加薄衬，很厚硬，为保持形状和达到强制性束腰的效果，在前、侧、后的主要部分都纵向地嵌入鲸须，前中央下面的尖端部用硬木或金属做成，开口在后中央或前中央，用绳或细带系紧 (图 3-1-12)。苛尔·佩凯的下缘内侧有钩扣或细带以连接下面的法勤盖尔，外侧有垂下的饰布。

当时妇女的着装顺序是首先贴身穿亚麻制的内衣“修米兹”，在修米兹外面勒上紧身胸衣苛尔·佩凯，下半身穿上法勤盖尔，再在这些整形内衣上套穿一条精美的衬裙，最后在衬裙外穿上外裙“罗布”，完成着装。为了收腰，罗布以腰围线为界上下分别裁制，上体部与裙子在腰线上缝合，或用细带连接。腰部的接缝在前中央呈三角形下垂，到 16 世纪中叶呈锐角强调细腰，从这个锐角的顶点向下呈 A 字形打开，露出里面的衬裙。

图 3-1-7　拉夫领和伊利莎白领

## 三、文艺复兴时期的服饰品

这个时期，男子留短发，短须或剃须，女子烫卷发，梳圣母玛丽亚式的发型。男女均戴无檐或窄檐的贝雷帽，帽子上饰有珠宝和羽毛。男女的鞋为扁宽的方头，上面装饰着斯拉修，后来方头逐渐变得自然合脚。16 世纪后半叶，高跟鞋取代了女子的高底鞋“乔品”。

这个时期，为了掩饰体臭的香水应运而生，各种化妆品制造业也蓬勃兴起。

## 思考与练习

1. 解释名词：
   乔品、斯拉修、奥·德·肖斯、巴·德·肖斯、拉夫、法勤盖尔、苛尔·佩凯。
2. 简述文艺复兴时期各阶段的服饰特点。
3. 法国式法勤盖尔与西班牙式法勤盖尔有哪些不同？
4. 试以文艺复兴时期的服饰文化为依据进行设计训练。

图 3-1-10　伊利莎白一世肖像

图 3-1-8　西班牙式法勤盖尔

图 3-1-9　法国式法勤盖尔及其着装图

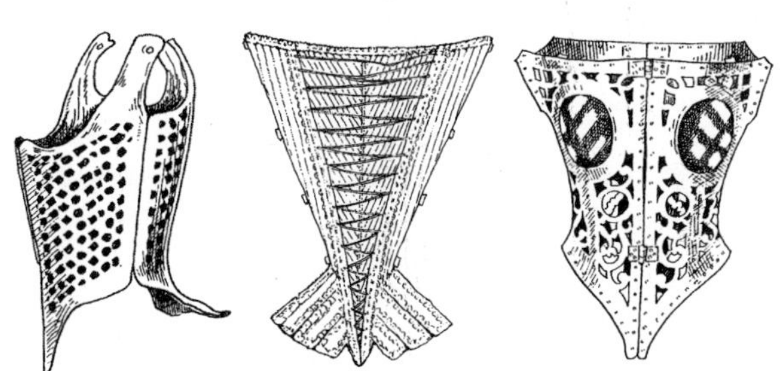

图 3-1-11　紧身胸衣

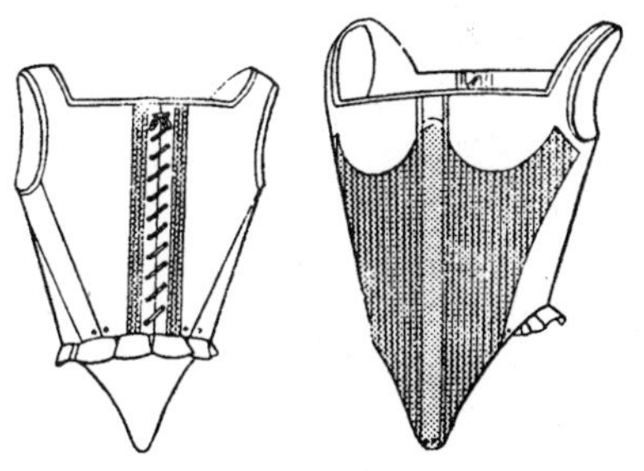

图 3-1-12　苛尔·佩凯

## 第二节 巴罗克时期

### 一、巴罗克时期的文化背景

巴罗克 (baroque) 一词, 一般认为源于葡萄牙语 banoco (或西班牙语 Barrueco)，意为不合常规，特指各种外形有瑕疵的珍珠。19 世纪以前，用作贬义，一般指违反自然规律和古典艺术规范的做法，一直到 19 世纪末，这个词才成为一种艺术风格的名称，也代表着西方艺术史上一个时代。其特点是气势雄伟，生气勃勃，有动态感，气氛紧张，注重光和影的效果，擅长于表现各种强烈的感情色彩和无穷感，颇有打破各种艺术界限的趋势。与文艺复兴时期不同，美术、建筑样式显得装饰过多。在服装史上也把 17 世纪初到 18 世纪初出现的装饰过剩的奇异装束称为巴罗克样式。

17 世纪的欧洲极为动荡，各王权和大小贵族、新兴资产阶级和封建君主势力、民众与资产阶级、代表旧宗教势力的天主教与代表革新派的新教之间在这个世纪展开了激烈的斗争。以德国为战场，几乎所有的欧洲国家都参加了的举世闻名的三十年战争（1618—1648）即是这个时代的表征。政治、经济、宗教等方面的变革与争斗，剧烈地改变着各国的面貌。荷兰率先建立了第一个资本主义国家，英国经过一个世纪的反复斗争，也终于步入资本主义社会，法国则进一步强化中央集权的专制政体。王宫贵族们过着穷奢极欲的生活，大兴土木，建造宫殿和花园，举办大型游园会、宴会，有权有势的男士们玩弄权术，追逐女性，相当忙碌。这样的时代必然产生以男性为中心的强有力的艺术风格，这就是巴罗克风格。

### 二、巴罗克时期的服装

巴罗克时期的服装可大体上分为两个历史阶段，即荷兰风时代和法国风时代。

(一) 荷兰风时代 (1620—1650)

荷兰风时代也被称为“三 L”时代，即 Longlook (长发)、Lace (丽丝)、Leather (皮革) 三者流行的时代。支配 17 世纪前半期的荷兰样式从 1600 年前后开始就逐步把西班牙风时代那被分解的衣服部件组合起来，从僵硬向柔和，从锐角向钝角，从紧缚向宽松方向变化。拉夫、填充物、苛尔・佩凯和法勤盖尔被取掉了，两性对立的造型被男女装统一的胖乎乎的外形所取代; 丽丝作为装饰大量出现在领子、袖口和裤角等处。

到 17 世纪三四十年代，荷兰的男子服，整个造型变宽松了。普尔波万变长，盖住臀部，肩线倾斜度很大 (大溜肩)，尽管仍是高领，但车轮状的拉夫变成了大翻领或折翻下来的平领和披肩领。这种大翻领称作拉巴 (Rabat)，其造型是通过在领口收省来完成的。

与大翻领拉巴相呼应，雪白的丽丝还装饰在收细的袖口那翻折上来的漏斗状袖克夫上，这种袖克夫越来越宽，最宽可达 6 英寸 (15 厘米左右)。17 世纪 30 年代以后，普尔波万腰际线上升，呈高腰身。下半身的奥・德・肖斯于 1630 年左右被细腿的半截裤克尤罗特 (culotte，英语称 kuee breeches) 取代，裤长及膝，在膝上用吊袜带或缎带扎口，装饰有蝴蝶结。到 1640 年，出现了长及腿肚子的筒形长裤，这是西洋服装史上首次出现的长裤，英语称托拉吾扎兹

(Trousers)，一般在膝下有 6 英寸的边饰。

男服的另一特色是那水桶型的长统靴，靴口很大，也装饰有丽丝边饰，向外翻着或口朝上“蹲”着，很富有装饰性。

女服与男服一样，高腰身，去掉了苛尔·佩凯和法勤盖尔，脱离了西班牙风那种僵硬感，线条变得平缓、柔和、浑圆。除了与男服一样的披肩领以外，还出现了大胆袒胸的样式。(图 3-2-1)

这个时期，女性除了外边的罗布以外，还要穿三条颜色不同的裙子，而且内侧的裙子比外侧裙子的色彩明度高。面料很少使用织锦缎一样的厚地织物，特别是外侧的裙子，为了便于提裙子，多喜好薄地织物，还常配以鲜艳的里子。从图 3-2-1 中可以看出，当时女子常把外裙提起来行走，或在前面打开，露出里面的裙子。

袖子仍是女服装饰的重点，整个造型柔和、自然。

(二) 法国风时代 (1650—1715)

17 世纪中叶，荷兰渐渐失去了欧洲商业中心的地位，取而代之的是波旁王朝专制下兴盛起来的法国。从路易十三时代起，法国在加强中央集权的同时，推行一系列抵制进口货、扶持和发展本国工业的经济政策，使国力得到发展。路易十四亲政以后 (1661—1715)，法国在政治、经济、军事上取得了长足发展。同时，路易十四大兴土木修造凡尔赛宫，鼓励艺术创作，他指定人们如何吃、穿、住，装着巴黎最新时装的“潘多拉”盒子每月从巴黎运往欧洲各大城市，发挥着传播时尚信息的作用，这使法国成为新的世界中心，巴黎成为欧洲乃至世界时装的发源地。

1. 法国风时代的男服

法国风时代以男装变化最为显著。17 世纪中叶，普尔波万极度短缩，衣长及腰或更短，袖子变成短袖或无袖，小立领，前开，门襟上密密麻麻一排扣子，下摆处常接一窄条垂布，自右肩斜向下挂着绶带表示身份。里面的修米兹在各处显露，袖克夫上的装饰也很突出。下半身出现了过去所不曾有过的裙裤“朗葛拉布” (rhingrave)，长及膝，猛一看像裙子，但基本型是宽松的半截裤，也有的实际上就是裙子，腰围处有很多碎褶或普利兹褶 (图 3-2-2)。在朗葛拉布左右侧缝处有缎带束装饰。长统袜肖斯的膝部和鞋上也都有缎带装饰。可见，缎带是巴罗克样式中很有特色的一种装饰。

图 3-2-1　荷兰风时代的女装

图 3-2-2　穿各种朗葛拉布和普尔波万的男子

图 3-2-3　鸠斯特科尔

到 17 世纪 60 年代以后，男装出现了鸠斯特科尔、贝斯特和克尤罗特组合的男子套装。

鸠斯特科尔 (justaucorps)，意为紧身合体的衣服。由衣长及膝的宽大衣卡扎克 (casaque, 英语称卡索克 cassock，意为宽敞的外衣) 演变而来。卡扎克衣身宽松，分有袖和无袖两种。后来逐渐从背缝和两侧缝收腰，在两侧取褶使下摆张开，为了骑马时方便，后背缝在底摆处开衩。到 17 世纪 80 年代，腰身更加合体，改称鸠斯特科尔。这就形成了 19 世纪中叶以前的男服基本造型。除以收腰和扇形地扩张下摆外，鸠斯特科尔的口袋位置很低，整个造型重心向下移。袖子也是越靠近袖口越大，袖口上还有一对翻折上来的袖克夫。无领，前门襟密密麻麻排列着一排扣子，还装饰有金缠子丝绸纽。(图 3-2-3)

当上衣变成收腰无领的鸠斯特科尔之后，就出现了在脖口系个漂亮的蝴蝶结的领饰克拉巴特（cravate)，这被认为是现在的领带的直接始祖。克拉巴特一般用薄棉布、亚麻布或薄丝绸制作，初期的克拉巴特宽 30 厘米，长 1 米，后来发展到 2 米，在脖子上绕两圈后系个结让两端垂下来。

鸠斯特科尔里面穿着贝斯特 (veste，英语称 waistcoat)，收腰身，后背破缝，前门襟与鸠斯特科尔一样，装饰许多扣子，只扣一部分。这种贝斯特主要流行于 17 世纪后半叶到 18 世纪初，后来变成无袖的背心，改称作“基莱”(Gilet)，衣长也逐渐变短。

与鸠斯特科尔和贝斯特组合的下体衣克尤罗特，用料与上衣相同，但一般没有刺绣装饰。下面的长统袜巴・德・肖斯上有刺绣纹饰。

2. 法国风时代的女服

17 世纪后半叶，女服中又出现了称为苛尔・巴莱耐 (corps baleine) 的紧身胸衣，这是装饰性的上衣与科尔・佩凯结合在一起的胴衣，其构成是在胸腰部嵌入许多鲸须 (巴莱耐)，并由此而得名。缝线是从腰向胸呈放射状地扇形张开，穿上这样的胴衣，即使动作，也不会走形 (图 3-2-5)。苛尔・巴莱耐的表面装饰得很美，直接作为外衣穿在修米兹外面，开口在前面或后背。下摆有一圈装饰布，这装饰布的内侧接缝处有钩扣，与下面的裙子相连接，前中央下凸部分穿时露在外面，上下用料一样。所以，从外表看是一件完整的连衣裙。

领口开得很大，几乎都要袒露出乳房。从 17 世纪 80 年代起，臀部越来越膨大化，开始使用一种叫做“克尤・德・巴黎”(cul de paris) 的臀垫 (在法国国内这种臀垫称为克尤・德・克朗 cul de crin，意为马毛做的臀垫；cul，臀部的俗称)，使后臀翘起来。把罗布的裙子卷起来集中放在后臀，然后从这里垂下来形成拖裙，或者把前面的裙子掀起，用缎带在两侧固定，露出里面美丽的衬裙 (图 3-2-4)。拖裙极端长的可达 5~10 米，步行时把拖裙拿起来搭在左臂上。这种夸张后臀部的样式是西洋服装史上第一次出现，后来称这种样式为巴斯尔样式 (Bustle style)，这种样式在 18 世纪末和 19 世纪末又反复出现。

图 3-2-4　巴塞尔样式

## 三、发型、化妆及服饰品

荷兰风时代，男子留披肩长发，女子梳发辫或系发髻，髻上装饰缎带蝴蝶结。到法国风时代，假发盛行。

17 世纪末，在法国出现了一种奇特的女子发型，这就是称作“芳坦鸠”

(Fontange) 的高发髻，其形状有 20 多种，为了强调高，也使用了假发，还把亚麻布做成波浪状的扇形竖在头上，也有用白色丽丝和缎带以铁丝撑着竖在头上的。在后头部有一个帽顶，这些竖起来的丽丝或缎带相当于帽檐，豪华的芳坦鸠头饰上还装饰有宝石和珍珠。整个头饰的高度可达面长的 1.5 倍。

另外，这时在法国宫廷女子之间还流行在脸上贴黑痣。

法国风时代，鞋的种类也很丰富，除长统靴外，还有短统靴和皮鞋，男子以黑色为主，有红色高跟，鞋舌也是红色，很长很大，鞋上装饰有缎带或珠宝。女子鞋头很尖，鞋跟也较高。由于女子前臂的裸露，齐肘长的手套应运而生。另外，金花边的扇子，中国式女用阳伞，名目繁多的化妆品，戒指、耳环、胸针、金项链也都十分流行。(图 3-2-5)

## 思考与练习

1. 解释名词，
   巴罗克、鸠斯特科尔、克拉巴特、苛尔 · 巴莱耐、巴斯尔。
2. 简述荷兰风时期的男装特征。
3. 试以路易十四时代的服饰文化为依据进行设计训练。

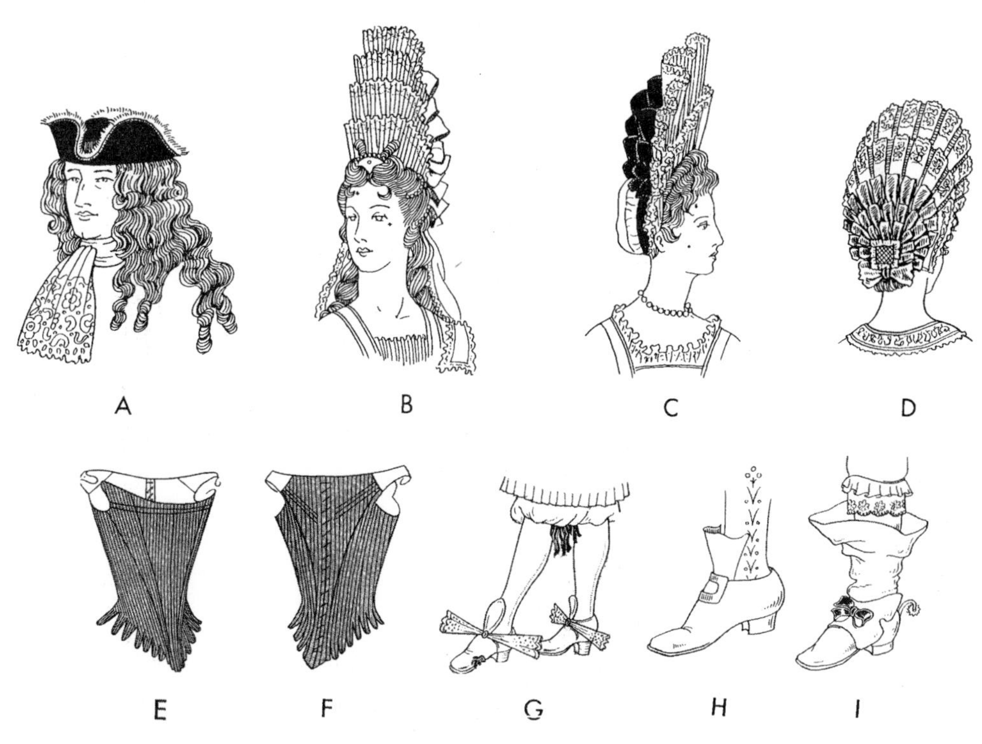


图 3-2-5
A 男子假发　B、C、D 芳坦鸠发型　E、F 苛尔巴莱耐　G、H、I 男子的鞋

## 第三节 洛可可时期（18 世纪）

### 一、洛可可时期的文化背景

历史进入 18 世纪，西欧各国资产阶级不断发展，资本主义势力逐渐增强，社会结构发生着深刻变化。18 世纪中叶，产生于英国的产业革命，大大加速了西欧资本主义的进程。

然而，在文化艺术方面，法国仍是西欧的中心。在上流社会，出现了与国王主宰的宫廷相对的资产阶级沙龙文化（salon，即“会客室”、“客厅”。17 世纪起，西欧贵族、资产阶级社会中谈论文学、艺术或政治问题的社交集会。18 世纪，在法国特别流行）。沙龙成了社交的中心，18 世纪的文化就是从贵族和新兴资产阶级的社交生活中产生和形成的。

沙龙中的人们只追求现世的幸福和官能享乐，特别注重发展人类生活的外部要素，这就使人们的感觉异常敏锐和高雅，形成了不同于巴罗克那庄重豪华、拘泥虚礼的宫廷文化的文化形态，这就是著名的洛可可样式。洛可可（Rococo）一词来自法语 Rocaille，意为小石头、小沙砾。作为艺术风格，起先指用贝壳和石头修筑起来的人工假山和岩洞等，后指具有贝壳纹样曲线的装饰主题。最初这个词也是站在古典主义的立场上对 18 世纪室内装饰和家具上的装饰手法的批判，后来，与哥特式、巴罗克式一样，作为一种艺术风格专指 1715—1770 年这一历史阶段的文化样式，成了文化史上区分时代的名称。洛可可样式的特点是：C 形、S 形和涡旋状曲线纹饰蜿蜒反复，室内的墙壁与墙壁，家具的边角和接缝都巧妙地用这种曲线纹样装饰起来，尽量避免直线的使用；色调是高明度、低纯度，十分淡雅，白色地上金色的曲线纹样最为流行。并且打破了文艺复兴以来左右对称的模式，创造出一种非对称的，富有动感的，自由奔放而又纤细、轻巧、华丽、繁复的装饰风格。巴罗克那洋溢的生气、庄重的量感和男性的尊大感被风流的游戏般的情调、艳丽的纤弱柔和的女性风格所取代。

### 二、洛可可时期的服装

18 世纪的洛可可风服装是以女性为中心、以沙龙为舞台展开的优雅样式。洛可可样式在服装史上一般指 1715—1789 年这一历史阶段。这时各种新的服装杂志陆续出版发行，逐渐取代了过去的“潘多拉”盒子。法国进一步巩固了流行中心的地位。

（一）洛可可时期的男装

17 世纪形成的男子三件套装到 18 世纪在款式造型上逐渐向近代的男装发展。18 世纪初，鸠斯特科尔改称“阿比”（habit la francaise），造型同前，18 世纪初，袖口的袖克夫很大，可达肘窝，后来逐渐变小，袖克夫用扣子固定。

1715 年以后，阿比的用料和色调比以前柔和多了，大量使用浅色的缎子。由于阿比变得朴素，穿在里面的贝斯特就装饰得豪华起来。衬衣袖口装饰有丽丝或细布做的飞边褶饰，从阿比的袖口露出来。衬衣领为小立领或小翻领，但一般都被克拉巴特挡着，后来在衬衣门襟上出现了丽丝或皱褶飞边装饰，一度取代克拉巴特。

下半身的克尤罗特采用斜丝裁剪，做得十分紧身。18 世纪初，克尤罗特多用黑色天鹅绒制作，1715 年以后，多用亮色的缎子，长度仍到膝部稍下一点，裤口用 3~4 粒扣子固定。

1760 年，男上衣开始去掉多余的量，衣摆不那么向外张了，缓解紧束的腰身，变得实用多了，这种上衣称作夫拉克 (frac，英国称 frock)，其最大特点是门襟自腰围线起斜着裁向后下方。有立领或翻领，后开衩，衣身两侧自袖窿起有公主线，前门襟的扣子一个也不扣，袖子为两片构成，袖长及手腕，袖口露出衬衣的褶饰，翻折上来的袖克夫消失，但固定袖克夫的那几粒扣子作为装饰一直保留到现在。到 1780 年，英国出现毛料夫拉克，这种朴素、实用的英国式夫拉克从此成为男服的定型，英国也确立了男装流行的主导权。贝斯特的袖子也没有了。出现了现代西式背心的前身基莱 (gilet)，基莱前片仍用华丽的面料，而平时看不见的后片则用朴素、廉价的布料或里子制作。

这种由夫拉克、基莱和克尤罗特组成的三件套，在路易十六时代称作夫拉克・阿比埃 (frac habille)，作为上流社会男子的社交服一直用到 19 世纪。(图 3-3-1)

图 3-3-1　男子的三件套

18 世纪中叶，出现了叫做鲁丹郭特 (redingote) 的新型外套 (图 3-3-2)，有两层或三层领子，造型很类似阿比。

(二) 洛可可时期的女装

洛可可样式集中表现在女服上。这个时代，女性是沙龙的中心，为了博得男性的青睐和欢心，女人们挖空心思装扮自己，这种努力主要表现在被紧身胸衣勒细的纤腰和用裙撑增大体积的下半身。这个时期服饰美的本质，即用这种夸张的外形强调女性肉体的吸引力和美感，其形态演变分三个时段:

1. 奥尔良公爵摄政时代 (1715—1730)

这是从巴罗克向洛可可的过渡期。这时的人们追求人生的欢乐，喜好轻快的衣裳，流行使用中国的色彩和中国产的丝绸。以室内活动为主的放荡生活，使过去不能穿在正式场合的宽松的家庭便服耐葛里杰 (neglige，英语为 negligee，室内服) 作为白天的常服流行起来。这种衣服领口开得很大，在背部 (后领窝处) 有量很大的箱形普利兹褶，呈又宽又长的拖裾形式，可说是巴罗克末期流畅的外形的再现。拖着这长长的衣裙一走动，有一种飘飘欲仙的美感，因之称为罗布・吾奥朗特 (robe volante，飘逸式罗布，图 3-3-3)。

一百多年前的裙撑又一次出现。这时的裙撑叫做“帕尼埃”(panier, 英语为 pannier, 意为行李筐、背笼。因其形似马驮东西时的背笼而得名)，用鲸须、金属丝、藤条或较轻的木料和亚麻布制作，1740 年以前，呈吊钟状。因偶尔从

图 3-3-2　鲁丹郭特

图 3-3-3　华托式罗布

这吊钟状裙子下面可窥见那丝绸面的高跟鞋，很像钟舌，所以这种裙子也被称为“鸣钟罗布”(robe battantes)。这时的罗布用料十分华丽，闪光的缎子较多，色调以清淡色为主。由于东方趣味盛行，因此在缎带装饰和丽丝上都常有东方风格的纹样。

2. 路易十五时代 (1730—1770)

洛可可风在这一时期达到鼎盛，女服中最大的特征即帕尼埃越来越大。1740 年以后，帕尼埃逐渐变成前后扁平、左右横宽的椭圆形，据说最高记录横宽可达 4 米。1770 年，出现了两边带合页装置的铁丝做的帕尼埃。两侧用带子连接的铁架子可以自由开合，必要时向上收拢变窄，而后又放开变宽。另外，在 1750 年左右，还出现一种叫做帕尼埃 • 多布尔 (panier double) 的裙撑，与一般左右连为一体的帕尼埃相比，这种帕尼埃 • 多布尔做成左右两个，中间用绳子或带子系在身上，相对方便多了。(图 3-3-4)

罩在帕尼埃外面先是一条华美的衬裙，然后再罩上外面的罗布，罗布一般前开，上面露出倒三角形的胸衣，胸衣自上而下按大小顺次排列着一排缎带蝴蝶结，罗布下面 A 字形打开，露出里面的衬裙，衬裙和罗布上也都装饰着曲曲弯弯的皱褶飞边、丽丝、缎带蝶结和鲜花。这时还时兴用意大利产的人造花装饰自己，女人被称作“行走的花园”，领口开得很大，呈四角形，袖长及肘，袖口有三层丽丝飞边。(图 3-3-5)

紧身胸衣与裙撑是一对孪生姐妹。17 世纪后半叶出现的苛尔 • 巴莱耐，到 18 世纪中期，制作技术更加进步，其妙技主要在于嵌入鲸须的数量和方向。这时苛尔 • 巴莱耐上插入许多条鲸须，除前中央插入叫做巴斯克 (Basque) 的带状鲸骨或木片、金属片外，还把鲸须事先按体形曲线弯好，嵌入衣身，在胸衣的上沿，即乳房上部也横着嵌有一根弯好的鲸须。背后的鲸须是直线的，强迫性地压迫肩甲骨，使背显得很平。布的接缝处理也十分巧妙。过去的紧身胸衣有的是在前面开口系扎，这时一般都在后边系扎。胸衣外边罩的罗布前开，在胸前装饰有倒三角形的胸饰斯塔玛卡，斯塔玛卡的中央与里面的紧身胸衣一样向下呈很尖的锐角，这在视觉上使腰显得更细。

3. 路易十六时代 (1770—1789)

这是洛可可风结束，新古典主义兴起的样式转换期，因此，服装上变化较复杂。18 世纪中叶，意大利那不勒斯附近的赫库兰尼姆和庞贝两大古代都市的发掘 (公元 79 年 8 月，因维苏威火山爆发两都市被湮没)，引起人们对古代文化的关心，开始从洛可可那优美但很轻薄的文化风尚向朴素、高尚、平静而伟大的古典文化转移，这种倾向被称为新古典主义 (Neoclassical)。

随着尊重自然的思潮之渗透，服装也显示出从人工形向自然形方向回归的倾向，首先，裙子的体积逐渐缩小，18 世纪 70 年代，大型的帕尼埃只在盛装时使用。1776 年，受波兰服装影响，出现了罗布 • 阿 • 拉 • 波罗耐兹 (robeà la polonais，波兰式罗布，图 3-3-5) 这种崭新样式。其特征是裙子部分在后侧分两处像幕布或当时的窗帘似的向上提起，臀部出现三个柔和地膨起的团。与波兰式罗布造型很相似的还有一种叫做罗布 • 阿 • 拉 • 切尔卡鲜奴 (robeà la circassienne, 切尔卡西亚式罗布) 的裙子，上有三条绳子捆束，形成四个膨起的团。因形似波兰式，故被认为是波兰式罗布的发展。(图 3-3-6)

同时期的英国式罗布非常简洁、质朴，体现出英国自然主义的倾向，英国式罗布去掉了帕尼埃，前后的腰线都向下突出，通过起自腰线接缝处的许多碎褶形成裙子的体积感。(图 3-3-7)

这时还出现了女茄克——卡拉科（caraco)。这种茄克上半身紧身合体，下摆呈波浪状外张，衣长及臀，很像男子的鸠斯特科尔，背部嵌有鲸须，使之挺直。有长袖和七分袖之别。(图 3-3-8)

18 世纪 80 年代，帕尼埃消失了，裙子变得柔软了。但继续用紧身胸衣整形，肩上披着小型披肩。一种臀垫取代裙撑，与 17 世纪末一样，后臀部又一次膨臌起来。法国以外的国家称其为克尤·德·巴黎 (cuedeparis)，意即“巴黎的屁股”。(图 3-3-9)

## 三、发型及服饰品

洛可可初期，男子继续流行使用白色假发，到路易十五时代，流行灰色假发，假发向后梳，在脑后编成辫子或做发髻，并把发髻装在丝绸袋子里，系上黑色缎带做装饰。男子也像女子一样化妆。帽子为三角帽，帽边上饰有鸵鸟羽毛、流苏或丝带。鞋做得很精巧，鞋跟较低。

女子发型都比较简便，头发贴在头上，从前额梳向头顶，在脑后束起来。约自 1750 年开始，前面的头发剪短了，发梢做成发卷，密密地垂在脑后。

18 世纪 60 年代后半期，女子发型出现了高发髻，极端时最高可达三英尺左右，至使下颌底处于全身高度的 1/2 处。这种高发髻用马毛做垫子或用金属丝做撑子，然后再覆盖上自己的头发，如果头发量不够，再加上一些假发，用加淀粉的润发油 (相当于今天的发胶) 和发粉固定。但仅仅把头发做高还不能满足人们的装饰欲，在这个高高耸起的发髻上还要挖空心思地做出许多特制的装饰物，如山水盆景、庭园盆景、森林、马车、农夫、牧羊人、牛羊等田园风光和扬帆行驶的三桅战舰等。(图 3-3-10)

女鞋从 17 世纪初就出现了今天的高跟鞋式样，但洛可可时期的女鞋几乎都是用丝绸、织锦、缎子或亚麻布作鞋面，也有少量使用柔软的小山羊皮。(图 3-3-11)

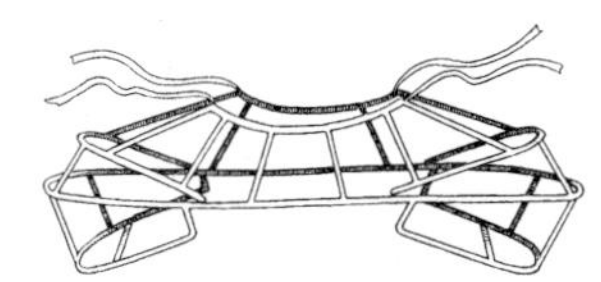

图 3-3-4　帕尼埃

## 思考与练习

1. 解释名词

洛可可、阿比、基莱、夫拉克·阿比埃、鲁丹郭特、帕尼埃、罗布

2. 简述洛可可时期女装的造型特点。
3. 比较一下法国式罗布、波兰式罗布及英国式罗布的造型特征。
4. 试以洛可可时期的服饰文化为依据进行设计训练。

## 课时量

9 课时

## 考试要点

1. 名词解释:

   苛尔·巴莱耐、斯拉修、拉夫、法勤盖尔、苛尔·佩凯、阿比、基来、鲁丹郭特、帕尼埃、罗布。

2. 简答:

   西班牙风时代和洛可可时期西方服饰的特点。

   文艺复兴对西方女装文化的影响。

图 3-3-5　法国式罗布　波兰式罗布

图 3-3-6　切尔卡西亚式罗布

图 3-3-7　英国式罗布

图 3-3-8　卡拉科

图 3-3-9　18 世纪末的巴塞尔样式

图 3-3-10
18 世纪男女的发型头饰和鞋

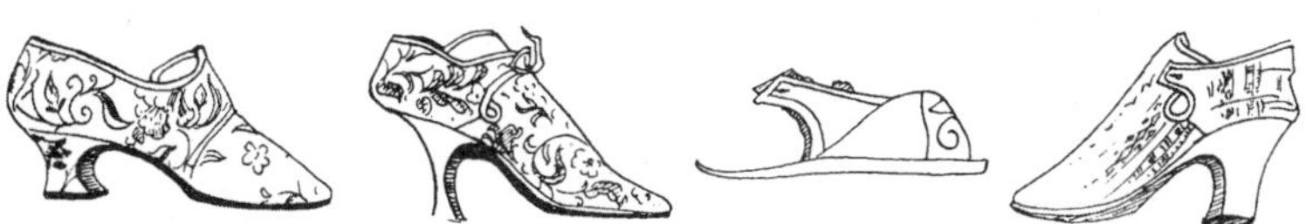

图 3-3-11　18 世纪的女鞋

# 第四章 近代服装

西洋服装史上所说的近代，是指 1789 年法国大革命到 20 世纪初第一次世界大战爆发的 1914 年为止的这一个多世纪。

法国大革命吹响了这一新时代的号角，象征着自由、平等、博爱的三色旗及其思想从法国向全欧洲、全世界扩展开来。另一方面，18 世纪中叶兴起于英国的产业革命在 19 世纪开花结果，通过机器的量产助长了资本主义经济的发展，改变着社会结构。西欧社会就是通过这两大革命打开封建主义封闭的大门，向近代工业社会急速转变。整个 19 世纪作为现代文明的黎明期，从各个方面为 20 世纪新的生活样式的到来做着精神和物质上的准备。

男性开始追求衣服的合理性、活动性和机能性。因而，到 19 世纪中叶完成了近代化的男服，后来在样式上变化就不那么明显了。

19 世纪被称为“流行的世纪”，其实这里的流行主要指女装。19 世纪也同时被称为“样式模仿的世纪”，女装的变迁几乎是按照顺序周期性地重现过去曾出现过的样式: 希腊风——16 世纪的西班牙风——洛可可风——巴斯尔样式等在这一时期一一登场。

图 4-1-1　革命者的装束

## 第一节 新古典主义时代 (1789—1825)

### 一、新古典主义时代的文化背景

这个历史阶段分为前后两个时期，前期 (1789—1804) 包括法国大革命时期、督政府执政时期和三执政官执政时期，是法国革命后的混乱期; 后期 (1804—1825) 为拿破仑的第一帝政期和王政复辟初期。

服装史上的帝政样式时代一般指 1804—1825 年。

自 18 世纪中叶起，由于意大利、希腊和小亚细亚地区古代遗址的发现、勘察和考古研究的兴起所引起人们对古代新的、比过去更大的科学兴趣，在文艺思潮上形成了新古典主义。这种新古典主义体现了通过采纳古典形式重新建立理性和秩序的意图。法国大革命从政治上摧毁了路易王朝的封建专制制度，革命后的法国人民在思想上接受了这种新古典主义思潮，形成了与洛可可时代截然不同的服装样式。因此，在服装史上把这一历史阶段称为新古典主义时代。

图 4-1-2　夫拉克

### 二、新古典主义时代的服装

(一) 新古典主义前期的男装

法国大革命废止了过去的衣服强制法。黑色成为仪礼和公共场合的正式服色，具有新的权威。

大革命时期，男装向朴素、机能化方向推移。如图 4-1-1 所示，上衣称做“卡尔玛尼奥尔” (carmagnole)，驳头很宽，有挖兜和金属或骨制的扣子；下穿长裤“庞塔龙”(pantalon)。革命者穿上它表示对贵族那种长及膝的半截裤克尤罗特的革命。最初裤长只到深靴位置，后来逐渐变长，1793 年长到一般的浅口皮鞋的位置。庞塔龙常用象征革命的红、白、蓝三色条纹毛织物制作。与卡尔玛尼奥尔和庞塔龙组合穿的还有双排扣的背心和红色无檐帽。(图 4-1-1)

1793 年，与共和党革命分子的服装相对抗，王党派中的时髦男子穿上黑色阿比，金色假发披散到领子上，脖子上的白色克拉巴特一直缠到下颌处。恐怖政治过后，王宫司令部的男子示威性地穿着灰色的夫拉克，系绿色克拉巴特，下穿紧身的克尤罗特和短靴，手持文明杖; 到督政府时代，长发像垂下来的狗耳朵一样披散着，或编成发辫，或在卷发上戴小小的两角帽，身穿有巨大翻驳领的紧收腰身的双排扣大衣，克拉巴特在脖子上围数圈 (最多达六圈) 后系上，紧身的半截裤克尤罗特用吊裤带吊着，在膝下用华丽的缎带系扎，脚登翻口皮靴或浅口皮鞋，手里拿着文明杖。

图 4-1-3　大革命时期的罗布

男装总的流行趋势是减少刺绣和装饰，面料为朴素的毛织物。法国出现了前襟自腰节开始向后斜着裁下去的夫拉克，这时的夫拉克分为两种基本样式: 一种是在前腰节水平向两侧裁断，后边呈燕尾式，即现代燕尾服的前身 (图 4-1-2)；另一种是前襟从高腰身处就斜着向后裁下来的大衣，是现在的晨礼服 (morning-coat) 的前身，这两种样式一直延续到 19 世纪。

缩短到腰部的贝斯特，这时有单排或双排扣，双排扣的贝斯特有翻领，而且多采用条纹面料来制作。

(二) 新古典主义前期的女装

法国女装向古希腊、古罗马那自然样式方向倾斜。这种新古典样式的特点是造型极为简练、朴素，与装饰繁多、矫揉造作的洛可可风格形成强烈的对比，这是一种用白色细棉布制做成的宽松的衬裙式连衣裙 ——修米兹 • 多莱斯 (chemisedress)。解下了紧身胸衣和笨重的裙撑及臀垫，甚至连内衣也不穿了，出现了能透过衣料看到整个腿部的薄衣型服装样式，因此，服装史上也把这一时期称为薄衣时代。这种古典样式另一个造型上的特点就是把腰际线提高到乳房底下，胸部内侧做成兼有乳罩作用的护胸层，这种高腰身也是后来的帝政样式的一大特征。袖子很短，袖形多为帕夫袖或爱奥尼亚式希顿一样的感觉。露出玉臂，时兴戴长及肘部以上的长手套。裙子很长，柔和、优美的衣襞一直垂到地上。其裙长没有一定的标准，据说行路的裙子长达三米，社交场合的裙子长到八九米。这时流行的面料是来自英国的细棉布。督政府时代，服饰一方面继续保持古典风格，一方面追求优雅，朝着华美、奢侈的方向发展。(图 4-1-3)

在朴素的修米兹 • 多莱斯流行的同时，妇女们喜用各种颜色的披肩“肖尔”(shawl) 来装饰自己。其中法国中部的蒂勒市生产的经编绢网 (六角网眼纱) 最为常用。1798 年起，随着印度棉布的流行，人们又时兴使用印度产的开士米 (cashmere，印度克什米尔山羊的羊绒制成的精纺织物) 做的长披肩。

图 4-1-4　斯潘塞

这时还流行一种叫做“斯潘塞”(spencer) 的短外套。这种短外套来自对同一时期男子短外套的模仿，那时，男子常在夫拉克或大衣外面套穿长及腰，有领，有袖，袖口有克夫的短外套，因最初的穿用者是英国的斯潘塞伯爵 (G. J. Spencer, 1758—1834) 而得名。女服的斯潘塞衣长仅达高腰位置，长袖。(图 4-1-4)

人们不仅在衣服样式上追求古典样式，连发型和鞋也是古典风格的。（图4-1-5）

(三) 帝政样式时代的男装

1804年，拿破仑称帝，拿破仑宫廷中的男服又回到路易十六时代。但一般资产阶级的男服仍以夫拉克、基莱和庞塔龙的组合为基本样式，以不那么显眼为高雅，新的市民社会中绅士们理想的审美观开始形成。

夫拉克在造型上延续上个时期那种大翻领宽驳头，前片从腰节处横向切断的燕尾服样式，1810年左右，后下摆变短，腰身变低。内衣——修米兹出现了现代型的白衬衫“夏次”(shirt) 的原型，领子相当于现在的衬衫领竖起来的样子，领带——克拉巴特流行小型的，袖口的克夫也用浆糊浆得很挺括。

下体的衣服有两种，一般资产阶级以庞塔龙为主流，但保守的人们、宫廷贵族则穿紧身的克尤罗特。1811—1815年，绅士们晚会上的正装是用丝绸做的紧身克尤罗特，下面穿白色高统袜，上身穿高价的丝绸做的夫拉克和富有装饰性的基莱，头上编着发辫。

基莱作为在朴素色调的夫拉克和单色的庞塔龙的组合中增加一块明快色的衣服，这时显得十分重要，领子和驳头，造型与以前无多大变化。

这时的外套有鲁丹郭特和叫做“卡里克”(carrick) 的长大衣。鲁丹郭特衣有长有短，长的可及足踝，短的及膝。卡里克是肩上有几层披肩的年轻人穿的长及足踝的大衣。另外，这时男士们喜用高筒帽子。（图4-1-6）

(四) 帝政样式时代的女装

所谓的帝政样式 (Empire style)，其实是前一时期新古典主义样式的延续和发展，基本造型特点是高腰身，细长裙子，白兰瓜形的短帕夫袖。这种帕夫袖也被称作“帝政帕夫”(Empire puff)，方形领口开得很大、很低。(图4-1-7)

随着时间的推移，这种直线外形的古典风帝政样式也在不断演变, 衣服上的场合区分也开始明确分化。

另外，衣服的重叠穿用是这一时期女装的另一特色，裙子流行两种颜色重叠。罩裙分长短两种，长罩裙前面空着，露出修米兹 • 多莱斯，后面自腰围以下展开; 短裙呈丘尼克形，裙长及膝，下面露出修米兹 • 多莱斯。

拿破仑宫廷使单纯的帝政样式向装饰性的罗布造型发展，皇后约瑟芬起了很重要的作用，她披的曼特即具备了帝政样式的单纯，又富有宫廷的优雅和豪华。

肖尔 (披肩) 仍是帝政样式上不可缺少的装饰物，这时用做肖尔的材料有开士米、薄毛织物、白色丝绸或薄地织金锦等。

拿破仑失败后，东山再起的旧贵族势力重新在中世纪的服装样式中寻找崇拜偶像，这就出现了新型的哥特式样式 (图4-1-8)，这种样式在表现贵族那华丽装饰的同时，洋溢着一种浪漫气氛。随着裙摆量的增加，波浪、褶饰也增多，或增加别色布，加重裙子的重量和膨瞰感，使之丰满起来。服装色彩虽仍以白色为基调，但在刺绣和边饰上都使用了浓艳的色彩，领饰和肖尔也常是一些艳丽的颜色。

除了外套斯潘塞，另有一种叫做康兹 (conezou) 的外套，与斯潘塞并行使用。康兹是斯潘塞的变形，衣长较斯潘塞长，是一种披肩式无袖茄克，有的有

图4-1-5A　发型

圆形翻折领，装饰着细褶或丽丝缘饰，一般用上等的天鹅绒、开士米、麻织物或细棉布做成。

还有一种叫做普里斯（pelisse）的外套，本来是中世纪以来男女都穿的装有棉絮或毛皮里子的防寒服，到第一帝政末期，随着裙摆增大，这种普里斯变成了前开门、从上到下有一排扣子的罗布，所使用的面料有素色的开士米、天鹅绒、细棉布，或有花纹的织物和闪光变色的丝绸、薄纱、缎子、毛织物、棉织锦等。冬服有里子，如黑丝绒的面料配上粉红色丝绒里子常为人们所喜用。除此外，鲁丹郭特也很流行。

拿破仑帝政时代，浴衣和内衣变得非常重要。这时期主要的内衣有修米兹(贴身长衬裙)、派蒂科特（petti coat，衬裙）、多罗瓦兹（drawers 衬裤）、庞塔龙和科尔塞特（corset，紧身胸衣）等。有趣的是，长裤庞塔龙在这里是女用的内衣，与男裤的庞塔龙不同，这是原来在英国称作“庞塔莱次”（pantaletts）的穿在裙子里面的一种衬裤，裤口有飞边，这时因裙子短缩而从裙摆下露出来。

1810—1811 年左右，为了表现女性的曲线美，新型的紧身胸衣又悄然回到女人身上，紧身胸衣制造厂商们拼命在时装杂志上作推销广告。这时的紧身胸衣与革命前那种嵌入许多鲸须的不同，而是把数层斜纹棉布用很密的线迹缉合在一起，或用涂胶的硬麻布做成的长及臀部的新型胸衣。对于丰满的胸和臀采用插入细长的三角形裆布的技巧使其合体，前面把乳房托起，腰腹部束紧、压平，背部中央用绳子扎紧，以起到整形的作用，因此，穿起来较以前舒服一些。

古典式的发型仍是主流，继提图斯（罗马皇帝名）发型之后，出现了普赛克（希腊神话中象征人类灵魂的美少女）发型，还有中国式发型（alachinoise）和尼农发型（alaninon）。尼农型的特征是剪发，头发紧贴头顶，露出额头，两侧有点卷发。

埃及战役引起了人们对豪华头巾的兴趣，这种头巾用锦缎、缎子、条纹薄纱和天鹅绒等面料制成，再饰以白鹭羽毛。这时女用帽子种类很多，除了麦秆帽、头巾式帽子（turban）和无檐女帽（toque）外，还有一种叫做“棒耐特”（bonnet）的帽子，用布或麦秆做成，上边装饰着人造花或缎带，戴时用缎带系在下巴底下。

另外，在新古典主义样式流行时期，由于裙子很薄，过去大裙子内侧藏的口袋没有了，这样，女人常用的小物件就没地方放了，于是女用手提包应运而生。这种手包用有精美刺绣的布做成，有金属卡口和流苏装饰，可拎在手里，也可挂在腰带上。

首饰方面有戒指、耳环、手镯、项链、镶宝石的发夹和帽徽等，浮雕宝石也非常流行。也有人把珍珠项链和金项链绕六七圈再围在脖子上。人造花的制造工艺已达到相当高的水平。

图 4-1-5B　发型和鞋

## 思考与练习

1. 解释名词：

   修米兹·多莱斯、斯潘塞、普里斯、多罗瓦兹、棒耐特。
2. 简述帝政样式的造型特征。
3. 试以新古典主义时期的服饰文化为依据进行设计训练。

图 4-1-6　帝政时期的男装

图 4-1-7　帝政时期的女装与男装

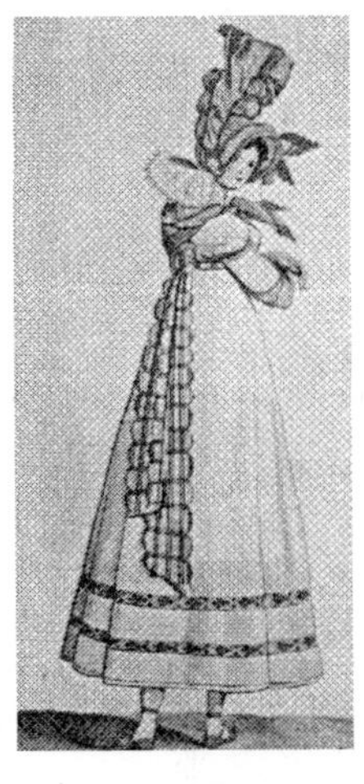

图 4-1-8　帝政后期的奇装异服

## 第二节 浪漫主义时代（1825—1850）

### 一、浪漫主义时代的文化背景

拿破仑帝国覆灭后，经过了王朝复辟，1830 年的七月革命、1848 年的巴黎二月革命、1848 年的六月革命，由于路易·波拿巴（Charles LouIis Napoleon Bonaparte，1852~1870 年在位）的政变，法国于 1852 年进入拿破仑三世的第二帝政时代。在这种政治风云变幻的历史时期，梦想资本主义无限发展的资产阶级的浪漫主义和企图向贵族时代复归的反动的浪漫主义混合在一起，形成这个时代独特的社会风潮。由于长期战争，法国财政极度贫乏，人们心底弥漫着不安情绪。因此，许多人缺乏上进心，反对古典主义和合理主义，逃避现实，憧憬富有诗意的空想的境界，倾向于主观情绪的渲泄，强调感情的优越，并以中世纪文化的复活为理想。这种思潮无论在文学、艺术还是在服装上都有明显表现。与之相应地，女性服装也创造出一种充满幻想色彩的典雅气氛。男装也受其影响，造型上出现明显的改观。因此，服装史上把 1825—1850 年这一历史阶段称作浪漫主义时代。

### 二、浪漫主义时代的服装

图 4-2-1 浪漫主义时代的男装

（一）浪漫主义时代的男装

这时的男装时兴收细腰身，肩部耸起，整个造型装腔作势。男装的基本构成仍是夫拉克、庞塔龙和基莱的组合，夫拉克驳头翻折止于腰节处，前襟敞开不系扣，露出里面的基莱，后面的燕尾有时长及膝窝，有时短缩至膝部稍上，肩、胸向外扩张，垫肩使肩部显得很宽，袖山处也膨臌起来。庞塔龙很细长，整体外廓形像倒三角形（图 4-2-1）。为了使自己的肉体适合这种细腰身的洗练造型，男士们也开始使用紧身胸衣来整形。（图 4-2-2）

图 4-2-2 男士们使用紧身胸衣的漫画

男装的色调非常典雅，夫拉克多用黑色、茶色等深色呢绒，驳头和领子常用天鹅绒，庞塔龙也多用黑色。但时髦的男子常用淡色开士米或条纹织物，还有用白色针织物做的非常紧身的庞塔龙，而且，在裤脚出现了襻带儿，这襻带儿挂在鞋底，很像现在女性穿的健美裤。

图 4-2-3 普尔多

男子外套鲁丹郭特也同样是细腰身、下摆量加大的外廓形，旅行用大衣常装饰着披肩式短斗蓬。

发型以短发为主，但 1827 年，时髦的纨绔子弟中出现一种叫做“普多尔”(poodle，长毛狮子狗) 的幻想性装束，他们穿着腰部有大量碎褶的白色宽裤子，夫拉克领子很高，腰细，里面穿着条纹衬衫，乱蓬蓬的长发上歪戴着一顶大礼帽。(图 4-2-3)

19 世纪 40 年代中期，干练的资产阶级实业家的装束成为流行的中心。1848 年 2 月革命后，出现了今天西服上衣的前身 ——无尾短茄克“拉翁基茄克”(图 4-2-4)，于是，有燕尾的夫拉克这种过去的常服被作为礼服使用。衬衣也开始流行无装饰的实用的简练造型。此外，男子常常随身携带筒形礼帽、文明杖等。

靴子流行轻骑兵靴和陆军卫兵长靴，高约 15 英寸。在 19 世纪 20 年代末，出现了男女均穿的低跟高帮鞋，鞋帮高出踝关节约 3 英寸，鞋面用本色布和皮革制成，在脚内侧用带子系扎，鞋尖细长。19 世纪 40 年代中期以后出现有松紧布的便鞋。

(二) 浪漫主义时代的女装

从 1822 年前后开始，女装的腰线逐渐自高腰身位置下降，到 1830 年，降到自然位置，腰又被紧身胸衣勒细，袖根部极度膨大化，裙子也向外扩张，名副其实地形成了 X 型。女装各部分主要特征表现如下：

1. 腰线回到自然位置，重新启用紧身胸衣。为了强调女性特征，使用紧身胸衣“科尔塞特”(corset) 来达到这个整形目的。整个上半身缝制得非常合体，衣服一般多在背部开口系扎，如果前开襟，就使用挂钩扣合。为强调细腰，衣服前中心呈锐角尖下去的装饰线再次登场。

2. 裙子的膨大化。强调细腰与夸张裙摆是相互关联的，腰线位置下降，腰身被收细的同时，裙子上出现很多衣襞，其量感通过在里面穿数条衬裙不断加强。罩裙在前面 A 字形打开，露出里面的异色衬裙。

3. 浪漫的领型。这一时期的领子有两种极端形态: 一种是高领口，一种是低领口。高领口上常有褶饰，或用拉夫领、大披肩领; 低领口上常加有很大的翻领或重叠数层的飞边、丽丝边饰。这两种领形有时也组合起来使用。(图 4-2-5)

4. 独具特色的袖型。为了使腰显得细，肩部不断向横宽方向扩张，袖根部被极度夸张，甚至在袖根部使用了鲸须、金属丝做撑垫或用羽毛做填充物。高领的衣服多采用羊腿袖，低领的衣服多采用帕夫袖，很短，有的上面还有斯拉修装饰，还有袖山上重叠数层丽丝飞边的披肩式袖子 (图 4-2-6)。后来出现了袖根收紧、前臂张开的长袖。

图 4-2-4
1849 年的男子条纹套装

5. 裤子的又一次闪现。19 世纪 30 年代的女装中，又一次出现了长裤，这是由于当时女士们风行骑马兜风，女子的骑马服是在宽敞的长裙里面穿上用细棉布做的紧身马裤和长统靴，上身穿有羊腿袖的男式上衣，系男式的克拉巴特，戴高筒礼帽和鹿皮手套，手执马鞭，英武气中又不失柔媚。

6. 各种外套。这一时期的外套有鲁丹郭特和斯潘塞，还有阿尔及利亚产的阿拉伯式带头巾的外套、安达卢西亚短外套等。其中，受服装外型特征的制约，一种斗蓬形的外套“曼特莱”(Manteh)非常受欢迎。另外，防寒用的手笼“玛夫”(Muff)也很流行。

7．面料和色彩。这时的流行面料有轻而柔软的薄棉布、织纹较密的白麻布，波纹组织的薄纱，凹凸丝织物、提花丝织物，格纹、条纹的轻质毛织物和有刺绣的蝉翼纱等。

8．发型与帽子。19世纪20年代后半期，女子发型流行中分，头发紧贴头皮，在两侧有发卷的发型。后来逐渐变成在头顶挽发髻的形式，而且发髻越来越高，1830年左右达到顶峰，人们用铁丝作撑，用长长的饰针固定，上面装饰着羽毛、缎带、丽丝、人造花等。1835年起又重新回到基本高度，头顶的发髻转移到脑后。

帽子总是与发型相呼应来改变造型，随着19世纪20年代后半期高发髻的流行，帝政末期出现的女帽棒奈特的帽山也变高，帽檐随之变大，用鲸须或铁丝做撑，帽子上装饰有羽毛、缎带、丽丝和人造花等，十分热闹、浪漫。意大利的草帽也很受欢迎。另外无檐便帽和来自阿拉伯世界的“塔帮”(turban)也很流行，无檐便帽主要用于白天，塔邦则用作夜礼服上。

手套仍是女士们不可缺少的服饰品，有长有短，主要根据袖子造型来选用。

1798年德国的塞尼费尔德(Senefelder, Aloys1771—1834)发明了石版印刷术，使彩色印刷成为可能。这就为时装样本(Fashionbook)的出版和发行作好了技术上的准备。作为时装信息的传播媒介，时装杂志应运而生。这种时装样本一方面应季推出新的款式供人们选择，一方面指导人们消费，对流行的形成起到了促进作用，从而改变了过去的流行主要来自宫廷的单一方式。

## 思考与练习：

1. 解释名词：
   普多尔、曼特莱、玛夫。
2. 简述浪漫主义时代女装的特色。
3. 试以浪漫主义时代的服饰文化为依据进行设计训练。

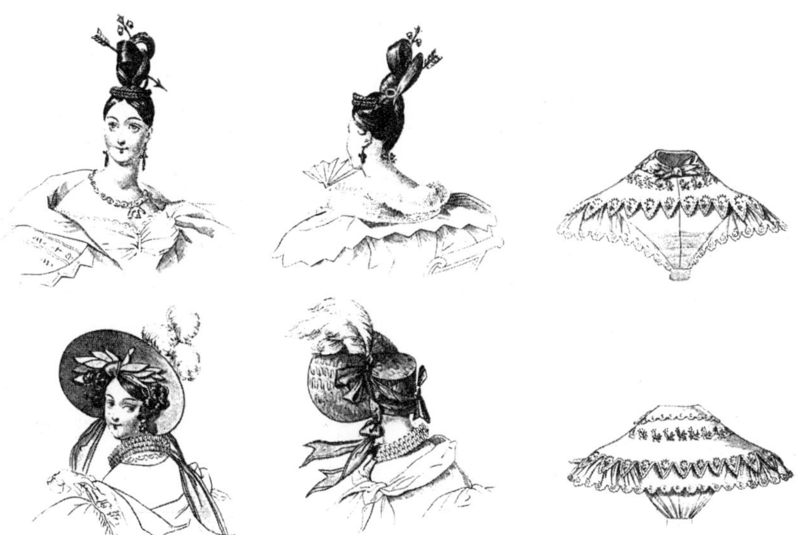

图 4-2-5　女子的各种颂型、头饰和帽饰

图 4-2-6　浪漫主义时期的袖型

## 第三节 新洛可可时代（1850—1870）

### 一、新洛可可时代的文化背景

1852年12月2日，路易·波拿巴正式称帝，从此一直到1870年，法国进入近代史上第二帝政时代。19世纪50和60年代，法国资本主义得到迅速发展，完成了工业革命。1867年巴黎的博览会标志着法国在世界上的工业先进地位。与此同时，法国大肆向外扩张，加紧殖民地掠夺。被称为“世界工厂”的英国，这时正值维多利亚女王执政时代，是英国工业革命取得辉煌成果称雄世界的时期。

拿破仑三世的妻子是有名的世界第一美人欧仁妮（Engenie，1826—1920），她活跃于高级社交界，法国宫廷也几乎是以她为中心。她气质优雅，感觉敏锐，对当时的流行影响很大。由于这个时代又一次复兴了上个世纪的洛可可趣味，因此被称为新洛可可时期。又因女装上大量使用裙撑“克里诺林”（crinoline），故服装史上也常称作克里诺林时代。

这个时期科学技术飞速进步，有机化学迅速发展，化学染料问世，大量生产的廉价衣料大大丰富了人们的衣着生活，缝纫机的出现对成衣制造业更是具有划时代的意义。用来裁衣的纸样的出现则是后来规格化、标准化的成衣产业的基础和萌芽。

1858年，英国青年查尔斯·夫莱戴里克·沃斯（Charles Frederick Worth，1825—1895）在巴黎开设了以包括中产阶级在内的上流社会的贵夫人为对象的高级时装店（haute couture），从此在时装界树起了一面指导流行的大旗，带动和促进了法国纺织业的发展，也进一步巩固了巴黎作为世界时装发源地的国际地位。

### 二、新洛可可时代的服装

（一）男装

朴素而实用的英国式黑色套装在资产阶级实业家和一般市民中普及。男装的基本样式仍是上衣、基莱和庞塔龙的组合，与过去不同的是，出现了用同色同质面料来制作这种三件套装的形式，确立了按用途穿衣的习惯，并一直延续至今。

上衣有四种：其一是白天的常服夫罗克·科特（frock coat），前门襟为直摆，双排扣，4~6粒扣，衣长至膝稍上，翻领部分用同色缎面，面料一般为黑色丝经毛纬的巴拉西厄礼服呢或精纺毛织物，偶尔也用雪花呢。这种样式因英国维多利亚女王的丈夫普林斯·艾伯特（PrinceAlbert，1819—1861）访问美国时穿用，故在美国被称作普林斯·艾伯特·科特。后来，这种白天的常服变成男子昼间正式礼服。

其二是夜间正式礼服泰尔·科特（tail coat），即燕尾服。也称作斯瓦罗·泰尔德·科特（swallow tailed coat）或伊吾宁·多莱斯·科特（evening dress coat）枪驳头。驳头部分用同色缎面，前片长及腰围线，后片分成两个燕尾，衣长至膝，用料为黑色或藏青色驼丝锦、开士米或精纺毛织物。

其三是白天穿的晨服“毛宁·科特”（morning coat）。这种衣服来自骑马服，前襟自腰部斜着向后裁下去，腰部有横切断接缝，后片有一直开到腰部的开楔，开楔顶端有两粒装饰扣，衣长至膝，袖口有四粒装饰扣。用料一般与泰尔·科特相同。后来，毛宁·科特成了白天的略礼服。

最后一种是自 19 世纪 50 年代起流行穿用的外出便装“贝斯顿”(veston)，英语称“拉翁基·茄克”(lounging jacket)，意为休闲茄克。腰部没有横切断接缝，稍收腰身，衣长至臀部，一般为平驳头单排扣，2~3 粒扣，也有双排扣的。因其不像夫罗克·科特那样收腰合体，较为宽松舒适，故在美国被称作“萨克·科特”(sack coat, sack 是袋子的意思)。这种过去曾是下层劳动者的常服的短茄克，这时被普及于一般男子，成为外出便装。常与同料背心和长裤组合，被称作“塔翁·斯次”(town suit)，又因资产阶级实业家工作时常穿，故也称作“比基耐斯·斯次”(business suit，商务套装)。这就是今天的西服套装，用料范围很广。

基莱的种类较多，有领的，无领的，单排扣、双排扣，各有不同用途，一般双排扣基莱多与运动形外衣相配，V 形领口的单排扣基莱多用于夜礼服; 有翻领的基莱多用于白天的礼服。用料一般与上衣相同，但过去那种用豪华面料做基莱的习惯仍保留着，不过，1855 年以后，基莱上那华丽的刺绣被格料或条纹面料所取代。

庞塔龙变成与现代男裤一样的筒裤，但仍比较窄，裤线还不明显。平常的裤长至鞋面，侧缝上出现条状装饰，夜礼服的庞塔龙侧缝上是同色缎带装饰。

衬衫领子变化较明显，过去的衬衫领均为高高地竖起来挡住面颊的立领，现在高度降到下颌以下，变成领尖折下来的立领或像今天衬衫的翻领 (只是这种翻领可以摘下来)，克拉巴特逐渐为蝴蝶结取代。

夜间用的大衣依然流行上个时期带披风的形式，但一般白天外出用大衣均无披风。一种带兜帽的大衣“比尤鲁奴”(Burnous) 在男女中间流行，这种大衣来自阿拉伯，据说是因为欧仁妮皇后自埃及归国后穿这种样式而引起人们效仿的。(图 4-3-1)

男子发型为卷发，盖住耳朵，长及领子，常以 6∶4 或 7∶3 的比例在头顶偏分，为了保持发型，用牛或羊脂加香料调制、精炼而成的各种男用润发油应运而生。小胡子、颊须也十分流行。

正式场合的帽子仍是大礼帽，平常则戴毡帽、草帽或瓜形帽。

(二) 女装

所谓的新洛可可，主要指这一时期的女装。理想的上流女子是纤弱并带点伤愁，面色白晰，小巧玲珑、文雅可爱，供男性欣赏的洋娃娃。这种女性美的标准，使女装向束缚行动自由的方向发展，在女装上追求机能性简直是一种不道德。裙子沿着浪漫主义时期出现的膨大化倾向继续向极端发展，新的裙撑——克里诺林 (Crinoline) 应运而生。

浪漫主义时期裙子的膨大化是靠穿数层衬裙来实现的，一般至少重叠 4~6 层衬裙，据说 19 世纪 50 年代还曾出现重叠 30 层之多者。这使女装的下半部越来越沉重，特别是破坏了腰部的纤细效果，因此，人们创造出用马尾衬 (麻和马尾交织做的硬衬裙，见图 4-3-2A、C) 也有的是用毛、丝或棉织物浆硬后做的，图 C 中还塞有马毛。

随着裙子膨大化的不断加剧，为了保持造型，人们又在这硬衬裙中水平加

图 4-3-1
比尤鲁奴

入几个细铁丝圈，这种加入轮骨的衬裙叫做克里诺林（这个词来自意大利语 crinolino，其中 crino 指马毛，lino 指麻）。克里诺林的使用大大减少了衬裙的数量，但初期的克里诺林是一个圆顶屋形的硬壳，很重，因此出入门时，乘坐马车时都极不方便。

1850 年底，英国人发明了不用马尾硬衬的裙撑，这是用鲸须、鸟羽的茎骨、细铁丝或藤条做轮骨，用带子连接成的鸟笼子状的新型克里诺林。1860 年传入法国，受到以欧仁妮皇后为中心的法国宫廷和社交界上流女性的青睐，进而在整个西欧社交界成为一大流行。新型克里诺林由过去的圆顶屋形变成金字塔形，为步行方便，前面局部没有轮骨，较平坦，后面向外扩张较大（图 4-3-2B），这种裙撑质轻且有弹性，解决了初期克里诺林出入门和乘马车时的不便。

和以往一样，流行朝着有特色的方向发展，裙子越来越大，下摆直径与身长一样，极端者裙下摆周长可达 10 码（9.14 米）。专门制做裙撑的公司出现，利用当时已普及的时装杂志大作广告。

这一时期的女内衣除整形用的紧身胸衣科尔塞特和克里诺林以外，淑女们一定要在里面穿上衬裤多罗瓦兹（Drawers, 半衬裤）或庞塔龙，再加上长衬裙或短衬裙。

1866 年前后，达到顶峰的克里诺林开始急速衰落下来，到 1868 年，裙子的膨臌状态向身后转移，就像曾在洛可可末期出现的巴斯尔样式一样，出现了波兰式罗布，接着向世纪末的第三次巴斯尔样式过渡。

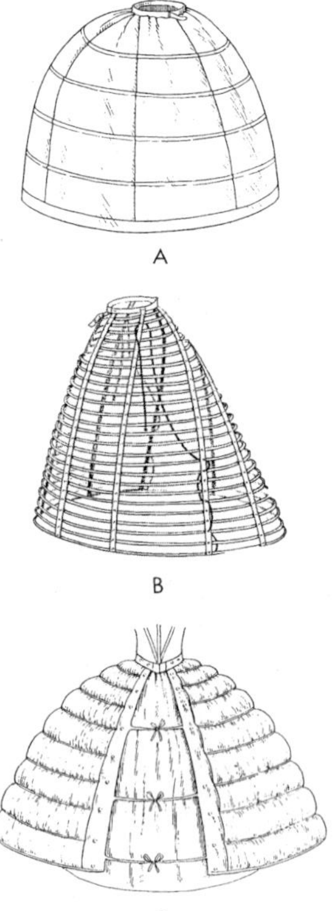


图 4-3-2
A 棉布制的克里诺林
B 新型的克里诺林
C 塞进马毛的克里诺林

女装各部分特征

1. 领子延续上个时代的高领口和低领口，高领口上有刺绣了花纹的领子，一般前开襟，有一排或两排扣子，女装上使用扣子来固定衣服是从这个时代开始的，可以看出女装向男装靠拢的倾向。低领口一般为 V 形或角形的大开领，领口装饰着丽丝。

2. 浪漫主义时代流行的袖根周围极端膨大的袖子完全消失了。19 世纪 50 年代，与下半身金字塔形的裙子相呼应，出现了袖根窄小，袖口喇叭状地张开，用丽丝或有刺绣的织物一段一段接起来的特殊袖形。因其很像东方的宝塔，所以被称作帕哥达・斯里布（Pagoda Sleeve，宝塔袖）。

3. 紧身胸衣科尔塞特仍是不可缺少的整形用具，上衣前面在腹部呈锐角尖下去，以强调腰肢的纤细。有的在胴衣上自腰部起有 15~20 厘米长的外张的下摆，而且在胴衣上也施以与裙子相呼应的华丽装饰。(图 4-3-3)

4. 由于裙撑的再次复活，罩在外面的大裙子上装饰也越来越多，19 世纪 50 年代，裙子表面横向地布满了一段一段的襞褶装饰，通常分三段、四段、五段、七段不等。极端者，如用奥甘迪（organdie，蝉翼纱）做的裙子上就有 25 段襞饰。这些装饰的色彩多采用裙子的对比色，十分鲜艳夺目。

19 世纪 60 年代末，外出服出现了用四五个隐蔽的带子把外侧的罩裙卷起，露出里面衬裙的波兰风样式。这种样式只流行二三年即转向后部凸起的巴斯尔样式。

外套继续流行上个时期出现的曼特莱和披肩，同时还出现了各种仿男式的前开型大衣。

5. 女裤和妇女解放运动。美国的俄亥俄州塞尼卡福尔斯的女权运动的先驱阿美丽亚・布尔玛（Amelia jeanks Bloomer，1818—1894）夫人 1851 年发表了一种新型女装，引起世人注目。这是一种把东方风格的阿拉伯式宽松灯笼裤引入女装的大胆尝试。随着这一时期妇女教育中体育活动的展开，裤子在女装中时有展现。

6. 这时流行的织物主要有制作礼服用的织金锦、提花锦缎，各色丝绸和云纹绸等，其中塔夫绸最为流行。白天的衣服常用高级羊毛、羊驼毛、马海毛织物、英国棉绒、印花绸等，夏天的礼服多用亚麻、平纹细布或细薄棉布制作，薄纱和网眼织物十分流行。色彩主要有淡褐色、橄榄色、琥珀色和香子兰色，各种宽度的条纹也很时髦。

7. 19 世纪 50 年代中期以前，发型继承前代，后不久两侧的垂发卷消失，脑后的发髻也下降，被用丝绸包起来。1860~1865 年，发髻位置又增高，变大，最后发髻位于头顶，头发则呈瀑布状落下的发卷。

到 19 世纪 60 年代初为止，女帽流行叫做“卡波特”(capote) 的小型棒耐特，后来流行不加装饰的田舍式“巴宝莱”(Bavolet) 和两边翘起来的“昂派拉特里斯”(Imperatrice)，还有帽檐左侧或两侧都卷上去的“欧仁妮・哈特” (Eugenie hat)。这种小帽子上装饰着鸵鸟羽毛，戴时朝左侧倾斜，因欧仁妮皇后喜用而得名。另外还有在英国流行的温莎型有檐小帽“卡斯凯特・温莎”（CasquetteWindsor），这种帽子本来是男士们散步和狩猎时戴的。1865 年左右开始流行适应高发髻的“夏波・贝尔介尔”(Chapeau Bergere)。

图 4-3-3
强调细腰和有襞褶装饰的裙子

## 三、沃斯 ——擎起巴黎高级女装大旗的第一位设计师

驰名海外的巴黎高级时装 (Haute Coutur) 业，即起源于这个时代。1827 年生于英国东英格兰林肯的查尔斯・夫莱戴里克・沃斯（Charler Frederick Worth，l827—1895)，在一个半世纪前为今天的巴黎高级时装业打下了第一根基石。他于 1858 年在巴黎的留・德拉・派大街开办了一个拥有 20 名店员的时装店。他把自己的店布置成沙龙式，在室内陈设、照明方面都别出心裁，以上流社会的高级顾客为对象，并且第一个使用假人形来展示自己的设计。到 1865 年，他的顾客已遍及俄罗斯、奥地利、西班牙、意大利等国的王室和贵族，特别是英国，人们为他能称霸于时装之都巴黎而感到自豪和荣耀，维多利亚女王也成了他的顾客，他的名声还越过大西洋传到美国。他的成功引起一些设计师的效仿，于是，巴黎就逐渐形成了以上流社会的高级顾客为对象的高级时装业。沃斯为巴黎确立世界流行中心、世界时装发源地的国际地位树起了一面令世人注目的大旗。现在时装界的许多传统习惯都与沃斯有关，让真人模特儿穿上设计师的新作向顾客展示的高级时装发表会 (Collection) 就始于他。他创造了自己采购、选择面料、设立创作工作室、拥有专属模特儿、每年举办四次作品发表会等一系列设计创作和经营紧密结合的崭新经营法。他也是第一个向美国和英国的成衣商出售作品的设计师。他给巴黎乃至法国的时装产业带来了活力和繁荣，使当时不大景气的里昂丝织业得以起死回生。

## 思考与练习

1. 解释名词：
   夫罗克・科特、泰尔・科特、毛宁・科特、贝斯顿、克里诺林。
2. 简述新洛可可时代的女装特征。
3. 试以新洛可可时代的服装文化为依据进行设计训练。

图 4-4-1
巴斯尔时代的男装

## 第四节 巴斯尔时代（1870—1890）

### 一、巴斯尔时代的文化背景

1870 年 9 月 4 日巴黎爆发革命，成立法兰西第三共和国。17 世纪末、18 世纪末两次出现过的臀垫巴斯尔（bustle）又一次复活，流行于 19 世纪 70 至 80 年代，因此，把这一历史时期称为巴斯尔时代。

这个时代，先后完成了工业革命的欧洲各国科学技术迅猛发展。科技的进步从不同层面改变着人类自古以来构筑的生活模式和价值观。对应于社会形态的变革，服装样式也处于向现代社会转变的黎明期。

### 二、巴斯尔时代的服装

（一）男装

这时仍延续上个时代各种上衣、庞塔龙和基莱组合的三件套形式（图 4-4-1）。新的变化是现代型的衬衣和领带登场，所谓现代型的衬衣，即衬衣领呈有领座的翻领，袖口有浆硬的袖克夫的形式。过去缠在脖子上的克拉巴特，到 1830 年左右，把围在衬衫领口，在前面覆盖面较大的薄布称作“斯卡夫”（Scarf，围巾），较小型的称作“耐克塔依”（neck-ti，领带）。到 1890 年，耐克塔依变成今天领带的形式，系扎方法也被固定下来。这种领带被称作“夫奥 · 印 · 汉德”（four in hand，意为四头马车），在美国称其为“达比”（derby 或 derbtie）。

男用外套，这时出现一种叫做“印巴耐斯 · 凯普”（inverness cape）的有披肩的长袖大衣，腰部常系腰带。此外，还有各种毛织物的短大衣。帽子有软呢帽和硬壳平顶草帽，一直到现在还广为使用，鞋也与现代无多大差别。

留须成了男士们的一种时髦。

（二）女装

巴斯尔样式虽然在历史上已是第三次出现，但巴斯尔这个名称的使用却是在 19 世纪 30 年代。19 世纪 70 年代初的巴斯尔叫做“克里诺莱特”（crinolette），是一种后半部用铁丝或鲸须等做成撑架使之后突的衬裙（图 4-4-2）。外侧的罩裙流行拖据形式。

图 4-4-2　克里诺莱特

1877 年—1880 年，流行上下都很紧身的样式，裙子下摆变窄 (图 4-4-3)，人们常在紧身裙上配一条别色罩裙，罩裙 (有的是一块装饰布) 或卷缠在腿部，或装饰在腰部，多余部分集中于后臀部，下摆呈美人鱼一样的拖据形式，这种合体的样式被称作“普林塞斯·多莱斯”(princess dress)。巴斯尔一度消失，里面的衬裙变成如图 4-4-4E 所示的造型。

到 1883 年，裙子又逐渐变大，巴斯尔样式重新复活，开始几年间，巴斯尔仍是用嵌入鲸须或铁丝的硬布，或用马尾衬从后腰到下摆做成后突状的新型克里诺莱特。到 19 世纪 80 年代后半期，巴斯尔变成了简单的铁丝制的撑架或坐垫型的臀垫。制作巴斯尔的厂商在杂志上大作广告，出现了“科学的”巴斯尔、“健康的”巴斯尔 (据称对腰椎无影响) 和起坐时可伸缩的巴斯尔等多种形式 (图 4-4-4)。整个 19 世纪 80 年代，可说是巴斯尔的全盛期，法国称巴斯尔为托尔纽尔 (tournbre)，法国以外的国家称之为“克尤·德·巴黎”(cul de paris，巴黎的屁股)。臀部的夸张达到极限。

巴斯尔时代的女装，除凸臀的外形特征外，另一个特色即拖裾 (Train)，后下摆拖在地上。(图 4-4-5)

与后凸的臀部相呼应，这时女装在前面用紧身胸衣把胸高高托起，把腹部压平，强调前挺后翘的外形特征。领子一般白天为高领，夜间多为袒露的低领口。强调衣服表面的装饰效果是巴斯尔样式的又一大特征。

1880 年，由男服裁缝店模仿男服制作的男式女服“泰拉多·斯茨”(tailared suit，女西服套装) 登场，女服又一次向男服靠拢，向现代化发展。另外，进入 19 世纪 80 年代后，上流女性之间盛行各种体育运动：高尔夫球、溜冰、网球、骑马、海水浴、骑自行车远足、射箭等，但巴斯尔样式无法适应这些运动。于是，女性们开始穿上各种名目的运动服，这个新的品种到 19 世纪 90 年代更加发展壮大，大大促进了女服的现代化进程。(图 4-4-6)

## 思考与练习

1. 解释名词：克里诺莱特、泰拉多·斯茨。
2. 述巴塞尔时期女装造型特征。
3. 试以巴塞尔时期的服饰文化为依据进行设计训练。

图 4-4-3　普林塞斯·多莱斯

图 4-4-4
巴斯的各种造型与鞋型

图 4-4-5　巴斯尔样式

图 4-4-6　运动服

## 第五节　S 形时代（1890—1914）

### 一、S 形时代的文化背景

19 世纪末到 20 世纪初，欧洲资本主义从自由竞争时代向垄断资本主义发展，英、法、德、美等几个发达国家进入帝国主义阶段。帝国主义之间相互争夺市场和殖民地的矛盾日益尖锐，最后终于爆发了第一次世界大战。

在这个世纪的转换期，艺术领域出现了否定传统造型样式的运动，这就是所谓的“新艺术运动”(ArtNouveau)。新艺术约从 1890 年起一直流行到 1910 年左右，其主要特征是流动的装饰性的曲线造型，线条有的柔美雅致，有的遒劲有力，有的激荡多变，富有幻想色彩。这种从大自然中寻求主题的新艺术，不仅反映于绘画、雕刻等纯艺术领域，而且广泛应用于或者说主要表现在当时的建筑、室内装饰、家具、照明器具、玻璃器皿、广告招贴、服装及服饰品等实用美术方面。其目标是打破过去的传统，创造一种新的艺术样式。受新艺术流动曲线的造型样式影响，这个时期的女装外形从侧面看也呈优美的 S 形，因此，把这一时期称作“S 形时代”。

此外，奥地利的“分离派运动”(sezession)、绘画、雕刻上的立体派、未来派和构成主义等艺术流派也都给当时人们的设计思想以一定影响。这些艺术运动可说是现代设计的先驱。

与此同时，以中国、日本为代表的东方艺术的美也受到人们的重视。服装界出现了 20 世纪第一位革命家 ——波尔・波阿莱和多塞、帕康等一批左右流行方向的设计大师，巴黎真正成为世界时装的发源地。

### 二、S 形时代的服装

（一）男装

男装基本构成仍是三件套形式。上衣长及臀部，前门襟有 2~3 粒扣子，造型上变化很微妙。面料仍以深色毛织物为主。基莱与现在的区别是有个小小的翻领。人们开始追求它与上衣和裤子同色、同质的统一美。(图 4-5-1)

图 4-5-1　S 形时期的男装

庞塔龙仍是宽松的长裤，只是色彩和外形随时代而变化。19 世纪 90 年代，裤口变窄，很方便于行动。到 20 世纪初，裤口出现了卷裤脚。裤子变化最明显的要数 1910 年，裤子在臀部较宽松肥大，裤口处收窄，很像现在的“老板裤”。

与三件套装相配的衬衣和领带十分讲究。正装用的衬衣用料为亚麻布或高质量的凸纹棉布，日常用的衬衣则用淡雅的素色或粉色、蓝色条纹面料，也有用素淡的印花织物的。衬衣领造型有两种，即硬立领和翻领，硬立领在前面有小折角，主要用于正装，一般系黑色或白色蝴蝶结，翻领主要用于略装或休闲便装，系各色领带。

男大衣有各种长度，帽子式样也很多，平常用的是简单的便帽、柔软的毡帽、坚挺的毡帽以及草帽等，正装用的是高筒窄檐的丝织大礼帽。

男子生活的活动性直接影响到鞋类的变化。长统靴在日常生活中消失，遮住脚踝的深帮鞋，造型与上个时代出入不大，有用扣子固定的，有系鞋带的，也有在鞋口插入松紧布的。正装用的鞋是经过漆皮加工处理的黑色薄底浅口漆皮鞋，还装饰着黑色缎带。自 19 世纪 80 年代以来，运动鞋在男子中普及。无论是日常用还是外出用，鞋跟都比以前低了，向实用化方向发展。

（二）女装

从 1890 年起，女装进入一个从古典样式向现代样式过渡的重要转换期。巴斯尔从女装上消失，受新艺术运动影响，整个外形变成纤细、优美、流畅的 S 形。所谓 S 形，是指用紧身胸衣在前面把胸高高托起，把腹部压平，把腰勒细，在后面紧贴背部，把丰满的臀部自然地表现出来，从腰向下摆，裙子像小号似的自然张开，形成喇叭状波浪裙，从侧面观察时，挺胸收腹翘臀，宛如 S 字形，故得名。

S 形样式在局部造型上有两个明显特征：其一是“哥阿·斯卡特”(Gore Skirt)，Gore 是三角布的意思，指为了扩大裙摆的量，形成优美的鱼尾状波浪，用几块三角布纵向夹在布中间构成的裙子。这时裙长及地面，从上半身到臀部做得非常合体，下面呈喇叭状，1898 年左右，下摆的量达到顶峰。其二是“基哥·斯里布”(Gigot sleeve)，即羊腿袖。这种袖子的上半部呈很大的泡泡状或灯笼状，自肘部以下为紧身的窄袖。为强调外形，常从肩部向腰部纵向装饰几层大飞边。(图 4-5-2)

图 4-5-2　S 形时期的女装

为了塑造符合流行的外形，整形用的紧身胸衣发挥着重要作用，紧身胸衣的构成技术在这个时代取得了显著进步，人们不再自己制作紧身胸衣，购买现成的更加便宜。

自文艺复兴以来，历时三百余年，紧身胸衣在表现女性魅力方面发挥了重要作用。一直到 19 世纪，许多贵族家庭的少女，在母亲的监督下，从小长期有计划地进行束腰活动，最迟要在十四五岁，肉体尚未发育成熟时就开始整天扎着紧身胸衣来束腰，只在晚上睡觉时才解下来，随着她们对这种束腰活动习以为常，紧身胸衣会越扎越紧，经过几年努力，尽管身体其他部分都发育正常，而腰部却像蜜蜂一样，这就是所谓的“科尔塞特教育”。（图 4-5-3）

紧身胸衣在满足人们的美化欲的同时，也给女性肉体带来了极大的危害，由此引起的贫血、黄萎病以及非自然性的脂肪积蓄，接着还会产生许多并发症，如胃痉挛、胃炎、胃下垂、肠下垂、便秘、月经失调甚至闭经、子宫炎、肥胖症、神经衰弱、结核病和歇斯底里等，还时常引起流产。19 世纪中期以来，人们一方面追随流行，一方面对紧身胸衣进行各种改良。1870 年到 20 世纪初，紧身胸衣的造型和构成形成了现代紧身胸衣的基础。其做法有两种：一种是为了突出乳房和臀部那浑圆的造型而施加三角形衽布的方法；另一种是通过数片不同形状的布纵向拼接做成的合乎体形起伏的造型。19 世纪 60 年代末期，发明了蒸气定型法，紧身胸衣做好后，整个涂上浆糊放到金属制的定型模中用蒸气定型。1873 年，人们创造出前面开合型的紧身胸衣。其用料十分华美，装饰也很丰富。19 世纪 80 年代的紧身胸衣是在黑色缎子上缉黄、青、绿、粉红色色线作装饰，嵌入金属条的地方用各种刺绣针法的线迹作装饰。高价的紧身胸衣用彩色丝绸或绵缎来做，里子为丝绸或麻布。廉价的用灰色、乳白色或黑色的帆布作面料，用白棉布作里料。夏天的紧身胸衣用丝网眼纱做，嵌很轻的鲸须。19 世纪 90 年代末，出现了各种把腹部压平的紧身胸衣，其中因制作紧身胸衣而出名的嘎歇·萨罗特夫人（Madame Gaches Sarraute）于 1900 年创造了卫生的紧身胸衣，其特征是前面的内嵌金属条或鲸须在腹部呈平直的直线，从胸到腹部造型呈直线形。后来又在这种胸衣的下端装上吊袜带，吊袜带是用缎子包着松紧布制成的，下端装有金属夹子，这种紧身胸衣在 20 世纪被普及，一般穿在连衣裤或长内裤外面。这种压腹式紧身胸衣上端较低，丰满的乳房似乎要从紧身胸衣上端冒出来，其构成是通过布的纵向拼接完成的，布的块数多达 20 片，甚至还有更多的，为表现臀部，加入了许多三角形衽布，这种紧身胸衣是形成 S 形的基础。（图 4-5-4）

图 4-5-3　科尔塞特教育

图 4-5-4　S 形的基础

当女装外形从 S 形向直线形转化时，紧身胸衣也随之变长，拼接布片的数量减少，坚硬的嵌条也跟着减少，臀部插入弹性布。紧身胸衣的向下延伸逐年增加，甚至出现长达腰围线以下 43 厘米，把整个臀部包了起来，致使女人们坐时相当困难。（图 4-5-5）

随着紧身胸衣向下伸长，上部越来越短，终于，乳罩（brassicre）应运而生，用来整形的紧身胸衣从此上下分离，科尔塞特变成只负责整理腰、腹、臀的内衣。其实，乳罩早在注重丰胸的 19 世纪 80—90 年代就开始启用，而与科尔塞特分开使用，在女性中普及则是在 20 世纪初。（图 4-5-6）

20 世纪初，由于衣服造型变得朴素、简练，发型和帽饰显得格外重要，以法国为中心，夸张高和宽的发结、帽子十分流行。其中一种叫做蓬帕杜侯爵夫人的发型风靡一时，这种发型像帽檐似的伸出额头，头发中还加入假发来造型，各种发辫、束发和发髻都堆在这个发盘上追求发型的变化。到后来的霍布尔裙时代，大型发髻消失，从头到脚被统一在直线的外形中，头发也被烫卷在头上，发型变小，预示着现代型短发时代的到来。（图 4-5-7）

从 19 世纪未到 20 世纪初，制鞋业发展很快，成品鞋不断得以改良，质量日益提高，各种鞋的尺寸号型齐全，人们可满意地选购到合脚的鞋。（图 4-5-8）

图 4-5-5　直线形的长紧身胸衣（1908 年）

图 4-5-6　乳罩

图 4-5-7　女子发型及帽饰

(三) 创造流行的设计大师与霍布尔裙时代

19 世纪末到 20 世纪初，历史进入一个由设计师创造流行的新时代。著名的沃斯店于 1905 年由其长子和次子继承；1890 年，俄罗斯血统的卡罗三姐妹 (Callot Soeurs) 创设高级时装店，以织进金银线的锦缎、丝绸、蝉翼纱和蕾丝等豪华素材、洛可可风、中国风的刺绣、精美绝伦的制作工艺和独特的设计享誉巴黎。这时君临于时装界王位的设计师是杰克·多塞 (Jacques Doucet, 1853—1929)，他于 1870 年开始其设计生涯，与沃斯那种贵族趣味相对抗，喜欢 18 世纪画家们那种淡雅色调，作品充满纤细、娇媚的女性味和性感的挑逗性，被誉为“高级女装的魔术师”；特别是为女明星莱加奴设计的舞台服装十分出名。而后来创造了斜裁技术的威奥耐夫人 (MadeleineVionnet，l876 一 1975)，也从这个时代起开始活跃于时装界，她让模特光脚穿上桑达尔 (凉鞋)，改良紧身胸衣，发表了自然体形曲线的罗布，受到好评。

20 世纪初，巴黎时装界出现了第一位被称为“革命家”的设计大师波尔·波阿莱 (PaulPoiret，1879—1944)。他十分敏锐地紧紧抓住新的时代潮流，确立自己的风格。他以与众不同的厨窗陈列方式引起人们的注意，1906 年，他推出高腰身的细长形的希腊风格 (图 4-5-9)，把数百年来束缚女体的紧身胸衣从女装上取掉。这一革命性的举动，奠定了 20 世纪流行的基调，他强调“多莱斯的支点不是在腰部，而是在肩部”，暗示出新的世纪中，腰身将不再是表现女性魅力的唯一存在，这在服装史上具有划时代的意义。1910 年，他设计了宽松腰身，膝部以下收窄、致使女人们举步维艰的霍布尔裙 (hobble skirt，hobble，是蹒跚地走路的意思)，这种全新的样式在 1910—1914 年间风靡巴黎，历史上也把这一阶段称作“霍布尔裙时代”。为了步行方便，他在收小的裙摆上做了一个深深的开衩，推出了穿长及膝的细长统靴的性感样式，腿部的收紧和开衩，使一直深深地隐藏在落地大裙子里面的玉腿这时开始忽隐忽现地闪露，这不仅是一种性感和色情的大胆表现，而且也是一种暗示：新世纪中，女装设计的表现重点将向腿部转移。他还预言不久女性将穿用裤套装。

波尔·波阿莱对东方艺术兴趣十分浓厚，他发表了色彩强烈的具有东方趣味的作品“孔子”大衣，土耳其式的裤子，和服式开襟和袖型的丘尼克·多莱斯等，并在头饰中采用了阿拉伯的塔邦。他的哈莱姆裙灵感来自哈莱姆妇女的大灯笼裤，米那莱特·丘尼克灵感来自回教寺院的尖塔 (图 4-5-10)。1914 年，他又推出棒普式 (vampstyle，荡妇式)，衣服很性感地勾勒出身体线条，裙摆开衩，眼线描得很重，鲜红的嘴唇上叼着长长的烟嘴。他非常喜欢旅行，1912 年，亲自率领 9 名模特儿周游莫斯科、柏林等欧洲各国首都和主要城市，展示自己的作品，拉开了国际性的“时装使节”时代的序幕。同年，在一个音乐会上，他当众用一块布，一盒大头针、一把剪刀，仅在几分钟内就即兴设计了一件衣服，获得观众喝彩，在自我宣传方面发挥了非凡的才能。1909 年，他的设计得到英国首相夫人的赞赏，一直到一次大战爆发为止，他每年都在伦敦举办作品展示会。他还是第一位赴美国的设计师，他的努力使巴黎时装在海外得以宣传和发展。

1908 年，波阿莱店迁到夫奥布尔·桑特诺莱大街，增设了营业部、发送部和成衣部等新的部门，使其组织现代化。并创设了“罗吉奴”香水公司和“玛尔齐奴”工艺学校，保护有才能的艺术家，培养出许多年轻设计人才。总之，波阿莱作为 20 世纪初时装界的一位巨匠对当时的流行服装起着举足轻重的支配作用。

这个时代还有一位与波阿莱齐名的设计大师，这就是享誉海内外的帕康夫人 (Paquin)。帕康很早就意识到广告对于时装企业的重要作用，她让模特儿们穿上自己设计的衣服到赛马场上招摇过市，为其吸引了不少顾客，开创了体育赛场上时装广告的先河; 1900 年巴黎的万国博览会上，帕康摊位上的展示用人型均是以漂亮的帕康夫人本人的形象为模特制作的，给参观者印像极深; 1910 年，帕康又向美国派遣了十多名模特儿，到美国的一些主要城市巡回表演，这些活广告的确为帕康店在美国人的心目中树起了一个令人向往的形象。

在海外开设分店是帕康的另一大创举。帕康店最盛期时雇员多达两千多名，是当时规模最大的一家高级时装公司。另外，帕康还有效地利用当时一些画家的协助，把自己的作品画成速写，1911 年出版了作品集《帕康的扇子与毛皮》。

帕康夫人感觉敏锐，每个时期都及时地对流行作出反映，她的店刚开张时，追随沃斯的样式; 后来又在设计中巧妙地采纳了多塞那轻淡色调; 1906 年，当波阿莱摒弃紧身胸衣，推出希腊样式时，帕康又马上步其后尘，紧追不舍; 当巴黎上演俄罗斯芭蕾舞，引起东方热时，她又马上敏感地在设计中融进东方情调，采用了像野兽派画家那样的鲜艳的配色效果，与波阿莱步调一致，共同把这种思潮体现在时装上。

帕康作品的特色是充满朝气的，有如欣赏绘画一样的感觉。她的毛皮服装很受欢迎，她根据不同的穿着对象，在各种材料的衣服领子、袖口以及饰带、围脖和皮手筒上都使用了各种富有个性的毛皮，特别是毛皮领被人们称为“帕康领”而风靡一时。

波阿莱、帕康等设计大师的辉煌成就，进一步确立了巴黎作为世界时装中心的国际地位，并指导着这一时期乃至整个 20 世纪的流行。(图 4-5-11)

## 思考与练习

1. 解释名词:
   新艺术运动、哥阿 · 斯卡特、霍布尔、米那莱特 · 丘尼克。
2. 简述 S 形时代的女装特征。
3. 简述活跃于这个时代的著名设计大师的特点。
4. 试以 S 形时代的服饰文化为背景进行设计训练。

## 课时量

12 课时

## 考试要点

1. 名词解释:
   修米兹 · 多莱斯、棒耐特、夫罗克 · 科特、泰尔 · 科特、毛宁 · 科特、贝斯顿、克里诺林、霍布尔。
2. 简答:
   新古典主义时代服饰的特点。
   简述 19 世纪欧洲女装变迁的过程。
3. 论述:
   C. F. 沃斯的历史作用。

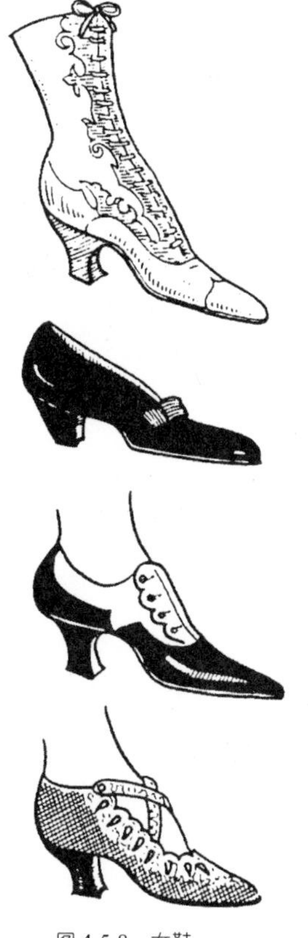

图 4-5-8　女鞋

图 4-5-9　波阿莱的希腊风格

图 4-5-10　波阿莱的米那莱特 · 丘尼克

图 4-5-11　1910—1913 年的男装与女装

# 第五章
# 现代服装

服装上的现代化萌芽早在19世纪就已出现，缝纫机的发明、化学染料的开发、成衣化的尝试、高级时装业的兴起、流行媒介的扩大带来的服饰流行的产业化等，这一切都与现代相关联，形成了现代服装的基础。现代服装展开的背景，不用说是与新的科学技术引起的生活环境的变化和与之相适应的社会形态、思想意识的变革相关。但由于男女性别的社会性差异及传统观念的束缚，使服装在现代化进程中，男女两性服装仍表现出相当大的差距。如前所述，男装早在18世纪末的法国大革命时期就开始脱离古典样式，在第二帝政时代即基本完成现代化形态；而女装直到19世纪末取掉巴斯尔才开始摆脱传统样式，真正实现现代化要到20世纪20年代，现代女装在全世界范围内普及还要等到第二次世界大战以后。女装的现代化是通过解决以下四个课题来逐步实现的：一、把女性从束缚肉体的紧身胸衣的禁锢中解放出来，回归女性肉体的自然形态；二、从束缚四肢活动的装饰过剩的传统重装中解放出来，向便于活动的、符合快节奏现代生活方式的轻装样式发展；三、排除服装上的社会性差别，纠正古典式的阶级差和性别差之偏见；四、从繁重的手工缝纫那里把女性解放出来。这四个课题的解决，在时间上有半个世纪的差距，第一课题是在1910年由波阿莱等人解决的；第二、三课题则要靠两次世界大战来完成；第四课题即成衣化问题，各国进程不一，美国最早，在20世纪40年代即进入成衣化阶段，欧洲各国要到20世纪50年代，日本及其他西洋服饰文化圈以外的国家要到20世纪60年代以后。在解决以上四个课题的过程中，最具“催化剂”作用的应属20世纪前半叶的两次世界大战，它强制性地彻底改变了人们的世界观，战乱中，人们(特别是女性)体验了合理的机能主义服饰的优点，衣服的单纯和便于活动等实用因素受到人们的重视，女装向男性化方向发展，男式女服(tai-lored，即“女西服”)成为代表现代新女性的标志。20世纪20年代，是女装现代化进程中一个重要时期，第二次世界大战又一次使极富男性味的军服式女装在广范围内普及，动荡的20世纪60年代，随着年轻消费层的崛起，便于活动的裤套装终于在女性生活中合法化。两次世界大战彻底取消了服饰上的阶级差和性别差，战争及战后的经济复苏带来的社会变革，不仅使女性走出闺房，而且摆脱家庭的束缚，成为与男性一样的，政治、经济地位独立的社会成员，这是一个划时代的巨大变革。由于两次世界大战对于服装变迁有举足轻重的历史作用，故服装史上的近、现代常以1914年第一次世界大战的爆发为分界点。

另一方面，由于近代以来处于科技和军事优势的西欧文明向全世界蔓延和扩展，作为其重要组成部分的西洋服饰文化也随之在全世界普及，从20世纪中期开始出现了国际同化的趋势。指导世界女装流行的巴黎高级时装业在第一次世界大战后的20年代和第二次世界大战后的50年代两度达到鼎盛状态，后被20世纪60年代崛起的成衣业取而代之，这不仅使流行的速度进一步加快，周期进一步缩短，范围进一步扩大，而且由于西洋服饰文化与世界各地的民族服饰文化最大限度地碰撞、混交，其结果是，或并存，或相互吸收、兼容，流行也因此变得更加复杂、丰富和多样，流行的中心也继巴黎之后，出现了米兰、伦敦、纽约和东京等多中心的局面。那些西洋服饰文化圈以外的国家和地区，在被动接受西洋服饰文化冲击的过程中，随着其政治、经济的进步和发展，也不断主动地加入这种势不可挡的国际大循环，特别是自从资本主义阵营和社会主义阵营相持四十年之久的冷战状态解冻以来，就像人类的其他文明被国际化一样，人类数千年的服饰文明终于在20世纪后半叶进入繁荣的国际化状态。

活跃于20世纪各个历史时期的女装设计师们，作为时代的弄潮儿，倍受重视，其社会地位也从过去低人一等的手工艺匠人，上升为左右历史潮流的艺术大师，这些大师们各历史时期的代表作，是现代服装史中一个重要组成部分，因此，本章将围绕这些驾驭时代潮流的设计大师以女装的变化为中心展开叙述。

## 第一节 女装的现代化（1914—1929）

### 一、第一次世界大战及战后的文化背景

1914年到1918年，历时四年多的第一次世界大战，以欧洲为主要战场，是一次欧洲各国全体国民总动员的大战，男人们几乎全都奔赴前线，妇女成了战时劳动力的唯一资源，这使女性走上社会成为一种现实，女装因此产生划时代的大变革，裙长缩短，繁琐的装饰被去掉，富有机能性的男式女服在女性生活中确立。

另一方面，男女同权的思想，在20世纪20年代被强化和发展，女装上出现了否定女性特征的独特样式。职业女装登上历史舞台。

受新艺术运动、毕加索的立体主义、包豪斯设计理念、谢尔盖·佳吉列夫的俄罗斯芭蕾舞、埃及艺术、美洲印第安艺术、早期古典艺术及东方艺术影响而产生的装饰艺术（Art Deco），广泛应用于美术领域和这一时期的产业、建筑、织物及服饰等所有方面，其特征是以曲线和直线、具象和抽象这种相反的要素，构成的简洁明快、强调机能性和现代感的艺术样式，特别是直线的几何形表现，显示出对工业化时代适应机械生产的积极态度，形成现代设计的基础。因之也被称为“现代风格”。

这一时期，巴黎高级时装业继沃斯、多塞、波阿莱、帕康之后迎来了第一次鼎盛期，被称为第二位“革命家”的苛苛·夏耐尔取代了波阿莱，与威奥耐、朗邦等一起形成指导世界流行的强大阵营。

### 二、现代女装的形成

（一）男童式女装和杰尔逊奴样式

1919年，出现了流行于整个20世纪20年代的基本外形 —— 宽腰身的直筒形女装。服装造型朝着机能主义的方向发展。同时，以简洁的设计著称于世的莫里奴和简·帕特、以现代化经营方式闻名于时装界的鲁希安·鲁伦等高

级时装设计师领导的企业也都在这一年纷纷开业。

20 世纪 20 年代，女性解放运动又一次掀起高潮，过去那丰胸、束腰、夸张臀部的强调女性曲线美的传统审美观念已无法适应时代潮流。乳房被有意压平，纤腰被放松。腰线的位置被下移到臀围线附近，丰满的臀部被束紧，头发被剪短，与男子差不多。裙子越来越短，整个外形呈一个名副其实的长“管子状”（Tubular style）。由于这种外形很像未成年的少年体型，所以被称作“葆依修”(boyish，男童式，少年似的)，或称 School boyi type，即男学生式，当时穿这种新潮装束的勇敢者被称作“夫拉帕”(flapper，轻佻的女人)。（图 5-1-1）

图 5-1-1
直线形的紧身内衣和男学生式女装

1923 年，“将帕”(Jumper，宽松的运动形茄克衫，也即我国所称的茄克)被作为运动服穿用。这时的女衬衫“布劳斯”（blouss）也与将帕同型，很宽松，在臀围处堆出多余的量来。(图 5-1-2)

在短发流行的同时，一种帽山很深的吊钟形女帽“克罗歇”(cloche) 应运诞生。

1925 年，简・帕特主张回归优雅的女性感觉，双皱、山东绸之类的柔软面料很受欢迎。1926 年，鲁希安，鲁伦发表了活动式外形 (Kinetic silhouette)，用普利兹褶或波浪褶来表现女装的活动性，手风琴式普利兹褶裙十分流行。

1927 年到 1928 年，裙长短缩到膝盖附近。裙长的短缩使女性秀丽的双腿大胆裸露，也使漂亮的长统丝袜和鞋的设计十分引人注目，20 世纪 20 年代前半期流行黑色长统袜，后半期流行肉色长统袜。人们把穿短裙、留短发的职业妇女称作杰尔逊奴 (garconne，假小子)。(图 5-1-3)

女子体育运动热潮的兴起，运动装中又一次流行起长裤、裙裤和短裤等裤装。

（二）夏耐尔与巴黎高级时装的第一次鼎盛期

20 世纪 20 年代，巴黎高级时装界迎来了本世纪以来第一次鼎盛期。其中最能充分理解和把握新的时代精神，指导现代女装方向的是苛苛・夏耐尔 (Gabrielle Chanel, 1883—1971，coco 是爱称，意为可爱的家伙)。她第一个把当时男人用做内衣的毛针织物用在女装上，适时地推出了针织面料的男式女套装、长及腿肚子的裤装、平绒茄克以及长及足踝的夜礼服等，直到现在仍名扬四海的“夏耐尔套装”的基本原型就产生于这个时代，她果敢地把晚礼服那法定的拖地长裙缩短到与白日服一样的长度，大胆地打破了传统的贵族气氛，尽可能使其造型朴素、单纯化。在服装搭配上，她第一个改变了长期以来把服饰品的经济价值作为审美价值的传统观念，教给人们如何用人造宝石来装饰自己，把人造宝石大众化，把服饰品的装饰作用提到首位，使原来作为身份像征的珠宝首饰为纯粹的装饰物假宝石所取代。她一生致力于为现代职业妇女“杰尔逊奴”们设计制作尽可能简练、朴素的服装，被称为“运动型之母”。总之，夏耐尔是 20 世纪 20 年代巴黎时装界的女王，人们也常把这个时期称作“夏耐尔时代”，她对现代女装的形成起着不可估量的历史作用。

图 5-1-2
腰线降低的女装

被作为现代设计的原点的另一位设计师是玛德莱奴・威奥耐 (Madeleine Vionnet, 1876—1975) 夫人，她的最大贡献是创造了“斜裁”这种史无前例的裁剪技术，利用面料的斜丝裁出十分柔和地适合女性体型的女装，强调动的美感，那多样的悬垂衣襞和波浪，套在脖子上的三角背心式夜礼服，前后开得很深的袒胸露背式夜礼服，尖底摆的手帕式裙子，装饰艺术风格的刺绣等都独具匠心。她创作时从来不画设计图，而是直接运用各种质感的、各种性能的纤维材料在立体模型上造型。为了便于斜裁，她第一个定织了双幅宽的皱绸。她的设计风格受装饰艺术和东方艺术影响很大，直线的、几何形的、日本的浮世绘、和服等都可在其作品中找到痕迹，被认为是20世纪初东方和西方的服饰文化以新的形式在时装上融合的典范。

创造了“绘画女装”(picture dress) 的简奴·朗邦 (JeanneLanvin, 1867—1946)、具有把布料披在模特儿身上即兴创作的魔术师才能的简·帕特 (Jean Patou，1888~1936)、把英国式的严谨和法国式的浪漫结合在一起的英国设计师爱德华·亨利·莫里奴 (Edward Henri Molyneux, 1894—1974) 等都活跃于这个辉煌的时代。沃斯、卡罗姐妹、波阿莱、帕康等元老店也继续发挥着作用。

## 思考与练习

1. 解释名词：
   夫拉帕、葆依修、克罗歇、杰尔逊奴
2. 20世纪20年代女装的特点是什么？
3. 请列举活跃于20世纪20年代的几位著名设计师。
4. 试以20世纪20年代服饰文化为依据进行设计训练。

图5-1-3 杰尔逊奴样式

## 第二节 细长形与军服式（1930—1946）

### 一、经济危机与第二次世界大战

世界性的经济危机从 1929 年到 1933 年持续了四年之久，风起云涌的工人运动也给资本主义各国带来了政治危机，整个资本主义世界在这两大危机的夹击下摇摇欲坠。

1939 年 9 月，第二次世界大战全面爆发。到 1945 年德、日法西斯无条件投降为止，历时六年，战火蔓延欧、亚、非三大洲，先后有 61 个国家、20 亿人口（即当时占世界 3/4 以上的人口）被拖入战争的旋涡。

女装再度向机能化的男装靠拢，英姿飒爽的军服式女装风靡全球，战争又一次促进了女装的现代化进程。

化学及化工的进步，促使合成纤维、合成橡胶及塑料这三大合成材料应运而生，1938 年.，美国杜邦公司发明了新的合成纤维尼龙，1940 年英国人发明了涤纶，各种合成橡胶轮胎大量用于汽车、拖拉机和飞机等现代交通工具，各种塑料投入工业化生产，这些科技成果大大改善和丰富了人类的生活。

### 二、20 世纪 30 年代至 20 世纪 40 年代前半期的服装

（一）细长形女装

进入 20 世纪 30 年代，裙子变长了，腰线回到自然位置，出现了细长的外形。如果说 20 世纪 20 年代是年轻人的时代，那么 20 世纪 30 年代则是成年人的时代，人们崇尚的是一种成熟的优雅的女性美。

20 世纪 30 年代的夜礼服中出现了大胆裸露背部的形式，称作 bare back，很是时髦，在背部那深深的 V 字形开口处，装饰着荷叶边，设计重点由 20 世纪 20 年代的腿部一度转移到背部。平常穿的男式女套装，裙子也变得细长（为了便于行走，裙子前面打了一个很深的箱形普利兹褶）。

1938 年，裙子开始短缩，女装开始强调和夸张肩部，向后来的军服式过渡。(图 5-2-1)

（二）军服式的流行

战前，女装就已经出现缩短裙子和夸张肩部的机能化倾向，战争爆发后以及整个战争期间，女装完全变成一种非常实用的男性味很强的现代装束，这就是军服式（Military Look，图 5-2-2)。

从 20 世纪 30 年代起，美国就开始逐渐从购买法国时装样板，受法国时装设计师左右的被动局面中摆脱出来，出现了一批自己的设计师，如著名好莱坞电影服装设计师基尔巴特·阿德利安（Gnbert Adlian)、纽约著名的设计师查尔斯·杰姆斯（Challes James)、洛杉矶著名的女设计师娃伦蒂娜（Valentina）以及在巴黎时装界享有盛誉的第一位美国设计师，因大战爆发于 1939 年回到纽约的美国时装界元老麦印·保查（Main Bocher）等都对 20 世纪 30 年代到第二次世界大战期间的美国时装发展有较大贡献。同时期还出现了许多时装组织，设立了许多时装设计大奖，表现出美国人对时装业发展的重视和兴趣。

1946 年，战争中的军服式女装开始出现微妙的变化，腰身变细，上衣的下摆出现波浪，衣袋的设计很受重视。因腰被收细就更显得肩宽，所以战后的军服式被称作宽肩式（bold Look)。反过来由于宽肩和下摆的外张也就更显得

腰细。

(三) 活跃于战前的设计师

20 世纪 30 年代，在巴黎这个世界时装的中心舞台上，仍然活跃着一批举世闻名的设计大师，除夏耐尔、帕特、威奥耐等元老外，这一时期又有许多新秀出现，其中最具影响的是与夏耐尔并驾齐驱的另一位女杰——埃尔萨·斯查帕莱莉 (ElsaSchiaparelli, 1890—1973)，她把意大利人的热情与法国人的趣味结合起来，想像力丰富、新奇，设计大胆，甚至怪诞，如骸骨毛衫，有抽屉式口袋的套装，刺绣着鲜红的虾和绿色欧芹的白色夜礼服，羊腿袖形的长手套一直戴到肩头，把高跟鞋颠倒过来做成的帽子，模仿马戏团的小丑、杂技舞蹈演员的滑稽造型做的扣子，把剪下来的报纸作为印花图案印在衣料上等。她与当时许多现代艺术家如画家邦·东根、达利、郭克托和贝拉尔，雕刻家加柯美蒂等都有深厚交往，创作思想明显受其影响，因此被称为“时装界的超现实主义者”。她对那无视女性曲线的 20 世纪 20 年代样式提出挑战，用垫肩强调肩，恢复对丰满的胸部的表现，让腰线回到自然位置，提倡古典式的造型，领导了 20 世纪 30 年代的流行。她不仅在造型上独出心裁，而且在色彩设计上也与众不同，虞美人色、绯红色、紫地丁花色、粉红色，马蒂斯等许多法国近代前卫画家的色调以及当时看来似乎不登大雅之堂的大红大绿等强烈的色彩都在她的作品中出现。合成纤维和拉链的使用也都是从她开始的。另外，她到世界各地旅游时，当地的风土人情都成了她的创作源泉，如把北非的蝴蝶和蜻蜓装饰在领口，上衣上使用了巴尔干车夫式的贴兜等即是如此。但另一方面，她又严格地遵循着传统的美学法则，她那细长形的黑色晚宴服、完美的套装即显示了对比例的感觉，对平衡的处理。对节奏的表现都令人无可挑剔。她第一个在高级时装中导入上下不同色、可以自由搭配的“塞帕莱茨”(separates，组合装)，强调美国式的合理性，斯查帕莱莉的设计思想在西洋现代服装史上具有不可忽视的历史价值。

这个时期另外一位设计大师是被誉为“20 世纪时装界的巨匠”的克里斯托巴尔·巴伦夏加 (Cristobal Balenciaga, 1895—1972)。他是一个技术权威，创造了许多革新性的结构，很重视整体造型，他从不迎合顾客去搞一些哗众取宠的东西，也不受流行的束缚和左右，不管是迪奥尔时代的新样式还是 1965 年的超短裙都对他毫无影响，他的作品具有超时空的持久性和艺术性。他不绘制设计图，喜欢直接在模特儿身上利用布料的性能来进行立体裁剪和造型，被称为“剪子的魔术师”。第二次世界大战后的 50 年代和 60 年代，他创造了一系列新的样式。人们评述道：“现代女性总以某种形式穿着巴伦夏加”。

被誉为“布料的雕刻家”的葛莱夫人 (Gres)、以高雅著称于世的尼娜·莉奇 (Nina Ricci，1883—1973) 和希腊人简·戴塞 (JeanDesses, 1904—1970) 也都活跃于这个时代。

## 思考与练习

1. 简述 20 世纪 30 年代女装的特色。
2. 请列举 20 世纪 30 年代著名的服装设计师及其设计风格。
3. 试以 20 世纪 30、40 年代的服装文化为依据进行设计训练。

图 5-2-1　1930—1938 年的男装与细长形的女装

图 5-2-2　军服式女装与男装

## 第三节 迪奥尔时代（1947—1957）

### 一、第二次世界大战后的社会环境

第二次世界大战后，形成了以苏、美两个大国为代表的僵持了 40 年之久的冷战局面，东西方之间的交流从此中断，国际形势十分紧张，面对这样的局面，已经饱受战争摧残的人们渴望和平。在这种情况下，以敏锐的感觉紧紧抓住时代变革契机和人们的心愿，适时地推出崭新的服装造型来回答人们的希求的是活跃于这个时代的巨匠——克里斯羌·迪奥尔（Christian Dior， 1905—1957）。

二、20 世纪 40 年代末到 20 世纪 50 年代末的服装

（一）迪奥尔与他的新样式

1947 年 2 月 12 日，刚刚创立的迪奥尔时装店首届作品发表会如期举行。发表会上，迪奥尔的作品使人们眼前一亮：圆润平缓的自然肩线，用乳罩整理得高挺的丰胸连接着束细的纤腰，用衬裙撑起来的宽摆大长裙长过小腿肚子，离地 20 厘米，脚上是跟很细的高跟鞋，整个外形十分优雅，女性味十足（图 5-3-1）。迪奥尔的作品被称作"新样式"（NewLook），并通过各种新闻媒介向全世界传播。迪奥尔因此一举成名，巴黎的高级时装业也借机重新树起威信，迎来了 20 世纪 50 年代支配世界流行的第二次鼎盛期。

图 5-3-1 1947 年迪奥尔的新样式

图 5-3-2 迪奥尔

迪奥尔（图 5-3-2）在当时的纤维大王马尔赛尔·布萨克的资助下，于 1946 年创设迪奥尔店。他以"新样式"在首届发表会上向世界宣布："像战争中的女军服一样的加垫肩的男性外形时代结束了！"他自己称新样式为"卡罗拉·拉印"（corolla line，花冠形），因其外形酷似 8 字，故也称作 8 字形，其实，这种新样式是一种复古形的样式，是自 16 世纪以来西欧女服中反复出现的强调胸腰臀三位一体的女性曲线美的基本样式的现代版本。

（二）形的时代

从 20 世纪 40 年代末到 20 世纪 50 年代初，新样式这种强调腰身的女性味造型一直十分流行。

1948 年春，迪奥尔发表了 Z 字形样式，这是在新样式那 8 字形的基础上，在茄克的腰褶上加装饰，或在裙子上重叠双层的围裙褶饰，追求不对称、不均等的效果。

1948 年秋，迪奥尔又推出翼形 (wing line) 样式，仍是以收腰的 8 字形为基础，以不对称的领口装饰和裙腰部分的腰带来强调翼形，或是以翘起来的下摆来突出翼形感觉。

8 字形那外张的长裙到 1948 年达到顶点，流行开始朝着相反的方向回归，这年秋季，时装界的权威巴伦夏加推出了帕奈尔裙 (paneled skirt)，即在紧身裙上重叠一块或几块同料 (或别色料) 的装饰布 (或罩裙)，一边保留着外张的量感，一边又把裙子向内收的紧身形方向推移。迪奥尔在 1949 年春也采用了同样的方法，他一方面把裙长稍向上缩短一些，一方面在紧身裙上罩上帕奈尔裙，形成一种复杂而流动的美，他称这种样式为托龙普·鲁依幼 (trompe loeil，逼真画，意即外观与实际是两回事，用假相来追求逼真的外观效果)。

到 1950 年春，裙子外形彻底发生变化，直线外形出现。迪奥尔称自己的作品为巴蒂卡尔·拉印 (vanical line，垂直线形，图 5-3-3)。

1951 年春，迪奥尔又推出奥巴尔·拉印 (oval line，椭圆形)，腰身被放松，设计的重点在袖子上。(图 5-3-4)

图 5-3-3
1950 年的造型

图 5-3-4　1951 年的造型

1953 年春，迪奥尔发表了丘利普·拉印 (tulip line，郁金香形)。这年秋季的发表会上，迪奥尔推出了爱菲尔塔·拉印 (tour eiffel line) 和克波尔·拉印 (coupole line，圆屋顶形)，前者是夜礼服，后者是郁金香形那圆味外形展开的大衣。(图 5-3-5)

1954 年秋，迪奥尔推出了不束腰。不突出胸和臀的直线外形——H 形 (H line)。接着，他又于 1955 年推出 A 形和 Y 形，1956 年推出箭形 (arrow line) 和磁石形 (magnet line), 1957 年发表了自由形 (liberty line) 和纺锤形 (spindle line)。时装界的帝王迪奥尔也一直在追求着服装外形的变化，每个季节都以别出心裁的独特外形吸引着全世界的时髦女性，支配着高级时装界，赢得了"流行之神"、"时装之王"、"时装界的独裁者"等美誉。由于迪奥尔一生都在追求服装外形的变化，因此把迪奥尔时代称作"形的时代"，又因他常使用罗马字母为其外形命名，故也称为“字母形时代”。

(三) 巴黎高级时装业的第二次鼎盛期

20世纪50年代，巴黎高级时装业迎来了本世纪以来继20年代之后第二次鼎盛期。以迪奥尔为首，这一时期活跃着一大批叱咤风云的设计大师，技术权威巴伦夏加与追求表现女性味外形的迪奥尔不同，这时他致力于推行简洁、单纯、朴素的女装造型，对应于社会生活的简略化，他在方便于活动，解放女性腰身上做文章，开拓了运动型女装。从当时的观点看，他的设计中有一种东方风格的美学特点，是非常前卫的作品。与迪奥尔那强调腰身和富有量感的裙子组合的造型意念不同，巴伦夏加一直在追求放宽肩部，解放腰身，臀部周围也柔和地留有一定空间的丘尼克式独特设计，与迪奥尔共同之处在于他们都推翻了紧贴肉体的设计，致力于创造独特、均衡的完美外廓形。但迪奥尔为了完成造型，常常不择手段地对衣服内部结构进行各种衬垫处理，改良19世纪的克里诺林，而技术高超的巴伦复加却开发了全新的裁剪技术。在这个时代，他与迪奥尔、巴尔曼一起被称为高级时装界的三巨头 (Three Big)。

皮尔·巴尔曼 (Pierre Balmain, 1914—1983) 与不断改变设计风格的迪奥尔和技术权威巴伦夏加不同，他一直坚守自己的信条和设计原则，追求高雅的贵夫人形象。“娇丽夫人” (Jolie Madam) 是他1957年推出的香水的名字，也是他创作风格的最好说明。他常说“要坚持服装的基本原则，这样才能经常与时代的趋势相调和，更何况坚守基本原则就不会糟踏自己，更不会损及优雅……”他所谓的基本原则，即均衡、节度和用心。他不仅是一位杰出的服装设计师，而且还是一位很不错的画家，还能弹一手好钢琴，也是高级时装界一位难得的理论家，他常在高级时装店协会附属学校讲授服装史，也常被邀在电视和广播中搞设计讲座。

这个时期另一位杰出的设计师是被誉为“时装界的王子”和“宠儿”的杰克·法特 (Jacques Fath, 1912—1954)。他才华横溢、风格独特，与时装界的三巨头截然不同，他的作品充满着梦幻般的浪漫色彩。与其他设计师的直线性相对，他向曲线风格挑战。他对色彩非常敏感，是第一位将天蓝色和草绿色这些高纯度的色组合成年轻色调的设计师，战后，他开发出近似银色的紫、偏灰的玫瑰红以及祖母绿、蓝宝石、红宝石的宝石色等，充满浪漫主义气息。1948年，他第一个与美国的大成衣商约瑟夫·哈尔帕特签合同，为其提供设计，他把同一款式分成许多号型大量生产，倾销全美国，获得成功，在以手工制作为主的巴黎高级时装界打开了成衣生产的先河，可说是20世纪60年代高级成衣业的先驱。由于杰克·法特在时装界的声誉，所以一般把迪奥尔时代也称作迪奥尔—法特时代。

活跃于这个鼎盛时代的还有被誉为时装界的“神童”的尤贝尔·德·基邦希 (Hubert De Givenchy)、1949年另立门户的皮尔·卡丹 (Pierre Cardin)、被誉为“迪奥尔二世”的伊夫·圣·洛朗等。(图5-3-6、图5-3-7)

## 思考与练习

1. 迪奥尔自1947年到1957年发表了哪些代表样式?
2. 活跃于迪奥尔时代还有哪些著名设计师?简述其设计特点。
3. 试以20世纪50年代西欧的服饰文化为背景进行设计训练。

图 5-3-5　1953 年的造型

图 5-3-6　1954—1956 年的女装

图 5-3-7　1957—1958 年的女装

## 第四节 流行的转化（1958—1972）

### 一、“年轻风暴”与动荡的20世纪60年代

20世纪50年代末，西欧各国进入中产阶级社会，为20世纪60年代逐渐形成的“民主化风潮”奠定了基础。另一方面，第三世界的殖民地解放运动和世界科技的飞速发展，大大加速了人类文明的进程。

20世纪60年代，在全世界掀起了一场规模空前的“年轻风暴”。在经济飞速增长的20世纪60年代，西欧社会的劳动阶层生活有了大幅度提高，但迫于快节奏的现代化消费生活，几乎每个家庭的双亲都参加工作，那些没人照顾的孩子们虽然物质上并不匮乏，但因缺乏家庭温暖，在情感上饱受挫折和不安，于是这些孩子常在同龄人中求得心理上的满足，常借着一些暴力行为、帮派间的争斗、飙车及其他各种破坏行为来发泄情绪。20世纪60年代中期开始的“年轻风暴”起源于20世纪50年代中期美国兴起的避世运动(The Beat Movement)。1966年初，在美国的旧金山又出现了嬉皮士 (Hippy) 运动，随后在法国出现了“茄克族”、意大利出现了“国会族”、英国出现了“摩兹族”(Mods)、东欧出现了“阿飞族”、日本出现了“太阳族”等，形成了第二次世界大战以来最怪异的现象。

与嬉皮士运动并行的是大学校园里学生反传统反体制运动愈演愈烈。1968年法国的“五月革命”发展成学生与青年工人的大规模运动。这种风靡全球的年轻风暴使20世纪60年代的西方社会极不安宁，强制性地改变着人们的世界观、价值观和审美观，从而扭转了20世纪后半叶服装流行的方向和模式，给为贵夫人服务的高级时装业以致命的打击，使高级成衣业趁机崛起，人们的服饰朝着更加丰富多样化方向迈进。

### 二、20世纪60年代的女装

(一) 女装的单纯化和轻便化（1958—1962）

成衣业在20世纪悄然发展，经历了两次世界大战的人们由于生活节奏的加快和生活方式的改变，在服装上越来越强调合理性和机能性，特别是第二次世界大战后，时装产业明显地走上了成衣化的道路。

另一方面，“机能性强本身就是一种美”这种崭新的美学观念随着现代生活的展开越来越深入人心。从20世纪50年代中期起，年轻消费层和成衣业的崛起变得举足轻重，应时代节奏要求巴伦夏加推出了前卫性的作品——萨克·多莱斯 (sackdress，袋子形女装)，解放腰身，追求机能性。1958春，许多设计师都推出了放松腰身的萨克·多莱斯，女装也开始朝着单纯化、秩序化、简洁、朴素化的方向发展。

1958年的萨克·多莱斯是在巴伦夏加的一贯主张和迪奥尔最后发表的纺锤形服装造型基础上的发展和变化。

图 5-4-1
20世纪60年代的服装

1960年春，女装进一步单纯化，圣·洛朗主张，只有极度单纯化才是明天的外形，基邦希也认为“(20世纪) 60年代是一个朴素的时代”。色彩也充满朝气，桃红、杏黄、橄榄绿、葡萄紫、柠檬黄、草梅红等水果色及天蓝、可口可乐一样的咖啡色和白色十分流行，黑色几乎没有。与其相应的面料是绒圈织物、灯芯绒、粗花呢和手编的针织物等轻软、膨松的织物。(图 5-4-1)

(二) 反体制时装与迷你时代 (1963—1967)

生于战后的年轻一代除了反战，反现行体制等思想内容外，他们认为由高级时装规制的“由上到下”的传播程序非常不民主，于是对这种传统表示反抗，其方式是向传统服饰禁忌挑战，牛仔裤、迷你裙、喇叭裤，不戴胸罩等现象风靡西方世界各国。

自从 1850 年牛仔裤被美国西部的淘金者作为工作服穿用以来，第二次世界大战中又被作为美军的作业服使用，并在战后通过残留于世界各地的美军士兵流传于全世界，20 世纪 50 年代，随着避世派运动的蔓延在欧美各国普及，20 世纪 60 年代又借着嬉皮士浪潮和学生运动进一步称霸全球。迷你裙 (mini-skirt，超短裙) 于 20 世纪 60 年代初出现于伦敦加纳比街头，随着 1965 年春巴黎高级时装的采用，在 20 世纪 60 年代后半期形成了一个迷你时代。喇叭裤则是根植于年轻一代“两性平等”的思想倾向，而且对于那些腿部造型不理想或难以适应迷你裙的妈妈族体型来说，正好是一种弥补，因此很快普及开来。喇叭裤的普及，加速了服装的“中性化”(Unisex)。甚至出现了男装“女性化”现象。胸罩是传统女装中的最后羁绊，放弃这层约束，便接近裸体主义 (Nudism)，以体现回归自然的思想。嬉皮士们反体制、反传统的内容中还包括反工业社会带来的公害现象，嬉皮士运动随之转变为绿色革命 (Green Power)，基于回归自然的思想，他们全面排斥人造纤维，只接受他们认为有价值的棉、毛、丝、麻、皮革等材料，他们否定工业社会，发扬尊重手工艺的精神，于是又衍生出复古的风潮。他们珍视并发掘 19 世纪前半期浪漫主义时代的服装以及旧工业社会时代的作品，当然对那些束缚身体的衬裙、裙撑和紧身胸衣敬而远之。20 世纪 20 年代、30 年代、40 年代的服装都纷纷以一种新的姿态登场。

回归自然的风潮同时也孕育出追求民族、民间风味的流行趋势，许多设计师都推出了民族风格的设计作品，为国际服装市场注入了新的生命力。

以上这些完全无视西方正统派保守的着装原则和审美观的服饰现象，加上避世派、嬉皮士们的长发和幻觉状态的 T 恤衫，在与之相呼应的新浪潮派电影、披头士乐队的爵士乐以及波普艺术、欧普艺术等冲破过去既成体制的文艺思潮这个大背景下，风靡 20 世纪 60 年代后半期的欧美诸国，这就是所谓的反体制时装 (Antiestablishment Fashion)。这种来势迅猛的反体制时装浪潮，严重地动摇并摧垮了传统的服饰审美观和着装意识。包括上层阶级女性在内，西方世界女性的着装观全面受到这股反体制、反传统的全新思想的冲击和洗礼，时代的潮流为之一变，高级时装一统天下的局面彻底告终，一个创作来源多样化的服饰时代到来了。(图 5-4-2)

图 5-4-2　蓬克服饰

早在 20 世纪 50 年代末、60 年代初，“年轻样式”(Young Look) 的领导者、英国年轻的设计师玛丽·克万特 (Marry Quennt，1934—) 就以伦敦街头的年轻人为对象推出了富有革命性的迷你装 (mini, minimum 的略称，意为最小限度或极小，mini skirt 通常译作超短裙)，使 20 世纪 60 年代初伦敦服装界以年轻服饰领导了世界的时装潮流。巴黎的高级时装这时也向年轻化、轻便单纯化方向发展，但高级时装界真正发生转变，是在 1965 年 1 月 31 日安德莱·克莱究发表了长度在膝以上 5 厘米的迷你裙之后。

安德莱·克莱究 (Andre Courre ges) 从一开始就把设计方针定为表现“长

腿的现代女郎”，为了使腿显得更加修长，他一次次地缩短裙长，并改变整体形态的比例和均衡感，迷你裙成了他最终的结论。他也不断在裤装中寻找使“双腿变长”的可能性。1963 年春，他发表了白色蝉翼纱上有滚边和刺绣的夜用细筒裤；1964 年春，他进一步强调运动性和机能性，发表了露出膝头的女装，引起新闻界的关注。1965 年春，他推出两大样式，迷你裙和几何形。他的迷你裙把裙长缩短到膝以上 5 厘米，勇敢地在高级时装领域向传统禁忌挑战。他不仅从下向上缩短裙摆，而且从上向下降低腰线位置，以经过严密计算的崭新比例关系和卓越的裁剪技术构成一种全新的美感。人们把他的迷你裙与克万特的作了比较，发现两者的不同在于克万特的迷你裙反映了大众化的街头风景，而克莱究的迷你裙则含有历史性和哲学性的反思。

迷你裙的流行使长统袜和长统靴成了追求新的服装比例的重要因素，长统袜的材质和色彩根据与衣服的搭配关系而丰富起来，丽丝的、织花的、印花的、鲜艳单色的各种各样。长统靴也有长及小腿肚的、长及膝下的、长及膝上的和长及大腿的各种长度。还有，便于活动的低跟鞋、斜着系挂在胯骨上的曲线形宽皮带（curved belt）以及锁链等服饰品也随之流行起来。

克莱究的另一大样式几何形是在巴伦夏加那富有运动性的袋子形基础上，完全解放腰身，非常便于穿着的年轻造型，他强调的是衣服表面的几何形式的构成，如分割线、色彩拼接、镶滚边饰、缝纫线迹（明线）装饰以及腰带、扣子、口袋的配置等，没有明显的省道。克莱究这种对传统的冲击，对禁区的突破以及设计理念上的革新等奠定了 20 世纪后半期服装设计的方向。

当迷你潮流涌向峰颠之际，裙长的流行出现长、中、短复线并行的局面。（图 5-4-3）

图 5-4-3 超短裙

与克莱究同时代的一批前卫派设计师也分别从各个角度以各种方式反映着这个动荡的时代。前卫派的设计师之一——皮尔·卡丹以及“卡丹帝国”的形成就在这个年代。1966 年秋，卡丹推出了“宇宙服风格”（cosmocorps look），以具有铝箔色泽效果的素材加上几何形的超摩登设计表现苏美的太空竞争和人类太空时代的到来。从此后，他沿着这种风格发展下去，大胆地利用圆形裁剪和拼接技术，发表了一系列造型独特的作品。

卡丹不仅在设计上不断创新，而且在时装店的经营方面也表现出非凡的才华。在高级时装界，他十分不安分，是第一个经营男装的高级女装设计师。1962年，他又第一个冲向高级时装的另一个禁区——高级成衣业。

卡丹向男装和高级成衣进军的两种经营策略都获得了巨大成功。接着，卡丹又向其他领域扩张，买下香榭丽舍公园的剧场，举办大型家具展，又买下世界著名的饭店马克西姆（Maxim，1891年创立），继而在伦敦、纽约、蒙特卡罗、北京等大都市开设马克西姆分店，使具有悠久历史的马克西姆走上了国际化道路。他也是冷战时期最早进入社会主义国家的设计师，1970年为苏联芭蕾舞团设计制作舞装，1979年跨入刚刚开始对外开放的中国大门。他创造了一个名副其实的“卡丹帝国”。

与克莱究和卡丹齐名的另一位著名设计师是伊夫·圣·洛朗。圣·洛朗是迪奥尔的得意门生，被认为“与迪奥尔有同样的艺术感觉”。1957年迪奥尔死后，年仅21岁的圣·洛朗登上主任设计师的宝座。他那充满朝气的宽大裤装和水手装（marine look）等年轻样式，广受好评。独立以后，圣·洛朗的反时装观念更为明显化，在新的时代潮流不断荡涤旧的观念的时代背景下，他潜心研究服装史、文学、戏剧和绘画，博览群书，从姊妹艺术中汲取灵感，以适应新时代的变化。1965年秋推出蒙德里安风格，在针织的短连衣裙上黑色线和原色块组合，以单纯、强烈的效果赢得了好评，这也是把时装与现代艺术直接地、巧妙地融为一体的典范。

图5-4-4　伊夫·圣洛朗的设计

后来，圣·洛朗发表了“透明式”、“吸烟服风格”（smoking look）和“波普艺术风格”的服装设计作品（pop art Look），他把现代艺术与时装又一次完美地结合在一起。20世纪70年代，他又不断从民族服饰挖掘灵感，世界各地的民族风格都被汇聚到他的作品中，他是20世纪60年代以来非常富有创造力的一位设计师。（图5-4-4）

除了以上三位杰出大师外，还有帕苛·拉邦奴（Paco Rabanne，1934—）、艾玛纽埃尔·翁加罗（Emanuel Ungaro, 1933—）、简·路易·谢莱尔（Jean Louis Scherrer, 1935—）、马尔克·葆安（Morc B oan，1926—）等都活跃于这个令人激动的年代。（图5-4-5）

图5-4-5　帕苛·拉邦奴在工作

(三) 高级成衣业的崛起 (1968—1972)

1968 年巴黎的“5 月革命”，使“年轻风暴”达到顶峰，整个法国处于总罢工的风潮下，这对于高级时装业是一次直接的打击。据统计，1962 年加盟高级时装店协会的高级时装店有 55 家，1967 年减少到 32 家。这五年间共减少了 23 家 (42%)。就在高级时装业处于穷途末路之际，高级成衣 (peret-a-poter) 业却蓬勃兴起。

在法国，过去一直受到高级时装店约束的副业高级成衣业在前卫派设计师卡丹、圣・洛朗等人的带动下，逐渐发展壮大起来，并成立了高级成衣协会，每年 3 月份是当年秋冬季时装展示会，10 月份为第二年春夏季时装展示会。过去作为副业的高级成衣一般是把当年高级时装展示会上设计师发表的作品中比较便于成衣生产的，或被关联成衣厂商认为能引起大众流行的作品简略化，把设计专利出售给成衣商或在设计师指导下进行小批量加工生产；也就是说不进行专门的成衣设计。因此，比起一般大批量生产的成衣，不仅其用料讲究，而且裁剪、缝制技术和工序也都继承和部分地保留着高级时装的特点，因此，其价格显然比高级时装那单件衣服低得多。

1963—1965 年间，一批年轻的高级成衣设计师进入时装界，这使高级成衣业终于拥有了自己独立的创作来源。高级成衣不再是高级时装的副产品，高级成衣业也真正成为独立于高级时装之外的一种重要产业。从 20 世纪 60 年代起，活跃于高级成衣界的设计师有杰克里奴・雅克布逊、达尼埃尔・艾修泰尔、卡尔・拉加费尔德、索尼亚・莉姬埃尔、艾玛纽埃尔・卡昂、香塔尔・托玛斯以及高田贤三、蒂埃里・谬格莱、克罗多・蒙塔纳等。年轻的成衣设计师以反传统的革命精神扭转了历史的潮流和过去的服饰观念，世界上的女性从此不必再紧张地盯着高级时装店的指挥棒转，可以根据自己的喜好，自由选择适合自己的服装。流行进入一个多样化的时代。(图 5-4-6)

图 5-4-6　20 世纪 60 年代的女装

## 思考与练习

1. 反体制时装具体表现在哪些方面？
2. 为什么说安德来・克莱究是 20 世纪服装设计史上又一块里程碑？
3. 试以 20 世纪 60 年代的服装文化为背景进行设计训练。

## 第五节 流行的多样化时代（1973—）

### 一、多样化时代的巴黎高级时装业

20 世纪 70 年代。随着世界政治风云的变幻和欧美经济的起伏，消费者自我意识的强调，法国高级成衣业及各国成衣业迅速发展并繁荣起来，高级时装业似乎已走到穷途末路，上流顾客减少到 5000 人（每家店平均约有 200 人），各店的营业额急剧下降，甚至难以维持生计。

为了挽救濒临绝路的高级时装业，巴黎时装界和法国政府采取了一系列挽救措施：1973 年 10 月，把高级时装协会、高级成衣协会和法国男装协会这三个行业组织统合起来，组成了现在的法国服装联合会。挽救高级时装业的另一重大举措，是通过记者的努力，在珠宝商卡尔蒂埃的赞助下，专为高级时装设计师设立了一个荣誉大奖 —— 金顶针奖。为保持巴黎在世界时装中的领导地位，法国政府一方面支付费用，鼓励高级时装在世界各地展示。对其出口给予广告等方面的补贴，电视台免费为其播放和推广；另一方面采取对外开放政策，不分国籍，不分民族，为所有的设计师创造良好的施展才华、平等竞争的环境，吸引全世界有才华的设计师到巴黎来展开自己的事业，也就是说，活跃于这个时装之都的设计师群体的构成是国际性的，设计文化自然也是混合型和开放型的。

1981 年密特朗总统上台，把过去分散进行的高级时装展示会集中到卢浮宫美术馆的院子里来举行。法国人从各个角度为保住高级时装这杆大旗而努力着。

二、20 世纪 70 到 90 年代女装的变迁

服装是社会的镜子，历史上每次政治、经济及文化思潮的变动，都会反映在当时的服装文化上，20 世纪后半叶的 70—90 年代，动荡不安的西方社会，也在女装的流行中打下深深的时代烙印。

（一）石油危机与宽松式时代（1973—1977）

1973 年 10 月，阿拉伯国家与以色列之间爆发第四次中东战争，阿拉伯各产油国采取削减石油生产，抬高石油价格的战略方针，给整个世界经济造成巨大的冲击。

石油冲击把世人的目光集中于中东地区，而产油国聚积的石油美元过剩，又使巴黎高级时装店的顾客中阿拉伯顾客迅速增加，这一切都引起设计师们对阿拉伯地区的兴趣。于是，女装中出现了许多来自东方的异国情调的宽松样式。以此为契机，高田贤三、三宅一生这两位来自东方的设计师登上了世界时装的舞台。他们不强调合体和女性曲线，宽松肥大的非构筑式设计，与西方传统的构筑式窄衣结构截然不同。在反体制思潮和石油冲击的大背景下，为世人提供一种新的选择。这是东西方服饰文化的又一次碰撞和交融，推动西洋服饰文化朝着东、西混合的国际化方向发展。

高田贤三以一个东方人特有的观察和表现方式，把欧洲、非洲、中国、日本等完全异样的文化巧妙地融为一体。他的作品充满着轻松、愉快、幽默和年轻朝气，和服式的直线造型，活泼的“气球”样式，肥肥大大的睡袍样式，东方情调的棉布，日本浴衣的衣料，和服的印花面料以及和服的腰带、外褂的用

料，还有从巴黎的跳蚤市场上购入的廉价面料等形成了他与众不同的独特风格。他适时地为正在扬弃和否定自己的传统的欧洲年轻消费层提供一种全新的选择，并开始在这个世界时装之都领导流行。

三宅一生的设计，最与众不同的是在身体与衣服之间所保留的空间。他的设计，应用了多样化的方法，配合多样化的意义，顺着身体的曲线而设计，但并不是在模特儿身上创造第二层皮肤。他的设计与和服一样，利用平面的直线裁剪制作而成，可配合穿着者的喜好和体型，是一种自由穿着的构造。

图 5-5-1　20 世纪 70 年代的女装

与高田贤二同时活跃于巴黎时装界的有一大批才华横溢的高级成衣设计师，如卡尔·拉加费尔德、索尼亚·里姬埃尔、克罗多·蒙塔那、伊夫·圣·洛朗等。

1974 年，总的流行倾向是超长和宽松，1975 年春，宽松式继续向极端发展。卡其色受到人们的青睐，以棉织物为中心的天然纤维面料大为走俏。1976 年，设计师们不再像过去那样不约而同地朝着一个方向努力，各自强调和突出自己的主张，流行完全多样化了，消费者自由地选择，自由地穿用即是新的潮流。1977 年秋，流行的多样化进一步升级（图 5-5-1）。超短裙、长裙；气球一样的宽松式，紧身的细长形；男性味十足的假小子式，女性味很强的淑女型；非构筑性的直线裁剪，传统的构筑式造型等多种风格同时并存。

（二）复古思潮与型的复归（1978—1982）

从 1978 年起，极端肥大的外形逐渐减少。流行从离体的非构筑式向合体的构筑式复归，尊重传统的古典主义首先在保守的高级时装设计师的高级成衣中抬头。这次回归的突破点是肩线的强调，用垫肩来突出肩部造形，同时强调腰身的合体。从体型出发，用高超的技巧塑造立体曲线的西洋服饰文化重新得以振兴，服装品种也被集中于套装、大衣和造型性较强的连衣裙上来。

进入 20 世纪 80 年代流行出现两大倾向: 其一，以再次出现的超短裙来表现 80 年代的女性魅力，追求新的性感；其二，以现代印刷美术风格和各种前卫派设计来表现未来志向的抽像主义风格。（图 5-5-2）

1981 年秋，久未出现的重叠式又一次复活，基本造型是便于活动、穿着舒适的休闲装风格。

（三）“破烂式”与名牌热（1983—1988）

1981 年，两位来自日本的设计师——川久保玲、山本耀司又一次对既成观念挑战，他们以黑色为基调，推出了令世人瞠目的“破烂式”和“乞丐装”，这是对所有既成样式的毁灭和破坏，是人类生存方式的一种新的思考。

图 5-5-2　20 世纪 80 年代的女装

川久保玲把一些完全异样的东西组合在一起，极薄的乔其纱和毛毯，粗花呢或毛衣的一部分拼接起来；运动型的日装和优雅的晚装；泥土味浓郁的民族服装与洋味十足的摩登样式等。她从各种对立要素那里寻求组合的可能性，她说“我的思路和灵感届时不同，我从各个角度来考虑设计，有时从造型，有时从色彩，有时从表现方法和着装方式，有时有意无视原型，有时则根据原型，但又故意打破这个原型，总之，是反思维的。”川久保玲反复强调：“我的价值观在于创造新的衣服，我不愿总干与以前一样的事情，我总想创造与以前不同的新东西。”

山本耀司那既非西方也非东方的独特风格与川久保玲很类似，他这样解释自己对黑色的偏爱："我采用黑色等暗色调，是一种反命题，因为黑色是向传统挑战的色，随着人类的现代化和知识化，黑色调必然为人们所接受并乐于穿用。"

在敏感地反映着社会思潮的时装设计中，"生态学"（ecology）是一个重要的主题，对这一主题的表现，有两种方式：其一是"保持大自然原味"的反璞归真倾向；其二，伴随着生态保护意识同时出现的是人类对资源的珍视，一种新的节俭意识兴起，从旧物的再利用到故意做旧处理的后加工，从暴露衣服的内部结构到有意撕裂，做出破洞。"贫穷主义"成为一种新的前卫派设计的象征和时髦，川久保玲和山本耀司以令人难以接受的极端形式预兆性地揭示了这一历史性的主题，影响了后来的许多设计师。

上述倾向的真正展开还要等到20世纪90年代，从1983年到1988年，整个流行仍是多样化的复古倾向，富裕的生活带来的大量消费使人们对巴罗克、洛可可风格很感兴趣，而这种对传统的重新认识又使许多人非常崇拜名牌，于是，兴起一股"名牌热"潮流，设计师们不断推出风格各异的作品，以强烈的视觉冲击力在纷繁多彩的社会中寻找自己的位置，培养和捕捉自己的"追星族"和消费群体。与迷信名牌的倾向相反，许多年轻的消费者在强烈的自我表现欲驱使下，完全不顾品牌，只凭直感和喜好来装扮自己，从不在乎别人是否看得惯——传统型与前卫型同时并存。（图5-5-3）

图5-5-3　20世纪80年代的女装

（四）东欧巨变与20世纪60年代样式复兴（1989—1990）

20世纪80年代末，东欧的社会主义国家相继发生动乱，苏联解体；海湾局势剑拔弩张；股票市场起伏不定，世界政局动荡不安，这与那动荡的20世纪60年代在形式上有许多相似之处，时装也十分敏感地反映着这一历史巨变。1990年出现了一股20世纪60年代样式复兴的潮流：波普艺术，欧普艺术，宇宙服风格，超短裙，极短裤，连体工装裤，薄、透、露的性感表现，金属片和金属链做的女装，塑料女装，印刷美术一样的现代丝网印花技术，表现生态学主题的原始风格，自然纤维织物、自然色、自然花纹的流行等20世纪60年代风格都以新的形式纷纷涌现，内衣的外衣化和无内衣化现象愈演愈烈。圣·洛朗发表了裸露一个乳房的大胆作品，使人联想起他1968年的透明女装；伦敦的设计师里法特·奥兹贝克（Rifat Ozbek，1954—）那充满年轻朝气的一色白的时装发布会，也让人觉得像原来的安德莱·克莱究；川久保龄推出的少女形象，闪烁着放浪不羁的青春色彩；英国前卫派设计师维维恩·吾埃斯特吾德在1990年秋冬季推出了东欧风格的作品，表现18、19世纪 奥匈帝国的哈布斯堡王朝时期的巴洛克风格……

（五）经济萧条与20世纪70年代样式的重现（1991— ）

20世纪90年代的流行倾向，归纳起来有如下几个方面：

1. 回归自然，反璞归真。

在"保持大自然原味"的思想指导下，人们从大自然的色彩和素材出发，表现人类和自然的依存关系，各种自然色和未经人为加工的本色原棉、原麻、生丝等粗糙织物，成为维护生态的最佳素材，代表未受污染的南半球热带丛林图案和强调地域性文化的北非、印加土著、东南亚半岛的民族图案，以及各种植物纹样的印花织物，树皮纹路的交织色彩效果，表现起棱略具粗糙感的布料等都是20世纪90年代素材的新宠；在服装造型上，追求自然形那无拘无束的舒适性，不矫揉造作，不加垫肩的自然肩线流行，崇尚原始民族服饰中那些自然随意的造型特点和民间的、乡村的、田园式的富有诗意的美感。各种不拘礼节的、舒适随意的休闲装、便装就像快餐和方便食品一样在人们的日常生活中普及。薄、透、露现象，内衣的外衣化和无内衣现象愈演愈烈，蕾丝和各种网状织物和透明的、半透明的织物大为走俏，这一方面是性感的表现，另一方面，也是对人体自然美的追求。

2. 新的节俭意识。

20世纪90年代人们的消费观是重质不重量，重机能性而不重装饰性，以最低限度的素材发挥最大的效益，反对铺张浪费，强调节约和废物利用，许多设计师的作品中都出现了类似川久保龄的"贫穷主义"的设计，这一倾向具体表现在：A. 未完成状态的半成品出现。故意露着毛边，或有意把毛边强调成流苏装饰，或不拆衣服的缝捺线，或有意暴露衣服的内部结构，透着一种原始味和后现代艺术的气息。B. 旧物、废弃物的再利用。这包括两种情况，一是把从旧货市场买来的，或从旧衣柜中翻出来的旧物创作成新的作品，另一种是故意做旧。C. 仿毛皮及动物纹样面料流行，由于人们认识到保持生态平衡之重要，在消费者中出现了拒绝穿真皮、真裘的倾向，仿毛皮、仿皮革以及印或织有动物纹样的面料很受欢迎。D. 新素材的开发。20世纪90年代是一个"素材的年代"，在新素材的开发方面取得了许多突破性的进展，许多新素材不断涌现，彩色生态棉、生态羊毛、再生玻璃、龙舌兰、蒲公英等都被用来作衣料。新的水染法、有机染色法也应运出现。

3. 重叠穿衣再次成为时髦的着装方式。

一般以内紧外松、内短外长或内长外短的方式进行组合搭配。

4. 表现现代高新技术的未来派。

以现代高科技为背景，以各种新的合成纤维高弹力织物为素材，从20世纪60年代未来派大师的作品中接受启发，以富有生气的雕刻般的轮廓分明的造型，加上运动服装的机能性，表现出尖端技术感觉的图解性的未来印象。

5. 万花筒一样的高纯度配色效果。

把色相环上的对比色组合在一起，形成富有年轻朝气的大胆配色。

6. 新的浪漫主义，把历史上各种艺术样式和装饰风格漫无秩序地组合在一起，形成戏剧性的、富有幻想和神秘色彩的浪漫设计。

总之，以巴黎为首的西方时装界正面对来自各方面的挑战和机遇，不断调整阵容，变革经营方针，以寻找新的出路。

## 思考与练习

1. 巴黎高级时装业衰落的原因是什么?法国政府和巴黎时装界为什么要保这杆大旗?
2. 高田贤三和三宅一生在巴黎成功的历史意义是什么?
3. 为什么说川久保玲和山本耀司的"破烂式"最有革命的意义?

## 课时量

14课时

## 考试要点

1. 名词解释：
   高级时装、高级成衣、20世纪20年代样式、杰尔逊奴、新样式、反体制时装、年轻风暴。
2. 简答：
   活跃于20世纪的服装设计师，其代表作品以及其对当时流行的影响。
3. 论述
   20世纪20年代的时代背景与女装文化的关系。
   20世纪60年代西方服装文化的特点及其历史作用。

## 参考书目

1.《西洋服装史》，李当岐编著，高等教育出版社，1995年9月。
2.《西洋服装史》，Francois Boucher著，石山彰译，文化出版局，1973年6月。
3.《图解西洋服装史》，小林治子、中村佑三著，文化出版局，1986年。
4.《服饰事典》，田中千代著，同文书院，1985年4月。
5.《服饰辞典》，文化出版局编，文化出版局，1982年2月。
6.《时装的历史》，J. Anderson Black著，山内沙织译，株式会社PARCO出版局，1985年1月。
7.《巴黎近代服装史》，南静子著 艺风堂出版社，1990年3月。
8.《服饰大百科事典》，服装文化协会编，文化出版局，1981年4月。

# 彩 色 图 例

陕西临潼秦始皇陵 1 号俑坑出土的将军俑

北魏彩绘舞女俑

敦煌莫高窟 9 窟晚唐人物供养人像

敦煌莫高窟 98 窟曹议金（于阗国皇后）家族供养人像

唐三彩花钿女子

韩熙载夜宴图（局部）

北京定陵出土的明孝靖皇后的凤冠

北京定陵出土的明孝靖皇后凤冠

陈洪绶《夔龙补充图》中的明朝贵妇与侍女

明人《沈度写真像》中的明朝官吏常服

清乾隆皇帝孝贤纯皇后穿朝服像

清乾隆皇后朝褂

清代的霞帔

清亲王五彩云水金龙妆花纱单朝袍

清光绪年间慈禧太后穿用过的舒袖氅衣

清代旗袍

图坦卡蒙法老王座靠背上的彩色浮雕　古埃及第十八王朝

拉加什王古戴阿的卷衣　公元前 3 世纪

执蛇女神　米诺斯文化初期

搬运花瓶的女佣人　木雕漆彩绘　古埃及第十一王朝

参加体育比赛的古罗马少女　公元前 4—前 3 世纪

欧洲 13 世纪的风俗画：上半部描绘的是时髦的乐师，未婚姑娘和骑士们的穿戴；下半部表现的是用面纱包头的女性，后来这种样式成了修女的装束。

悲哀的维纳斯　公元前 450 年前后

15 世纪的英国宫廷

德国萨克逊公爵夫妇像　1514 年

英国亨利八世肖像　1537 年

莱斯塔伯爵肖像（英国）　16 世纪

荷兰画家鲁本斯和他的妻子　1610 年

荷兰第一伯爵亨利里奇　17 世纪前半叶

英王爱德华斯丘阿特和他的妹妹　17 世纪末

爱的宣言　18 世纪后半叶

法国大革命后的男女装束　18 世纪

法国大革命时期革命者的装束

19 世纪 20 年代末的女装

法国欧仁尼皇后和她的侍女们　1860 年

巴斯尔样式　1855 年

20 世纪 20 年代女装

迪奥　1947 年作品

圣洛朗　1963 年作品

三宅一生　1977 年作品

圣洛朗　1977 年作品